工程测量基础（第2版）

主　编 ◎ 张福荣
主　审 ◎ 高雅萍

西南交通大学出版社
·成　都·

图书在版编目（C I P）数据

工程测量基础 / 张福荣主编. —2 版. —成都：西南交通大学出版社，2023.8（2024.8 重印）
ISBN 978-7-5643-9403-5

Ⅰ. ①工… Ⅱ. ①张… Ⅲ. ①工程测量 – 高等职业教育 – 教材 Ⅳ. ①TB22

中国国家版本馆 CIP 数据核字（2023）第 132904 号

Gongcheng Celiang Jichu

工程测量基础

（第 2 版）

主编　张福荣

责任编辑　王　旻
特邀编辑　王玉珂
封面设计　曹天擎

出版发行　西南交通大学出版社
（四川省成都市金牛区二环路北一段 111 号
西南交通大学创新大厦 21 楼）
邮政编码　610031
营销部电话　028-87600564　028-87600533
网址　http://www.xnjdcbs.com
印刷　四川玖艺呈现印刷有限公司

成品尺寸　185 mm × 260 mm
印张　14.75
字数　354 千
版次　2018 年 8 月第 1 版
2023 年 8 月第 2 版
印次　2024 年 8 月第 9 次
书号　ISBN 978-7-5643-9403-5
定价　48.00 元

课件咨询电话：028-81435775

第 2 版前言

PREFACE

《工程测量基础》教材自 2018 年出版发行以来在高职院校、企业培训等得到了广泛的使用，该教材获评陕西省职业教育优秀教材二等奖，配套建设的在线课程获评职业教育国家在线精品课程。编写团队在保留第 1 版教材实用性、针对性等特点的基础上，围绕职业教育“三教”改革，紧跟测绘技术发展，吸纳读者反馈意见与建议，聚焦“教师好用、学生易学”的目标，对教材内容进行了修订，修订后的教材具有如下特点：

一是“岗课赛证”融通，优化了教学内容。依据工程测量员职业岗位标准，对标“1+X”职业技能等级证书、技能大赛，以及最新的行业技术标准与规范，紧跟测绘新技术进一步优化教学内容。修订后教材增加了无人机测绘技术、三维激光扫描仪等新技术，更新了导线测量技术要求、RTK 测绘地形图的作业过程等内容。

二是加强工匠精神培养，融入了课程思政。党的二十大报告指出，教育、科技、人才是全面建设社会主义现代化国家的基础性、战略性支撑，教育的根本任务是立德树人。本教材修订时增加了“思政点拨”等内容，进一步增强对学生工匠精神、劳模精神、劳动精神的培养。全国劳动模范白芝勇参与教材的编写，起到了示范引领作用。

三是数字化转型升级，完善了教学资源。适应线上+线下混合式教学模式改革，对原有微课、视频等教学资源进行完善，增加了无人机测绘视频等新的教学资源，促进个性化的学习，推动课堂教学提质升级。

修订后的教材由陕西铁路工程职业技术学院张福荣任主编，教材修订的具体分工为：项目 1、项目 5 由陕西铁路工程职业技术学院田倩修订；项目 2 中任务 2.1、任务 2.3、任务 2.4、任务 2.5、任务 2.6 和项目 3 由陕西铁路工程职业技术学院刘莎修订，任务 2.2 由陕西铁路工程职业技术学院张福荣修订；项目 4 中任务 4.1、任务 4.2、任务 4.9 由陕西铁路工程职业技术学院刘舜修订，任务 4.3、任务 4.4、任务 4.5、任务 4.6、任务 4.7 由陕西铁路工程职业技术学院于春娟修订，任务 4.8 由北京城建勘测设计研究院有限责任公司李甲宏修订；项目 6 中任务 6.1 由中铁一局集团第五工程有限公司白芝勇修订，任务 6.2、任务 6.3、任务 6.4 由陕西铁路工程职业技术学院王涛修订；项目 7 中任务 7.1、任务 7.2、任务 7.3 由陕西铁路工程职业技术学院袁曼飞修订，任务 7.4、任务 7.5 由陕西铁路工程职业技术学院冯上朝修订；项目 8 由陕西铁路工程职业技术学院吴迪修订；项目 9 中任务 9.1 由王栋修订，任务 9.2 由黎飞明修订，任务 9.3 由田正华修订。

教材在修订过程中得到编者单位和西南交通大学出版社的大力支持和帮助，同时，也得到了陕西省教育厅课程教材管理中心专项课题资助，在此一并表示感谢。修订教材为 2022 年度陕西省地方课程地方教材及教辅资源研究课题成果之一。

由于编者水平所限，书中难免有不妥和疏漏之处，敬请读者批评指正。

2023 年 3 月

第 1 版前言

PREFACE

本教材根据高等职业教育对技术技能人才的要求，按照项目导向、任务驱动教学模式编写，主要内容包括测量基本知识、角度测量、距离测量、平面控制测量、高程控制测量、地形图认识、大比例尺地形图测绘、地形图的应用 8 个项目。同时，紧跟测绘新技术，在平面控制测量项目中增加了 GNSS 定位测量内容；为了顺应“互联网+教育”数字教育资源发展趋势，应用信息技术改造传统教学模式，增加了微课、视频等教学内容，以促进泛在、移动、个性化学习方式。

本教材编写分工如下：项目 1、项目 5 由陕西铁路工程职业技术学院田倩编写；项目 2、项目 3 由陕西铁路工程职业技术学院刘莎编写；项目 4 中任务 4.1、任务 4.2、任务 4.9、任务 4.10 由陕西铁路工程职业技术学院刘舜编写；项目 4 中任务 4.4、任务 4.6、任务 4.7 由陕西铁路工程职业技术学院于春娟编写；项目 4 中任务 4.3、任务 4.5 由杨凌职业技术学院孙茂存编写；项目 4 中任务 4.8 由重庆市轨道交通设计研究院有限责任公司元昊编写；项目 6 中任务 6.1 由中铁一局集团第五工程有限公司白芝勇编写；项目 6 中任务 6.2、任务 6.3、任务 6.4 由陕西铁路工程职业技术学院王涛编写；项目 7 中任务 7.1、任务 7.2、任务 7.3 由陕西铁路工程职业技术学院袁曼飞编写；项目 7 中任务 7.4、任务 7.5 由陕西铁路工程职业技术学院冯上朝编写；项目 8 由陕西铁路工程职业技术学院吴迪编写。全书由陕西铁路工程职业技术学院张福荣任主编和统稿。

本教材在编写过程中得到编者单位和西南交通大学出版社的大力支持和帮助，在此一并表示感谢。

由于编写时间仓促及编者水平所限，书中难免有不妥和疏漏之处，敬请读者批评指正。

编　者

2018 年 5 月

数字资源目录

续表

序号	二维码名称	资源类型	页码
32	视距测量	视频	45
33	水准仪视距测量	视频	46
34	水准仪视距测量原理	视频	46
35	全站仪光电测距	PPT	48
36	全站仪光电测距	视频	48
37	全站仪距离测量（仪器设置）	视频	50
38	全站仪距离测量	视频	50
39	国家平面控制网	PPT	54
40	国家平面控制网	视频	54
41	直线定向	PPT	57
42	直线定向	视频	57
43	坐标反算	视频	58
44	坐标正反算	PPT	58
45	坐标正反算	视频	58
46	小区域平面控制测量	PPT	61
47	小区域平面控制测量	视频	61
48	闭合导线测量	视频	66
49	闭合导线测量	PPT	66
50	闭合导线测量（外业观测）	视频	66
51	闭合导线测量内业计算（填写已知数据）	视频	67
52	闭合导线测量内业计算	视频	67
53	闭合导线测量内业计算（角度闭合差计算、调整）	视频	67
54	闭合导线测量内业计算（方位角的推算）	视频	68
55	闭合导线测量内业计算（相邻导线边坐标方位角的推算）	视频	68
56	闭合导线测量内业计算（坐标增量闭合差的计算与调整）	视频	69
57	闭合导线测量内业计算（未知导线点坐标计算）	视频	69
58	附合导线各导线边方位角推算	视频	75
59	附合导线的外业观测	视频	75
60	附合导线内业计算	PPT	75
61	附合导线内业计算	视频	75
62	附合导线角度闭合差计算	视频	75
63	高程控制网的布设	视频	88
64	高程控制网的分类	视频	88
65	国家级高程控制网和小区域高程控制网的布设	PPT	88

续表

序号	二维码名称	资源类型	页码
65	水准仪认识	3D 动画	92
66	水准仪的认识和使用	PPT	92
67	水准仪（管水准器）	3D 动画	93
68	水准仪（基座）	3D 动画	93
69	水准仪（圆水准器）	3D 动画	93
70	水准仪的安置	视频	94
71	电子水准仪的认识	PPT	96
72	电子水准仪的认识	视频	96
73	水准测量的原理	PPT	100
74	水准测量的原理	视频	100
75	五等支水准路线测量	视频	104
76	支水准路线测量	PPT	104
77	支水准测量内业计算	视频	105
78	闭合水准路线测量（外业观测及精度评定）	视频	108
79	五等闭合水准路线测量	视频	108
80	五等闭合水准路线测量	PPT	108
81	闭合水准路线测量（填写数据）	视频	108
82	闭合水准路线测量（高差闭合差计算、检核）	视频	108
83	闭合水准路线测量（高差闭合差的调整）	视频	110
84	闭合水准路线测量（计算改正后高差）	视频	110
85	闭合水准路线测量（计算未知点高程）	视频	110
86	闭合水准路线测量（课后习题）	视频	111
87	附合水准路线测量	PPT	111
88	附合水准路线内业计算（填写已知数据）	视频	111
89	附合水准路线内业计算（高差闭合差计算、检核）	视频	113
90	四等水准测量	PPT	116
91	四等水准测量观测、记录及计算	视频	116
92	四等水准尺读数	3D 动画	117
93	四等水准尺读数	视频	117
94	视距差调整	视频	117
95	电子水准仪的认识	PPT	121
96	电子水准仪的认识	视频	121
97	三角高程测量	PPT	130
98	三角高程测量原理	视频	130

续表

序号	二维码名称	资源类型	页码
99	自由设站三角高程测量	视频	133
100	地形图的基础知识	PPT-1	138
101	地形图的基础知识	PPT-2	138
102	地形图的基本知识	视频-1	138
103	地形图的基础知识	视频-2	138
104	比例尺介绍	视频	140
105	比例尺的精度介绍	视频	140
106	地形图比例尺	PPT	140
107	地物的表示方法	视频	141
108	等高线	视频	144
109	等高线案例介绍	视频	144
110	地貌的表示方法	视频	145
111	大比例尺地形图测绘	PPT	149
112	全站仪三维导线	PPT	149
113	全站仪三维导线测量	视频	149
114	一步测量法	PPT	151
115	全站仪碎部测量	PPT	153
116	全站仪碎步测量	视频	153
117	碎步点采集	PPT	155
118	创建一个新的作业	视频	157
119	GPS-RTK 碎步测量参数设置	PPT	164
120	GPS-RTK 仪器的连接	视频	165
121	地形图编辑	PPT	173
122	地形图编辑	视频	173
123	等高线绘制	视频	173
124	展碎部点	视频	174
125	大比例尺地形图的分幅	PPT	175
126	大比例尺地形图的分幅	视频	175
127	检查验收的依据	PPT	179
128	检查验收工作的实施	视频	179
129	高程精度评定	PPT	180
130	平面精度评定	PPT	180
131	质量检查验收的标准	PPT	181
132	质量检查验收的标准	视频	181

续表

序号	二维码名称	资源类型	页码
133	地形图应用	PPT	185
134	查询两点间距离和方位角	视频	185
135	查询指定点坐标	视频	185
136	查询两点间距离和方位角操作	视频	186
137	计算表面积操作	视频	187
138	CASS 应用-纵横断面绘制	视频	188
139	地形图的一般应用（根据已知坐标绘制纵断面图）	PPT	188
140	纵断面图绘制（根据图上高程点绘制纵断面操作）	视频	188
141	纵断面图绘制（根据已知坐标绘制纵断面图操作）	视频	188
142	CASS 应用（道路断面法土方计算）	视频	192
143	CASS 应用（两断面线间土方计算）	视频	192
144	司南 N5 接收机（RTK 测量）	视频	200
145	司南 N5 接收机（静态测量）	视频	200
146	无人机定义和分类	视频	204
147	无人机系统组成	视频	205
148	空中三角测量	视频	207

目录

CONTENTS

01

项目 1

测量基本知识

\>\>\>\>\>\>\>\>\>\>\>

项目描述

党的二十大报告指出，要加快建设交通强国。这是以习近平同志为核心的党中央立足国情、着眼全局、面向未来做出的重大战略决策。要切实学习贯彻好党的二十大精神，全面服务和保障社会主义现代化强国建设，争做交通强国建设的开路先锋。而测量是工程的眼睛，为工程建设指引方向。

在测绘领域，人们把工程建设中的所有测绘工作统称为工程测量，包括在工程建设勘测、设计、施工和管理运营阶段所进行的各种测量工作。工程测量是直接为各建设项目的勘测、设计、施工、安装、竣工、监测以及营运管理等一系列工程服务的，它的服务和应用范围包括城建、地质、铁路、交通、房地产管理、水利电力、能源、航天和国防等各行业的工程建设部门。

由于人类的各种建设活动都是在地球表面进行的，要开展相应的测量工作，就要认识地球的形状与大小，测量若干地球表面的点的位置。因此，要认识点的三维位置的表达方式，点的三维位置是通过点的平面坐标和高程来表达的。

本项目主要为后续项目的开展奠定基础，分别介绍地球的形状和大小，测量常用的坐标系，点的平面坐标和点的高程，测量的基本工作以及测量误差的基本知识等。

对标“1+X” 测绘地理信息数据获取与处理证书技能要求
1.1 相关基础理论认识 ☑1.1.1 能掌握常用坐标系的概念； ☑1.1.2 能掌握常用高程基准的概念； ☑1.1.3 能熟记常用投影方式及中央子午线的概念； ☑1.1.4 能熟记全站仪的误差及其来源。

学习目标

PPT
测量学基础知识

岗位能力目标：

1. 能够认识地球的形状和大小；
2. 能描述点的空间位置的表示方法；
3. 能遵循测量工作的基本要求。

知识目标：

1. 了解测量工作的基准；
2. 掌握测量平面直角坐标系的建立方法；
3. 掌握点的高程的表示方法；
4. 了解测量的主要工作及要求；
5. 了解测量误差的基本概念及偶然误差的特性。

思政点拨

近年来，我国在太空领域取得了重大突破，成功发射了天问一号探测器前往火星。这项壮举的背后离不开精准的测量技术。测量学作为一门基础学科，对于现代科技的发展有着至关重要的作用。

测量学的应用范围极为广泛。在太空探索中，测量技术可以帮助科学家们确定飞船的轨迹、姿态和速度，从而确保探测器能够准确地到达目的地。同时，测量技术还可以帮助科学家们对火星表面进行高精度地图绘制，探测岩石、土壤等物质的成分和性质，为人类更深入地了解火星提供重要数据。

测量学不仅在太空探索中发挥着重要作用，在国家建设中也有着广泛的应用。例如，测量学可以帮助建设者们准确地测量地形地貌，规划城市道路、桥梁等基础设施，保障国家基础设施建设的顺利进行。

因此，测量学的研究和应用对于推动我国科技和经济的发展具有重要意义。同时，测量学也涉及实验精度、误差分析等问题，需要研究者们具备严谨求实、勤奋钻研的科学精神。在今后的学习和工作中，我们应该注重培养自己的测量技能，不断提高实践能力和科学素养，为推动我国科技进步和经济发展做出贡献。

任务1.1　地球形状与测量坐标系

1.1.1　工作任务

测量工作大多是在地球表面上进行的，测量基准的确定，测量成果的计算及处理都与地球的形状和大小有关，都要建立相应的测量坐标系，因此，本任务就是要认识地球的形状和大小，了解对应的测量基准面、基准线，然后通过学习，用列表的方式对比测量的几种坐标系的建立方法和使用范围的不同。

1.1.2　相关配套知识

PPT　　视频

地球的形状和大小

测量工作是在地球表面上进行的，测量基准的确定、观测数据的获得、测量成果的处理都与地球的形状、大小有关。

1. 地球的形状和大小

测量工作的主要研究对象是地球的自然表面，从整个地球来看，其形状大致像一个椭球体，其表面极不规则，有高山、深谷、丘陵、平原、江湖、海洋等，最高的珠穆朗玛峰高出海平面 8 848.86 m，最深的太平洋马里亚纳海沟低于海平面 11 022 m，其相对高差将近 20 km，但是与地球的平均半径 6 371 km 相比是微不足道的。

1）大地水准面

就整个地球表面而言，陆地面积仅占 29%，而海洋面积占了 71%，因此，我们可以设想地球的整体形状是被海水所包围的球体，即设想将一静止的海洋面扩展延伸，使其穿过大陆和岛屿，形成一个封闭的曲面。这个静止的海水面被称作水准面。与水准面相切的平面称为水平面。由于海水受潮汐风浪等影响而时高时低，故水准面有无穷多个，其中与平均海水面相吻合的水准面称作大地水准面。由大地水准面所包围的形体称为大地体。通常用大地体来代表地球的真实形状和大小。

大地水准面是测量外业工作的基准面。重力的方向线称为铅垂线，它是测量工作的基准线，铅垂线处处与水准面垂直。在测量工作中，取得铅垂线的方法如图 1-1 所示。

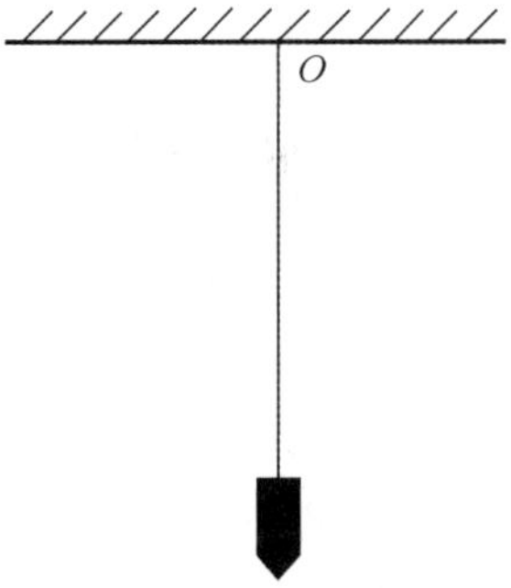

图 1-1　铅垂线

2）参考椭球面

由于地球内部质量分布不均匀，致使地面上各点的铅垂线方向产生不规则变化，所以，大地水准面是一个不规则的无法用数学式表述的曲面，在这样的面上是无法进行测量数据的计算及处理的。因此人们进一步设想，用一个与大地体非常接近的又能用数学式表述的规则球体即旋转椭球体来代表地球的形状。

某一国家或地区为处理测量成果而采用的与大地体形状大小最接近，又最适合本国或本地区要求的旋转椭球，这样的椭球体称为参考椭球体，如图 1-2 所示。它是一个规则的曲面体，可用数学公式表示，即

$$\frac{X^2}{a^2}+\frac{Y^2}{b^2}+\frac{Z^2}{c^2}=1 \tag{1-1}$$

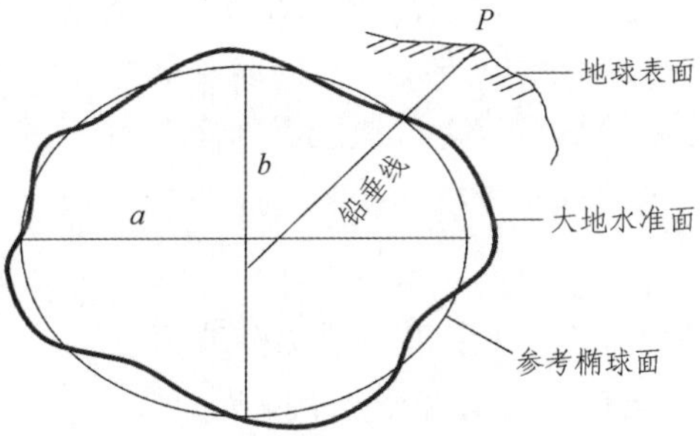

图 1-2　参考椭球体

参考椭球体的外表面称为参考椭球面，参考椭球面只具有几何意义而无物理意义，它是严格意义上的测量计算基准面。

确定参考椭球体与大地体之间的相对位置关系，称为椭球体定位。决定地球椭球体形状和大小的参数有椭圆的长半径 a，短半径 b，扁率α。其关系式为

$$\alpha = \frac{a-b}{a} \tag{1-2}$$

由于地球椭球体的扁率α很小，当测量的区域不大时，可将地球看作半径为 6 371 km 的圆球。

在小范围内进行测量工作时，可以用水平面代替大地水准面。

2. 常用测量坐标系

地面和空间点位的确定总是要参照于某一给定的坐标系统，坐标系统是由坐标原点、坐标轴的指向和尺度所定义的。表示球面上点的位置常常用到天文坐标系和大地坐标系。

PPT
测量坐标系

1）天文坐标系

以大地水准面和铅垂线为基准面与基准线建立的球面坐标系称天文坐标系，在该坐标系中用天文经度、天文纬度表示地面点的位置，如图 1-3 所示，图中 NS 为地球自转轴。

由于地面各点的铅垂线方向的不规则性，过地面某点的铅垂线一般不与地球的自转轴相交。规定过地面点的铅垂线且与地球自转轴平行的平面为该点的天文子午面，过地球质心且与地球自转旋转轴正交的平面为地球赤道面，过格林尼治天文台的天文子午面为起始天文子午面。

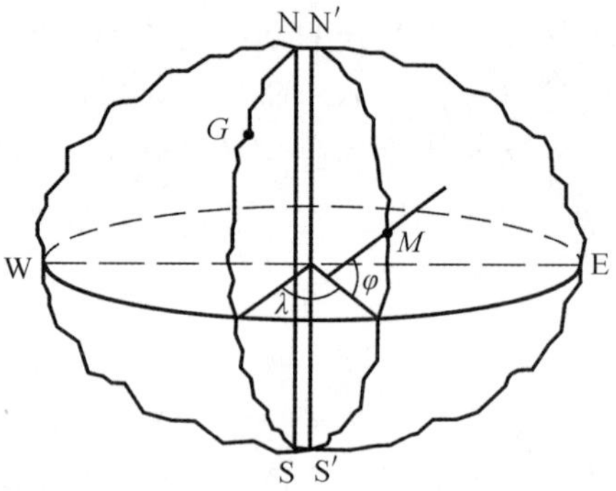

图 1-3　天文坐标系

过地面点的天文子午面与起始天文子午面的夹角称为天文经度，从首子午面起算，向东为正，称为东经；向西为负，称为西经，测量上一般用λ表示。其取值范围为 0 ~ ±180°。

过地面点的铅垂线与地球赤道面的夹角称为该点的天文纬度，从地球赤道面起算向北为正，称为北纬，向南为负，称为南纬，测量上一般用φ表示，其取值范围为 0 ~ ±90°。

天文坐标系是以客观存在的自然特性为基础建立的。通过观测合适的天体可以测定地面点的天文经度和天文纬度。

由于过地面点的铅垂线一般不与过该点的法线重合，因而地面点大地经纬度与天文经纬度之间也略有差异。地面点的铅垂线与法线方向的偏差称为“垂线偏差”。垂线偏差是研究地球形状的重要数据，也是将大地观测成果归算到参考椭球面上的重要参数。用天文重力和水准测量的方法可以测定和计算垂线偏差的大小。

2）大地坐标系

大地坐标系是一种球面坐标系，适用于在地球椭球面上确定点位，如图 1-4 所示，O 点为参考椭球中心，N 为北极，S 为南极，过地面点 M 的子午面与首子午面（过英国格林尼

PPT　视频
大地坐标系

治天文台中心 G 的子午面）之间的夹角，称为该点的大地经度。大地经度从首子午面起算，向东为正，称为东经；向西为负，称为西经，测量上一般用 L 表示，其取值范围为 0 ~ ±180°。过地面点的法线与赤道面的夹角称为该点的大地纬度，从赤道面起算向北为正，称为北纬，向南为负，称为南纬，测量上一般用 B 表示，其取值范围为 0 ~ ±90°。

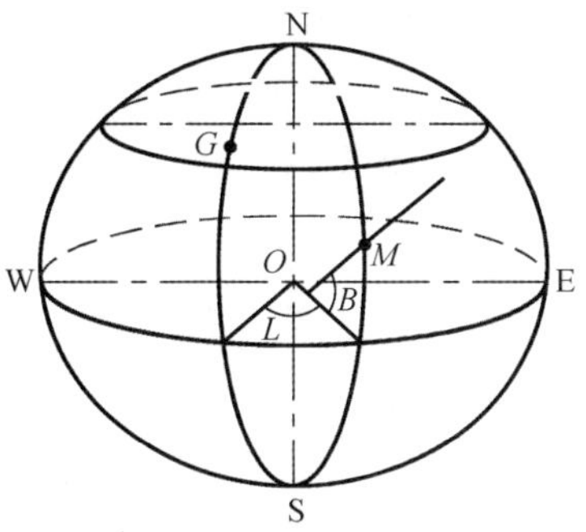

图 1-4　大地坐标系

在测量工作中，地面点在参考椭球面上的投影位置一般用大地坐标 B、L 表示。但实际进行观测时，如量距或测角都是以铅垂线为准，则所测得的数据若要求精确地换算成大地坐标就必须经过改化。在普通测量中由于未经改化的数据精度能够满足工程需要，所以可不考虑这种改化。

（1）1954 北京坐标系。

20 世纪 50 年代初，我国天文大地网建立初期，鉴于当时的历史条件，采用了克拉索夫斯基椭球元素 $a = 6\ 378\ 245$ m，$\alpha = 1/298.3$，并与苏联 1942 年普尔科沃坐标系进行联测，通过局部平差计算建立了大地坐标系，定名为 1954 北京坐标系，其大地原点在苏联的普尔科沃。使用该克拉索夫斯基椭球并未依据当时我国的天文观测资料进行重新定位，而是直接由苏联西伯利亚地区的一等锁，经我国的东北地区传算过来的。

（2）1980 西安坐标系。

1978 年，我国决定建立新的大地坐标系，命名为“1980 年国家大地坐标系”。该坐标系的大地原点设在我国中部的陕西省泾阳县永乐镇，采用国际大地测量协会 1975 年推荐的参考椭球 IAG-75 国际椭球，其 4 个几何和物理参数值采用了 1975 年国际大地测量与地球物理联合会推荐的数值：

① 地球椭球长半径 $a = 6\ 378\ 140$ m，扁率 $\alpha = 1/298.257$；

② 引力常数与地球质量的乘积 $GM = 3.986\ 005 \times 1\ 014\ \text{m}^3/\text{s}^2$；

③ 地球重力场二阶带球谐系数 $J_2 = 108\ 263 \times 10^{-8}$；

④ 地球自转角速度 $w = 7.292\ 115 \times 10^{-5}$ rad/s。

（3）2000 国家大地坐标系。

2008 年，我国启用 2000 国家大地坐标系。2000 国家大地坐标系的原点为包括海洋和大气的整个地球的质量中心，Z 轴指向 BIH1984.0 定义的协议极地方向（BIH 国际时间局），X 轴指向 BIH1984.0 定义的零子午面与协议赤道的交点，Y 轴按右手坐标系确定。采用的地球椭球参数如下：$a = 6\ 378\ 137$ m，$\alpha = 1/298.257\ 222\ 101$。

（4）WGS-84 世界大地坐标系。

WGS-84 坐标系统是美国国防部建立的大地坐标系，为全球定位系统 GPS 所使用的坐标系统。WGS-84 坐标系的定义是：原点是地球的质心，Z 轴指向 BIHl984.0 定义的协议地球极（CTP）方向，X 轴指向 BIHl984.0 的零度子午面和 CTP 赤道的交点，Y 轴和 Z、X 轴构成右手坐标系。

对应 WGS-84 坐标系有一个 WGS-84 椭球，该椭球的参数为：

① 地球椭球长半径 $a = 6\ 378\ 137$ m，$\alpha = 1/298.257\ 223\ 563$；

② 引力常数与地球质量的乘积 $GM = 3.986\ 005 \times 1\ 014\ \text{m}^3/\text{s}^2$；

③ 地球重力场二阶带球谐系数 $J_2 = 1\ 082.629\ 989\ 05 \times 10^{-6}$；

④ 地球自转角速度 $w = 7.292\ 115 \times 10^{-5}$ rad/s。

GPS 的星历坐标及由 GPS 观测值直接计算的坐标，都是 WGS-84 坐标系的坐标。

复习思考题

（1）常用的测量坐标系有哪些？

（2）比较几种测量坐标系在建立方法和使用范围上的区别？

任务 1.2　点的平面位置及高程

1.2.1　工作任务

地理坐标系和大地坐标系都是球面坐标系，在工程测量和施工中，我国普遍使用的是平面直角坐标系。因此，需要把原本球面的问题转化到平面来解决。本任务要求能说出测量平面直角坐标系与数学平面直角坐标系的异同，会进行高斯坐标的投影带带号与中央子午线经度的转换计算，并能区分绝对高程、相对高程、高差的概念。

1.2.2　相关配套知识

地面点的空间位置需由 3 个参数来确定，即该点在大地水准面上投影后的平面坐标（2 个参数）和该点的高程（1 个参数）。

PPT　视频

平面直角坐标系

1. 独立平面直角坐标系

当地形图测绘或施工测量的面积较小时，可将测区范围内的椭球面或水准面用水平面来代替，一般选取测区西南角的一点作为坐标原点，以过原点的南北方向为纵轴（向北为正，向南为负），东西方向为横轴（向东为正，向西为负），建立独立的平面直角坐标系，如图 1-5 所示，称为独立平面直角坐标系。在局部区域内确定点的平面位置，可以采用独立平面直角坐标。测区内的任意一点 A 的坐标可以用 (x_A, y_A) 表示，独立平面直角坐标系的象限按顺时针方向编号，如图 1-6 所示。

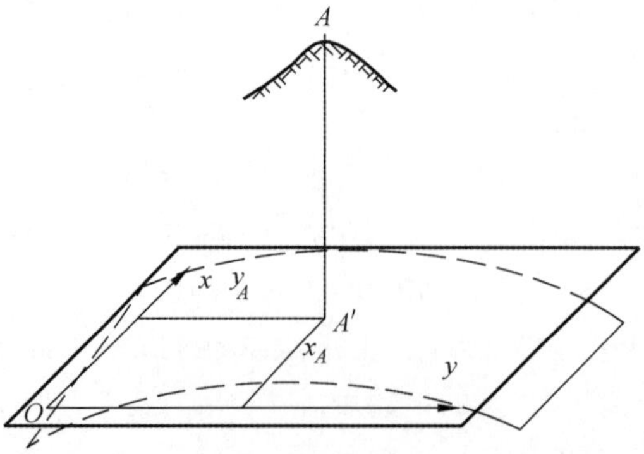

图 1-5　独立平面直角坐标系

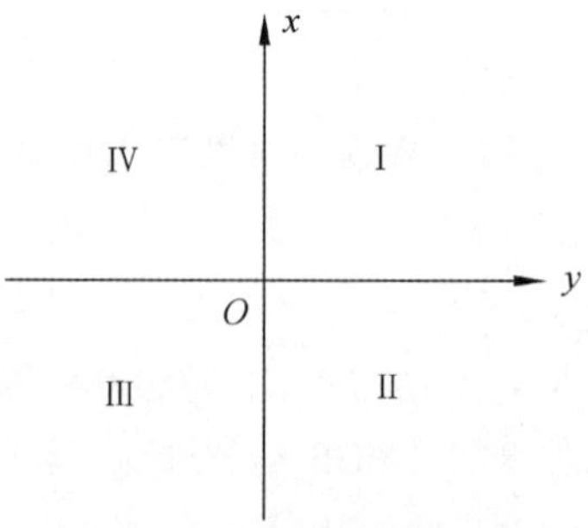

图 1-6　坐标象限

2. 高斯平面直角坐标系

在高斯-克吕格投影的基础上建立的坐标系，称为高斯平面直角坐标系，简称高斯坐标系。在广大区域内确定点的平面位置，一般采用高斯平面直角坐标。

视频
高斯平面直角坐标系

1）高斯投影

高斯-克吕格投影是一种等角横轴切椭圆柱投影。它是假设一个椭圆柱面与地球椭球体面横切于某一条经线上，按照等角条件将中央经线东、西各 3° 或 1.5° 经线范围内的经纬线投影到椭圆柱面上，然后将椭圆柱面展开成平面而成的。该投影是 19 世纪 20 年代由德国数学家高斯最先设计，后经德国大地测量学家克吕格补充完善，故名高斯-克吕格投影，简称高斯投影。

高斯投影是将地球划分成若干带，然后将每带投影到平面上。如图 1-7（a）所示，假想有一个椭圆柱面横套在地球椭球体外表面，并与某一条子午线（此子午线称为中央子午线）相切，椭圆柱的中心轴通过椭球体中心，然后用一定投影方法，将中央子午线两侧各一定经差范围内的地区投影到椭圆柱面上，再将此柱面展开即成为投影面，如图 1-7（b）所示，此投影为高斯投影。

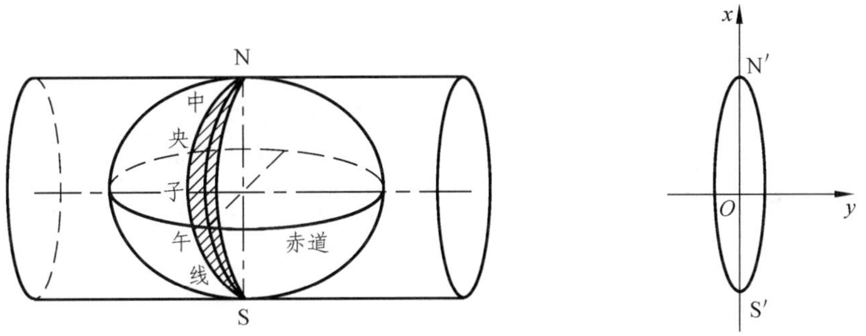

（a）　　（b）

图 1-7　高斯投影

高斯投影可以将椭球面变成平面，但是离开中央子午线越远变形越大，这种变形将会影响测图和施工精度。为了对长度变形加以控制，测量中采用了限制投影宽度的方法，即将投影区域限制在靠近中央子午线的两侧狭长地带，这就是分带投影。投影带宽度是以相邻两个子午线的经差来划分，有 6° 带、3° 带等不同投影方法。

6° 带投影是从英国格林尼治子午线开始，自西向东，每隔 6°投影一次，这样将椭球分成 60 个带，编号为 1 ~ 60 带，如图 1-8 所示。各带中央子午线经度为

$$L_0 = 6N - 3 \tag{1-3}$$

式中　L_0——中央子午线的经度；

N——6° 带的带号。

3° 带是在 6° 带基础上划分的，其中央子午线在奇数带时与 6° 带中央子午线重合，每隔 3° 为一带，共 120 带，各带中央子午线经度为

$$L_0' = 3N \tag{1-4}$$

式中 L_0'——中央子午线的经度；

N——3°带的带号。

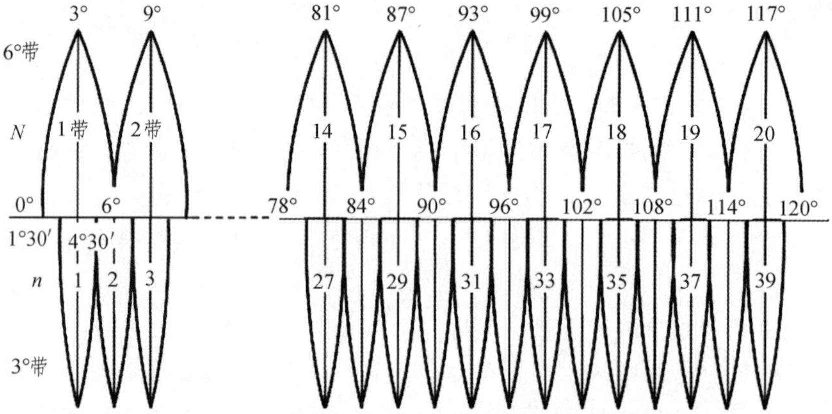

图 1-8 高斯平面直角坐标系 6°带与 3°带的划分

我国幅员辽阔，含有 11 个 6° 带，即从 13 ~ 23 带（中央子午线从 75° ~ 135°），21 个 3° 带，从 25 ~ 45 带。

2）高斯平面直角坐标系

根据高斯投影的特点，以赤道和中央子午线投影后的交点为坐标原点，中央子午线投影后的直线为 x 轴，北方向为正，赤道投影后的直线为 y 轴，东方向为正，由此建立了高斯平面直角坐标系，如图 1-9 所示。则有投影带内 P_1、P_2 点的高斯自然坐标如下：

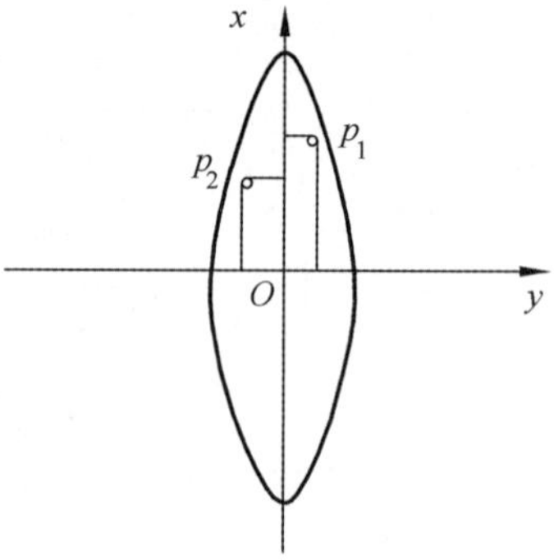

图 1-9 高斯平面直角坐标系

$$x_{p_1} = 302\ 855.650\ \text{m}, y_{p_1} = 136\ 780.360\ \text{m}$$
$$x_{p_2} = 232\ 836.180\ \text{m}, y_{p_2} = -272\ 440.280\ \text{m}$$

高斯自然坐标在同一投影带内 y 值有正有负，这对计算和使用很不方便。为了使 y 值都为正，将纵坐标轴西移 500 km，并在 y 坐标前面冠以带号，得到高斯通用坐标：

$$x_{p_1} = 302\ 855.650\ \text{m}, y_{p_1} = 20\ 636\ 780.360\ \text{m}$$
$$x_{p_2} = 232\ 836.180\ \text{m}, y_{p_2} = 20\ 227\ 559.720\ \text{m}$$

无论是高斯平面直角坐标系还是独立平面直角坐标系，均以纵轴为 x 轴、横轴为 y 轴，但是，测量中采用的平面直角坐标系与数学上的平面直角坐标系有一些不同，x、y 轴位置交换，象限的顺序也随之改变，但是坐标轴与象限的相对关系没变，数学上的所有公式都适用于测量坐标系。

3. 点的高程

视频
点的高程

平面直角坐标只表示了点在地面上的位置，但点的高低的信息还没有表示，在测量上，用高程来表示点的高低信息。

1）我国的高程系统

由于大地水准面是一个理想的面，在实际测量中不易找到其位置，所以高程起算面一般是用对海水验潮求得平均海水面的方法而得到。我国的验潮站设在青岛，同时又在验潮站附近设一固定点，求得该点的高程，将该点作为全国统一的高程起算点，称为水准原点。我国采用 1950—1956 年验潮资料，求得平均海水面位置，进而测得水准原点的高程为 72.289 m，这一高程系统称为“1956 年黄海高程系”；由于验潮资料时间周期短，不精确，为提高大地水准面的精度，国家又根据青岛验潮站 1952～1979 年的验潮资料精确计算，重新确定了水准原点新的高程为 72.260 4 m，这一高程系统称为“1985 国家高程基准”。目前，我国采用的就是“1985 国家高程基准”。

2）点的高程

选择不同的基准面，就有不同的高程系统。测量中通常以大地水准面作为高程的起算面，因此，把地面点沿铅垂线方向至大地水准面的距离，称为该点的绝对高程，亦称为海拔，用 H 表示。如图 1-10 所示，图中的 H_A、H_B 分别表示了地面点 A、B 的绝对高程。

当测区附近没有国家高程点可以联测时，也可以临时假定一个水准面作为该测区的高程起算面。地面点沿铅垂线至假定水准面的距离，称为该点的相对高程，用 H' 表示。图 1-10 中的 H'_A、H'_B 表示了地面点 A、B 的相对高程。

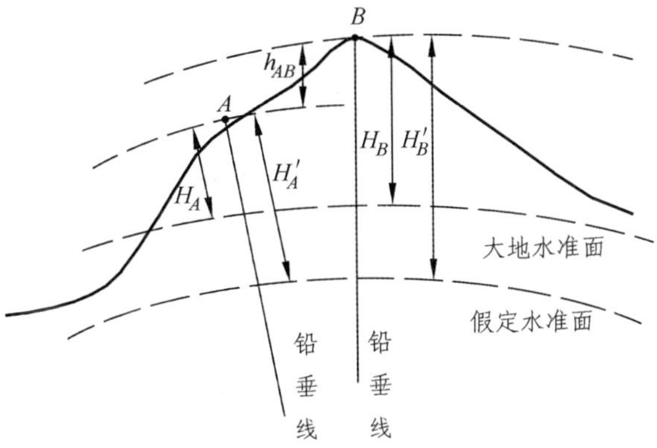

图 1-10　高程与高差

3）高　差

同一高程系中，地面两点高程之差称为高差，用 h 表示。高差有方向和正负。如图 1-10 中，A、B 两点的高差为

$$h_{AB} = H_B - H_A = H'_B - H'_A \tag{1-5}$$

当 h_{AB} 为正时，B 点高于 A 点；当 h_{AB} 为负时，B 点低于 A 点。B、A 两点的高差为

$$h_{BA} = H_A - H_B = H'_A - H'_B \tag{1-6}$$

A、B 两点的高差与 B、A 两点的高差，绝对值相等，符号相反，即

$$h_{AB} = -h_{BA} \tag{1-7}$$

实际测量中一般是测量未知点与另一个已知高程的点之间的高差来求得未知点高程的。确定了地面点的平面坐标 x、y 和高程 H，地面点的空间位置就可以确定了。

复习思考题

（1）高斯平面直角坐标系是如何建立的?

（2）测量平面直角坐标系与数学中的直角坐标系有哪些区别?

任务 1.3　测量工作基本要求

1.3.1　工作任务

本任务要求结合某测量案例分析，初步认识测量的三项基本工作，并明确开展测量工作有哪些具体要求。

视频

测量的基本工作要求

1.3.2　相关配套知识

测量工作主要是测绘和测设。测绘指的是测绘地形图，就是对地球表面的地形、地物、地貌在水平面上的投影位置和高程进行测定，并按一定比例缩小，用符号和注记绘制成地形图的工作。传统测绘采用平板仪测图，现在基本上使用全站仪、RTK 数字测图、航空摄影测量等方法。测设也叫放样，指的是用一定的测量方法，按照要求的精度，把设计图纸上规划设计好的建筑物、构筑物的平面位置和高程在地面上标定出来，作为施工的依据。测设常开展全站仪测设点的平面位置、水准仪测设点的高程、RTK 点位放样等工作。

1. 测量的基本工作

测量的实质是测定地面点的空间位置，包括点的平面位置和高程。其基本工作包括高程测量、角度测量和距离测量。

1）高程测量

如图 1-11 所示，设 A 为已知高程点，P 为待测高程点。实际工作中需要测出 A、P 之间的高差 h_{AP}，然后用式（1-8）就可以算出 P 点的高程。

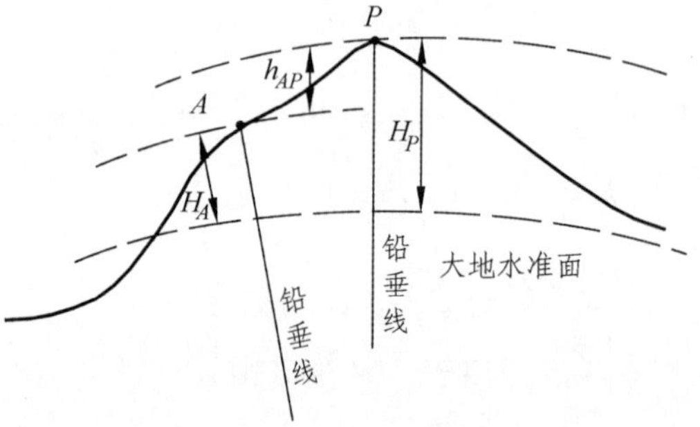

图 1-11　高程测量

$$H_P = H_A + h_{AP} \tag{1-8}$$

因此，高程测量的主要工作是测量两点间高差。

2）角度测量

如图1-12所示，测量房屋角点1、2、3的位置，首先要测量每个角点方向与已知方向之间的夹角，即过角顶的两条边所做两个竖直面在水平面上的夹角，测量上称水平角 β。

3）距离测量

如图1-2所示，要测量房屋角点的位置，还要测量每个角点至测站点的距离，测的是水平距离 D，即两点连线投影在水准面上的长度。

测量了水平角 β 和水平距离 D，就可直接缩放出角点的位置或者计算出角点的坐标。

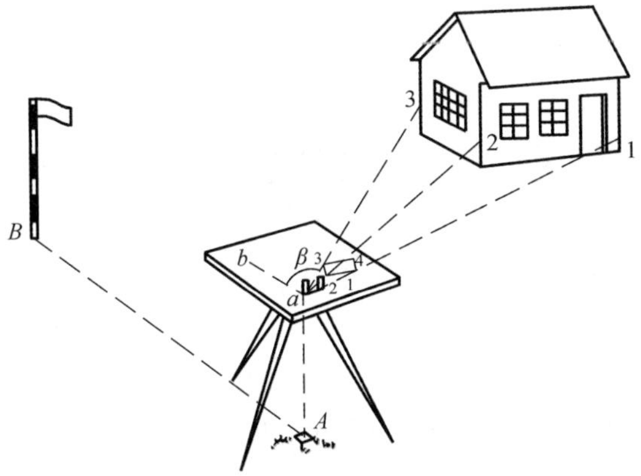

图1-12 角度测量和距离测量

2. 测量工作的基本要求

在地面上从事测量工作时，需要测定很多碎部点的平面位置和高程。由于任何一种测量工作都会产生不可避免的误差，所以每次测量时都必须采取一定的程序和方法，以防止误差的积累。

为了保证测量结果的质量，开展测量工作须符合以下要求：

（1）布局上“由整体到局部”施测。

（2）步骤上“先控制后碎部”施测。

（3）精度上“从高级到低级”施测。

测量工作还必须进行严格的检核，“前一步工作未检核不进行下一步工作”是组织测量工作应遵循的又一个要求。

知识拓展

从事测量工作的相关人员需具备以下能力：

（1）具备识图、审图、绘图的能力。

（2）掌握不同工程类型或施工方法对测量放线提出的不同要求的能力。

（3）了解仪器构造、原理，掌握仪器的使用、检校、维修的能力。

（4）对各种几何形状、数据、点位的计算与校核的能力。

（5）了解误差理论，能针对误差产生的原因采取措施，以及对各种观测数据的处理能力。

（6）对不同工程采用不同观测方法与校测方法，具备高精度、高效率的实测能力。

（7）针对不同现场、工程情况，综合分析处理问题的能力。

（8）具备有关部门颁发的测量职业人员岗位证书。

复习思考题

（1）测绘与测设有什么区别？

（2）测量的基本工作包括哪些？

（3）测量工作的基本要求是什么？

（4）测量上如何确定点的位置？

任务 1.4　测量误差基本知识

1.4.1　工作任务

测量工作是在一定条件下进行的，外界环境、观测者的技术水平和感官鉴别能力的局限性及仪器本身构造的不完善等原因，都可能导致测量误差的产生。本任务主要学习误差产生的原因，误差的分类以及偶然误差的特性，要求能区别系统误差与偶然误差的不同。

1.4.2　相关配套知识

在实际的测量工作中发现：当对某个确定的量进行多次观测时，所得到的各个结果之间往往存在着一些差异，例如重复观测两点的高差，或者是多次观测一个角或丈量若干次一段距离，其结果都互有差异。另一种情况是，当对若干个量进行观测时，如果已经知道在这几个量之间应该满足某一理论值，实际观测结果往往不等于其理论上的应有值。例如，一个平面三角形的内角和等于180°，但3个实测内角的结果之和并不等于180°，而是存在不符值。这种不符值是测量工作中经常发生的现象，这是由于观测值中包含有观测误差。

1. 误差产生的来源

从测量实践中可以发现，测量结果不可避免地存在误差，误差的产生主要有以下来源：

1）观测者

由于观测者的感觉器官鉴别能力的局限性，在仪器安置、照准、读数等工作中都会产生误差。同时，观测者的技术水平及工作态度也会对观测结果产生影响。

2）测量仪器

测量工作所使用的测量仪器都具有一定的精密度，从而使观测结果的精度受到限制。另外，仪器本身构造上的缺陷，也会使观测结果产生误差。

3）外界观测条件

外界观测条件是指野外观测过程中，外界条件的因素，如天气的变化、植被的不同、地面土质松紧程度、地形的起伏、周围建筑物的状况，以及太阳光线的强弱、照射的角度大小等。

观测者、测量仪器和观测时的外界条件是引起观测误差的主要因素，通常称为观测条件。观测条件相同的各次观测，称为等精度观测。观测条件不同的各次观测，称为非等精度观测。任何观测都不可避免地要产生误差。为了获得观测值的正确结果，就必须对误差进行分析研究，以便采取适当的措施来消除或削弱其影响。

2. 误差的分类

观测误差按其性质，可分为系统误差和偶然误差。

PPT
误差的定义与分类

视频
测量误差及其分类

系统误差指的是在同一条件下获得的观测值中，其数值大小和符号或保持不变，或按一定的规律变化的误差。系统误差主要是由仪器制造或校正不完善、观测员生理习性、测量时外界条件、仪器检定时不一致等原因引起。系统误差在观测成果中具有累计性，对成果质量影响显著，应在观测中采取相应措施予以消除。

偶然误差指的是在同一条件下获得的观测值中，其数值大小和符号不定，表面看没有规律性变化的误差。偶然误差的产生取决于观测进行中的一系列不可能严格控制的因素（如湿度、温度、空气振动等）的随机扰动。

3. 偶然误差的特性

当观测值中剔除了粗差，排除了系统误差的影响，占主导地位的就是偶然误差。从单个偶然误差来看，其出现的符号和大小没有一定的规律性，但对大量的偶然误差进行统计分析，就能发现其规律性，误差个数越多，规律性越明显。

例如，在相同的观测条件下，对 358 个三角形的内角进行了观测。由于观测值含有偶然误差，致使每个三角形的内角和不等于 180°。设三角形内角和的真值为 X，观测值为 L，其观测值与真值之差称为观测误差，用 Δ 表示。即

$$\Delta_i = L_i - X \qquad (i = 1,\ 2,\ \cdots,\ 358) \tag{1-9}$$

由式（1-9）计算出 358 个三角形内角和的真误差，并取误差区间为 0.2″，以误差的大小和正负号，分别统计出它们在各误差区间内的个数 n 和频率 n/N，结果列于表 1-1。

表 1-1　偶然误差的区间分布

误差区间 dΔ″	正误差个数 n	负误差个数 n	合计个数 n
0.0 ~ 0.2	45	46	91
0.2 ~ 0.4	40	41	81
0.4 ~ 0.6	33	33	66
0.6 ~ 0.8	23	21	44
0.8 ~ 1.0	17	16	33

续表

误差区间 dΔ''	正误差个数 n	负误差个数 n	合计个数 n
1.0～1.2	13	13	26
1.2～1.4	6	5	11
1.4～1.6	4	2	6
1.6 以上	0	0	0
合计	181	177	358

从表 1-1 中可看出，最大误差不超过 1.6″，小误差比大误差出现的频率高，绝对值相等的正、负误差出现的个数近乎相等。通过大量实验统计结果证明了偶然误差具有以下特性：

（1）有限性。在一定的观测条件下，偶然误差的绝对值不会超过一定的限度。

（2）集中性。绝对值小的误差比绝对值大的误差出现的可能性大。

（3）对称性。绝对值相等的正误差与负误差出现的频率大致相等。

（4）抵偿性。当观测次数无限增多时，偶然误差的算术平均值趋近于零。即

$$\lim_{n\to\infty}\frac{[\Delta]}{n}=0 \tag{1-10}$$

如果将表 1-1 中所列数据用图 1-13 表示，图中横坐标表示误差的大小，纵坐标表示各区间误差出现的个数。图中可以更直观地看出偶然误差的分布情况，在概率论中把这种误差分布称为正态分布。

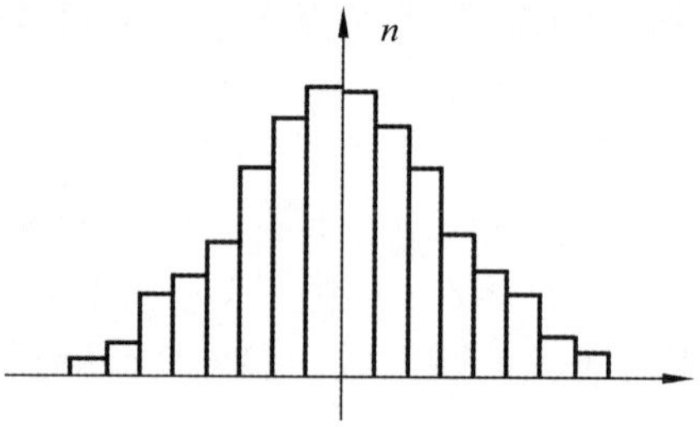

图 1-13　误差分布直方图

4. 衡量观测值精度的标准

衡量观测值精度的常用标准有以下几种：

1）中误差

在等精度观测列中，各真误差平方和的平均数的平方根，称为中误差，也称均方误差，即

$$m=\pm\sqrt{\frac{[\Delta\Delta]}{n}} \tag{1-11}$$

【例】 设有两组等精度观测列，其真误差分别为

第一组：－3″、+3″、－1″、－3″、+4″、+2″、－1″、－4″；

第二组：+1″、－5″、－1″、+6″、－4″、0″、+3″、－1″。

则这两组观测值的中误差分别为

视频

衡量测量精度指标

$$m_1=\pm\sqrt{\frac{(-3)^2+3^2+(-1)^2+(-3)^2+4^2+2^2+(-1)^2+(-4)^2}{8}}=\pm2.9''$$

$$m_2=\pm\sqrt{\frac{1^2+(-5)^2+(-1)^2+6^2+(-4)^2+0+3^2+(-1)^2}{8}}=\pm3.3''$$

比较 m_1 和 m_2 可知，第一组观测值的精度要比第二组高。

PPT
偶然误差及衡量精度指标

2）极限误差

由偶然误差的特性可知，在一定的观测条件下，偶然误差的绝对值不会超过一定的限值，这个限值就是极限误差，也称为容许误差。大量的实践证明，在一系列的同精度观测误差中，真误差绝对值大于 2 倍中误差的概率约为 5%，大于 3 倍中误差的概率约为 0.3%。因此，在测量工作中一般取 2 倍或 3 倍中误差作为观测值的极限误差，即

$$\varDelta_{限} = 2m \tag{1-12}$$

当某观测值的误差超过了极限误差时，认为该观测值含有粗差，应舍去或重测。

3）相对误差

对于某些观测结果，有时单靠中误差还不能完全反映观测精度的高低。例如，分别丈量了 100 m 和 200 m 两段距离，中误差均为±0.02 m。虽然两者的中误差相同，但就单位长度而言，两者精度并不相同。为了客观反映实际精度，常采用相对误差。

观测值中误差 m 的绝对值与相应观测值 D 的比值称为相对中误差。它是一个无名数，常用分子为 1 的分数表示，即

$$K = \frac{|m|}{D} = \frac{1}{D/|m|} \tag{1-13}$$

丈量了 100 m 和 200 m 两段距离，中误差均为±0.02 m，但是前者的相对中误差为 $\frac{1}{5\,000}$，后者为 $\frac{1}{10\,000}$，则后者精度高于前者。

与相对误差对应，真误差、中误差、限差都是绝对误差。

知识拓展

在测量实践中，除了同精度观测外，还有不等精度观测。如果对某观测值的观测是在不同的观测条件下进行的，即对其进行了 n 次不等精度观测，在这种情况下，由于观测条件不同，求观测值的最或然值就不能简单地用算术平均值来求解，而是采用另一种方法即加权平均值方法求解。

所谓“权”，就是不同精度观测值在计算未知量的最或然值时所占的“比重”。一般观测值误差越小，精度越高，说明其值越可靠，权就越大，因此，权的定义是：观测值或观测值函数的权（通常以 P 表示）与中误差 m 的平方成反比。设不等精度观测值 $L_1, L_2, \cdots, L_n$ 的中误差分别为 $m_1, m_2, \cdots, m_n$，则 L_i 的权可定义为

$$P_i = \frac{C}{m_i^2}$$

式中 C——任意常数；$i = 1, 2, \cdots$，n。

若对某一量进行 n 次不等精度观测，现采用加权平均的方法，求解观测值的最或然值。

设观测值为 $L_1, L_2, \cdots, L_n$；中误差为 $m_1, m_2, \cdots, m_n$；权为 $P_1, P_2, \cdots, P_n$。

设 $P_i = \dfrac{\mu^2}{m_i^2}$，其加权平均值为

$$x = \frac{P_1 L_1 + P_2 L_2 + \cdots + P_n L_n}{P_1 + P_2 + \cdots + P_n} = \frac{[PL]}{[P]}$$

复习思考题

（1）什么叫观测误差？产生观测误差的原因有哪些？

（2）什么是系统误差？什么是偶然误差？

（3）偶然误差有哪些特性？

小结

（1）测量外业工作的基准面是大地水准面、基准线是铅垂线；测量计算的基准面和基准线分别是参考椭球面和法线。

（2）点的空间位置用平面坐标（x，y）和点的高程 H 3 个参数来表示。测区范围较小时，可忽略地球曲率，在测区内建立独立平面直角坐标系；大范围测区可建立高斯平面直角坐标系。我国的高程系统目前采用的是“1985 国家高程基准”。

（3）测量的三项基本工作是高程测量、角度测量和距离测量。

（4）观测误差按其性质，可分为系统误差和偶然误差。偶然误差具有有限性、集中性、对称性、抵偿性等特性。

02

项目 2

角度测量

>>>>>>>>>>

项目描述

角度测量是工程测量的三项基本工作之一，应用广泛：导线测量的外业基本工作主要分为水平角测量和水平距离测量，然后根据已知点及观测数据推算出控制点坐标;三角高程测量的外业主要观测的数据有竖直角和水平距离，进而通过已知点高程及观测数据推算出待算点高程；全站仪后方交会，在待定点上设站，向 3 个已知控制点观测两个水平夹角 a、b，从而计算待定点的坐标等等。

角度分为水平角和竖直角，水平角的测量的主要方法是：测回法和方向观测法，使用的仪器有全站仪。而竖直角也可使用全站仪进行观测。

通过项目的学习，应该掌握全站仪的构造，能熟练地安置全站仪，能够使用全站仪进行水平角和竖直角的观测，并能对仪器进行检验，从而为后续学习平面控制测量及三角高程测量打好基础。

对标“1+X” 测绘地理信息数据获取与处理证书技能要求
1.1 全站仪的认识及使用 ☑1.1.1 熟悉全站仪使用的一般注意事项； ☑1.1.2 掌握全站仪的系列及精度指标； ☑1.1.3 能够说出指定全站仪的基本结构及各操作部件的名称和作用； ☑1.1.4 掌握指定全站仪各按键的名称及其功能、显示符号的含义及使用； ☑1.1.5 掌握指定全站仪的安置； ☑1.1.6 掌握指定全站仪的参数设置； 1.2 全站仪的基本应用 ☑1.2.1 掌握全站仪的建站； ☑1.2.2 掌握利用全站仪进行距离测设及点位三维坐标的测设方法； ☑1.2.3 掌握利用全站仪进行交会定点（后方交会）的方法； ☑1.2.4 掌握利用全站仪进行对边观测的方法； ☑1.2.5 掌握利用全站仪进行面积和周长测量的方法； ☑1.2.6 掌握利用全站仪进行悬高测量的方法。

学习目标

岗位能力目标：

1. 能够进行全站仪的对中、整平；
2. 能够使用全站仪进行水平角测量的（测回法、方向观测法）观测、记录及计算；
3. 能够使用全站仪进行竖直角测量的观测、记录及计算；
4. 能够进行全站仪的检验和校正。

知识目标：

1. 理解角度测量的原理；
2. 了解全站仪的构造；
3. 熟悉全站仪的操作；
4. 掌握全站仪观测水平角（测回法、方向观测法）及竖直角的方法；
5. 了解全站仪的检验和校正方法。

思政点拨

作为一名测绘工作人员，让学生时刻以职业标准对待工作，在业务上要科学严谨，求实求精，保障质量，尽善尽美。同时在数据的处理过程中，必须参考国家现行规范，观测结果精度符合国家规范要求，进而强化学生的成果质量意识和规范意识。

相关案例

某铁路通道 ZNTJ-4 标段控制网的复测

某单位对铁路通道 ZNTJ-4 标段 63.3 km 控制网进行复测，为了保证复测作业质量，按要求完成作业任务，应严格按照复测遵循的技术依据作业，及时上报复测成果，保证复测成果的正确。

1. 复测范围及内容

复测范围：铁路通道 ZNTJ-4 标段，线路里程 63.3 km（DK135+055.21-DK198+350.00）。

复测内容：28 个三等平面控制点、36 个四等平面控制点、42 个四等水准点，10 个二等水准点复测。

2. 精测网复测精度等级要求

根据《铁路工程测量规范》（TB 10101—2018）要求，本次控制网复测按以下精度施测：

（1）三等平面控制网按三等导线测量精度要求进行；其外业主要工作是观测水平角及导线边长。对于观测水平角，可按照规范要求选择仪器，确定测角的测回数。

（2）四等平面控制网按四等导线测量精度要求进行。

（3）青龙隧道、杨家沟隧道、寨子湾隧道进出口水准点按二等水准测量的精度要求进行，其余水准点按四等三角高程测量的精度要求进行。三角高程测量主要观测的数据是竖直角和平距，对于不同等级的三角高程测量，其竖直角测量主要指标包含测回数、指标差较差、垂直角较差。

3. 目的和意义

（1）综合利用导线测量技术和水准测量技术，对该项目平面控制网与高程控制网进行复测，为今后施工测量奠定基础。

（2）完成与国家“1954 北京坐标系统”“1980 西安坐标系统”、WGS-84 地心坐标系统和原有地方坐标系统的严密挂接与精确转换。

任务 2.1 角度测量原理

2.1.1 工作任务

角度测量是工程测量的三项基本工作之一。角度分为水平角和竖直角，通过学习以下内容，掌握水平角和竖直角的定义，并通过回顾量角器量角方法，进而理解全站仪测角的原理。

视频 PPT

角度测量原理

2.1.2 相关配套知识

1. 水平角测量原理

为了确定地面点的平面位置，一般需要观测水平角。所谓水平角，就是空间两条相交直线在水平面上的垂直投影所夹的角。如图 2-1 所示，$\angle BAC$ 为直线 AB 与 AC 之间的夹角，测量中所要观测的水平角是 AB、AC 在水平面上垂直投影所形成的 $\angle bac$，用 β 表示，其范围为 0°～360°，均为正值。从数学的角度来讲 $\angle bac$ 是通过 AB 和 AC 两个面所形成的二面角。

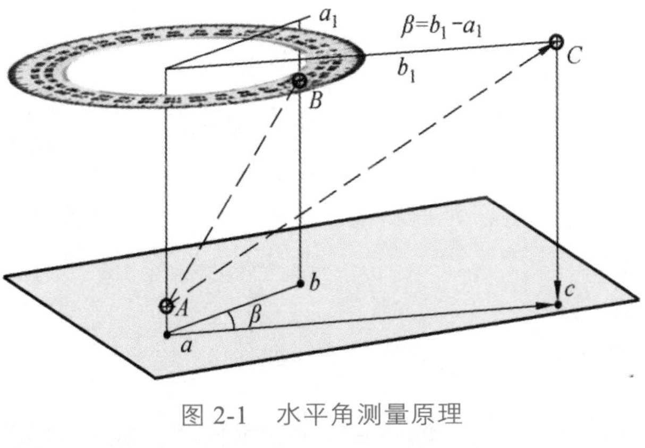

图 2-1 水平角测量原理

假定有一全圆量角器，水平放置，其中心位于角顶的铅垂线 Aa 上，ab 在水平度盘上的读数为 a_1，ac 在水平度盘上的读数为 b_1，则水平角的值为

$$\beta = b_1 - a_1 \tag{2-1}$$

2. 竖直角测量原理

在同一竖直面内，目标视线与水平线的夹角，称为竖直角。其范围为 –90°～+90°。如图 2-2 所示，当视线位于水平线之上，竖直角为正，称为仰角；反之，当视线位于水平线之下，竖直角为负，称为俯角。

如图 2-2 所示，若有一竖直刻度圆盘，能处在测站点与目标点所在的铅垂面内，其竖盘中心通过仪器望远镜处的水平视线，则竖直角可通过水平视线读数与照准目标时视线读数之差求得。

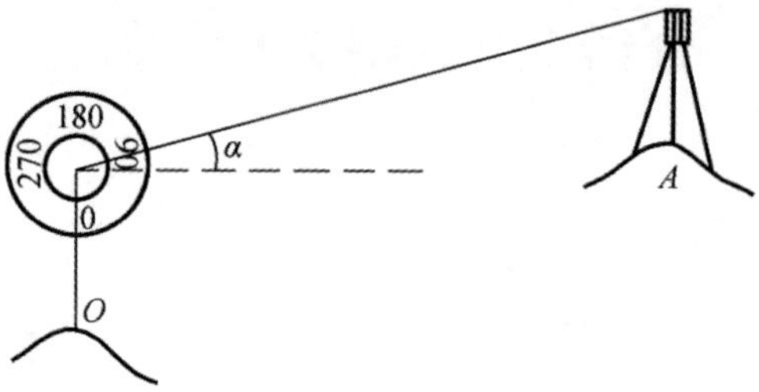

图 2-2　竖直角测量原理

能够进行竖直角和水平角测量的仪器是全站仪，在以下课程将给大家逐步介绍这种仪器。

复习思考题

（1）水平角测量的原理是什么？
（2）竖直角测量的原理是什么？

任务 2.2　全站仪的使用

2.2.1　工作任务

全站仪，即全站型电子速测仪，是集水平角、垂直角、距离（斜距、平距）、高差测量功能于一体的测绘仪器系统。通过该任务的学习，熟悉全站仪各部件的名称及作用，能够完成全站仪的安置，使用全站仪进行距离测量、坐标测量、角度测量等，并了解全站仪在使用过程中应该注意的事项。

2.2.2　相关配套知识

全站仪是一种集光、机、电为一体的高技术测量仪器。与光学经纬仪比较全站仪将光学度盘换为光电扫描度盘，将人工光学测微读数代之以自动记录和显示读数，使测角操作简单化，且可避免读数误差的产生。因其一次安置仪器就可完成该测站上全部测量工作，所以称之为全站仪。广泛用于地上大型建筑和地下隧道施工等精密工程测量或变形监测领域。本任务以 NTS-340 型全站仪为例，说明全站仪的构造、基本功能和使用。

1. 全站仪的精度

以 SET510 型号的全站仪为例，其测角精度为 5″，索佳 SET250X 型号的全站仪，其测角精度为 2″。

全站仪的测距标称精度表达式为

$$m_D=(a+b\cdot D)$$

式中　m_D ——测距中误差（mm）；

a ——标称精度中的固定误差（mm）；

b ——标称精度中的比例误差系数（ppm）；

D ——测距长度（km）；

PPT　视频

认识全站仪

2. 仪器分级

按仪器标称精度分级，当测距长度为 1 km 时分级：

Ⅰ级　$|m_D|\leqslant 5$

Ⅱ级　$5<|m_D|\leqslant 10$

Ⅲ级　$10<|m_D|\leqslant 20$

3. 全站仪的各部件及名称

图 2-3 所示为 NTS-340 全站仪，全站仪的基本构造包括照准部、水平度盘、基座 3 部分。

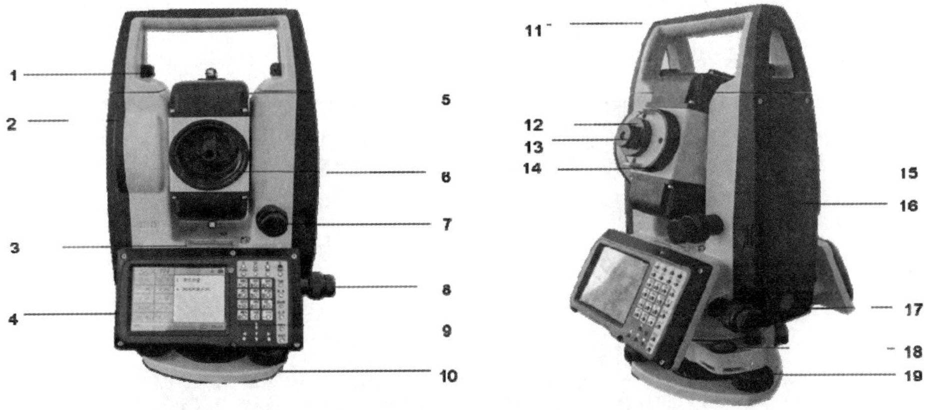

1—粗照准器；2—竖直度盘；3—管水准器；4—屏幕；5—影像；6—物镜；7—垂直制微动螺旋物镜；8—水平制微动螺旋；9—键盘；10—三角基座脚；11—提柄；12—目镜调焦螺旋；13—目镜；14—物镜调焦螺旋；15—仪器中心标志；16—电池；17—测量键；18—圆水准器；19—螺旋。

图 2-3　NTS-340 全站仪

1）照准部

照准部是指全站仪基座上部能绕竖轴旋转的部分，主要部件由望远镜、管水准器、竖直度盘、操作面板等组成。

（1）望远镜。望远镜的主要作用是照准目标，由物镜、目镜、十字丝分划板、调焦透镜组成，它与水准仪的望远镜构造基本相同。但是全站仪的望远镜与横轴固连在一起，由望远镜制动螺旋和微动螺旋控制其做上下转动。照准部可绕竖轴在水平方向转动，由照准部制动螺旋和微动螺旋控制其水平转动。

全站仪望远镜的十字丝分划板在形式上与水准仪有所不同，如图 2-4 所示，竖丝、横丝的一半刻成单丝而另一半刻成双丝，这样便于平分或对称地瞄准大小不同的目标。

（2）竖直度盘。竖直度盘固定在横轴一端，当望远镜做仰俯转动时，竖盘也随之转动，观测竖直角。

（3）水准器。圆水准气泡用于粗平全站仪，管水准器用于精确整平仪器。

（4）光学对中器。为了能将竖轴中心线安置在过测站点的铅垂线上，在全站仪上都设有对点装置。一般全站仪都设置有光学对点装置，光学对点装置是通过安装在旋转轴中心的转向棱镜，将地面点成像在对点分划板上，通过对中目镜放大，同时看到地面点和对点分划板的影像，若地面点位于对点分划板刻划中心，并且水准管气泡居中，则说明仪器中心与地面点位于同一铅垂线上。

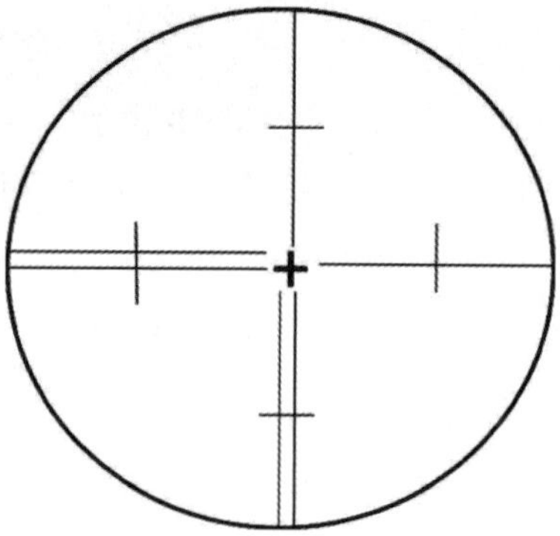

图 2-4　十字丝分划板

激光对点器。NTS-340 全站仪打开激光对点的方法：在”菜单中，点击“激光对点”；在“激光对点”窗口中，勾选“启用激光对点”；调节“激光强度”，使其最大。当地面点与激光对中点完全重合时，则表明仪器中心与地面点位于同一铅垂线上。

（5）全站仪的操作面板。

图 2-5 所示为 NTS-340 全站仪操作面板。

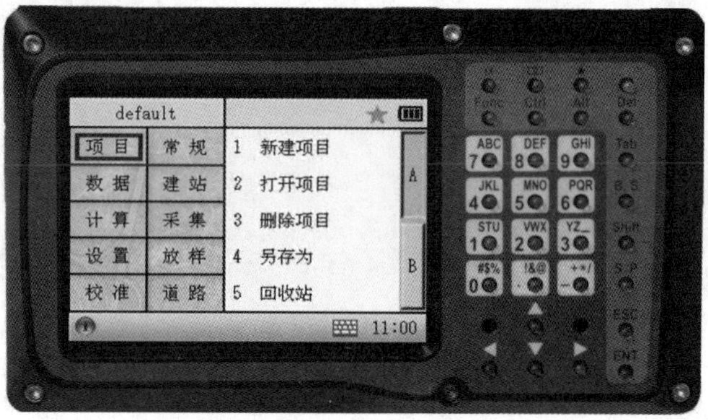

图 2-5　NTS-340 全站仪操作面板

① 操作键见表 2-1。

表 2-1　操作健说明

按　键	功　能
α	输入字符时,在大小写输入之间进行切换
[•]	打开软键盘
★	打开和关闭快捷功能菜单
⏻	电源开关，短按切换不同标签页，长按开关电源
Func	功能键
Ctrl	控制键

续表

按　键	功　能
Alt	替换键
Del	删除键
Tab	使屏幕的焦点在不同的控件之间切换
B.S	退格键
Shift	在输入字符和数字之间进行切换
S.P	空格键
ESC	退出键
ENT	确认键
▲▼◀▶	在不同的控件之间进行跳转或者移动光标
0—9	输入数字和字母
—	输入负号或者其他字母
.	输入小数点
测量键	在特定界面下触发测量功能（此键在仪器侧面）

② 显示符号意义见表 2-2。

表 2-2　显示符号意义

显示符号	内　容
V	垂直角
V%	垂直角（坡度显示）
HR	水平角（右角）
HL	水平角（左角）
HD	水平距离
VD	高差
SD	斜距
N	北向坐标
E	东向坐标
Z	高程
m	以米为距离单位
ft	以英尺为距离单位
dms	以度分秒为角度单位
gon	以哥恩为角度单位
mil	以密为角度单位
PSM	棱镜常数（以 mm 为单位）
PPM	大气改正值
PT	点名

角度的显示和输入：

除了在常规测量界面下，其他的度数显示格式为（度、分、秒）。

例如：12.2345　为：12 度 23 分 45 秒

当需要输入角度时，输入的格式同上。

2）水平度盘

全站仪的水平度盘和读数装置是分别采用编码盘或两个相同的光栅度盘和读数传感器进行角度测量的。观测水平角时，经常需要将某个起始方向的读数配置为预先指定的数值，称为水平度盘的配置，水平度盘的配置直接在全站仪操作面板中进行设置。

3）基座

基座主要由基座、圆水准器、脚螺旋和连接板组成。基座是支承仪器的底座，照准部同水平度盘一起插入基座，用固定螺丝固定。圆水准器用于粗略整平仪器，3 个脚螺旋用于整平仪器，从而使竖轴竖直，水平度盘水平。连接板用于将仪器稳固连接在三脚架上。

3. 全站仪的操作和使用

视频-1　视频-2

全站仪的安置

全站仪的使用主要包括安置仪器、照准目标和读数等基本操作。

1）安置全站仪

根据水平角测量原理，在测角时应将全站仪安置在角的顶点上（此点称作测站点），使仪器中心与角顶点在同一铅垂线上，并使水平度盘水平。上述两项工作，前者叫对中，后者叫整平，对中和整平的操作工作称为全站仪的安置。

（1）对中。对中的目的是使仪器的中心与测站点的中心位于同一铅垂线上。对中时可以使用光学或激光对中。

（2）整平。整平的目的是使仪器的竖轴处于铅垂位置，水平度盘处于水平状态，全站仪的整平是通过调节脚螺旋，以照准部水准管为标准来进行的。

（3）具体操作方法。现今所使用的全站仪，普遍采用激光对中器，必须按照一定的方法进行对中、整平，才能将仪器安置好。而全站仪，其对中和整平是互相影响的，应交替进行，直至对中、整平均满足要求为止。安置全站仪的具体操作步骤如下：

① 将三脚架安置于测站点上，目估使架头大致水平，同时注意仪器高度要适中，安上仪器，拧紧中心螺旋，旋转光学对中器的目镜，看清分划板上的十字丝，相对照准部外拉或内推对中器目镜组件以调焦物镜，使测站点成像清晰，踩牢一个架腿后，用两手把握住另外两个架腿，并移动这两个架腿，直至测站点的中心位于圆圈的内边缘处或中心，停止转动脚架并将其踩实。注意基座面要基本水平。

② 调节脚螺旋，使测站点中心处于圆圈中心位置。

③ 伸缩架腿，使圆气泡居中。

④ 调节脚螺旋，使水准管气泡居中。

整平是利用基座上的 3 个脚螺旋，使照准部水准管在相互垂直的两个方向上气泡都居中，具体做法如下：转动仪器照准部，使水准管平行于任意两个脚螺旋的连线方向，两手同时向内或向外旋转1、2脚螺旋，使气泡居中，然后将照准部旋转90°，调节第3个脚螺旋，使气泡居中。如此反复进行，直至照准部水准管在任意位置气泡均居中为止，如图2-6所示。

⑤ 检查测站点是否位于圆圈中心，若相差很小，可轻轻平移基座，使其精确对中（注意仪器不可在基座面上转动），如此反复操作直到仪器对中和整平均满足要求为止。

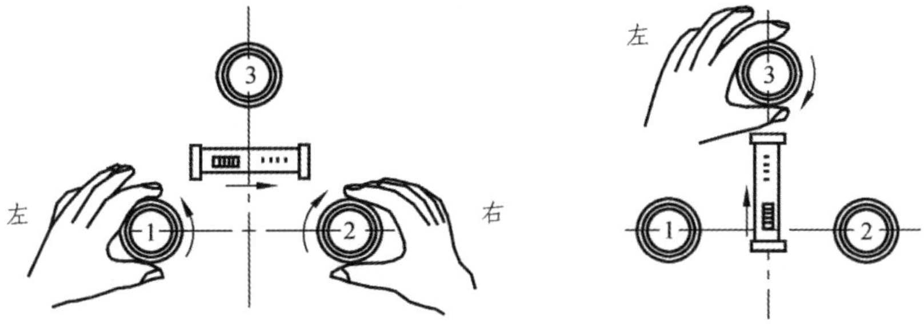

（a）　（b）

图2-6　全站仪整平方法

2）照准目标

全站仪安置好后，旋转望远镜目镜调焦螺旋使十字丝清晰；用望远镜粗瞄准器瞄准目标，照准部和望远镜制动螺旋均制动，调节望远镜调焦环使目标清晰，并消除视差；旋转照准部和望远镜微动螺旋，用十字丝精确地照准目标。

水平角观测时，应使十字丝竖丝照准目标。如图2-7所示，对在望远镜视窗里成像的目标，可根据目标像的宽窄，用十字丝的单丝平分目标或用双丝夹住目标。竖直角测量时，应用十字丝横丝切准目标，如图2-8所示。

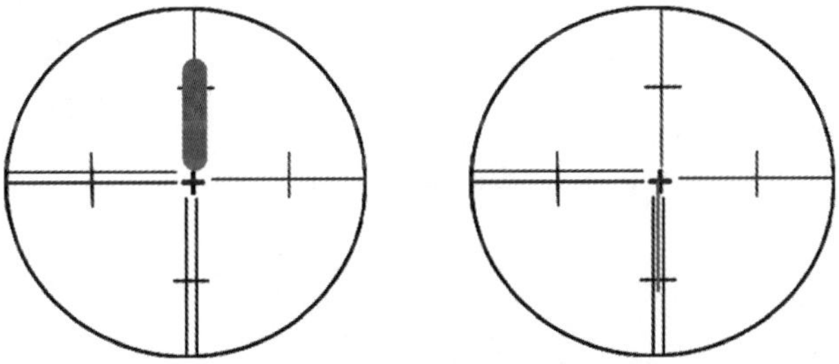

图2-7　水平角观测照准

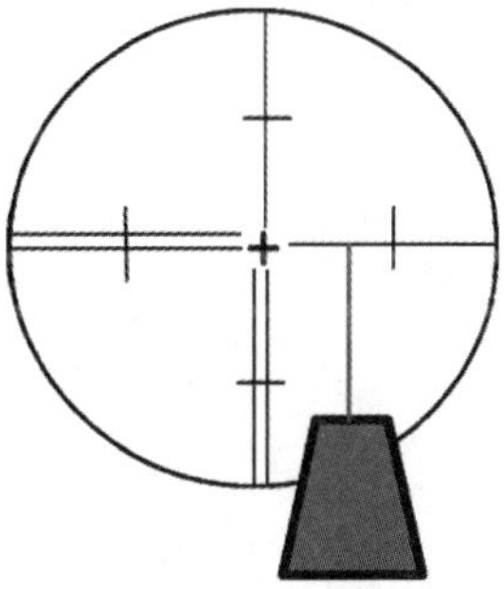

图2-8　竖直角观测照准

3）开机和设置

全站仪除了厂家进行的固定设置外，主要包括以下内容：

（1）各种观测量单位与小数点位数的设置：包括距离单位、角度单位及气象参数单位等。

（2）测距仪常数的设置，包括加常数、乘常数以及棱镜常数设置。

（3）角度距离坐标测量，在标准状态下，角度测量模式、斜距测量模式、平距测量模式、坐标测量模式之间可相互转换，全站仪精确照准目标后，通过不同测量模式之间的切换，可得到所需要的观测值。

4. 全站仪的基本测量程序

1）水平角测量

（1）按角度测量键，使全站仪处于角度测量模式，照准第一个目标 A。

（2）按下置零键，使 A 方向的水平度盘读数为 0°00′00″。

（3）照准第二个目标 B，此时显示的水平度盘读数即为两方向间的水平夹角。

2）距离测量

（1）设置棱镜常数。测距前须将棱镜常数输入仪器中，仪器会自动对所测距离进行改正。

（2）设置大气改正值或气温、气压值。

（3）光在大气中的传播速度会随大气的温度和气压而变化，15 °C 和 760 mmHg（1 mmHg = 133.322 Pa）是仪器设置的一个标准值，此时的大气改正为 0 ppm。实测时，可输入温度和气压值，全站仪会自动计算大气改正值（也可直接输入大气改正值），并对测距结果进行改正。

（4）量仪器高、棱镜高并输入全站仪。

（5）距离测量，照准目标棱镜中心，按测距键，距离测量开始，测距完成时显示斜距、平距、高差。

全站仪的测距模式有精测模式、跟踪模式、粗测模式 3 种。精测模式是最常用的测距模式，测量时间约 2.5 s，最小显示单位 1 mm；跟踪模式，常用于跟踪移动目标或放样时连续测距，最小显示一般为 1 cm，每次测距时间约 0.3 s；粗测模式，测量时间约 0.7 s，最小显示单位 1 cm 或 1 mm。在距离测量或坐标测量时，可按测距模式（MODE）键选择不同的测距模式。

应注意，有些型号的全站仪在距离测量时不能设定仪器高和棱镜高，显示的高差值是全站仪横轴中心与棱镜中心的高差。

3）坐标测量

在输入测站点坐标、仪器高、目标高等数据和完成后视坐标方位角定向后，利用坐标测量功能可以直接测量和记录目标点的三维坐标，如图 2-9 所示。

PPT
全站仪平面坐标测量

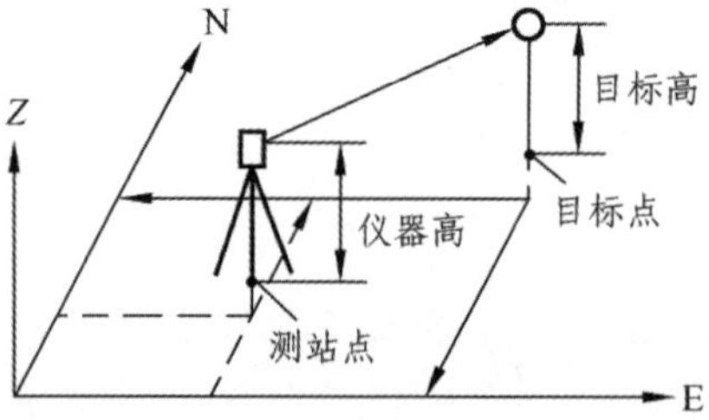

图 2-9 坐标测量原理

（1）设定测站点的三维坐标。

（2）设定后视点的坐标或设定后视方向的水平度盘读数为其方位角。当设定后视点的坐标时，全站仪会自动计算后视方向的方位角，并设定后视方向的水平度盘读数为其方位角。

（3）设置棱镜常数。

（4）设置大气改正值或气温、气压值。

（5）量仪器高、棱镜高并输入全站仪。

（6）照准目标棱镜，按坐标测量键，全站仪开始测距并计算显示测点的三维坐标。

4）后方交会测量

后方交会测量用于通过对多个已知坐标点的观测确定出测站点的坐标，如图2-10所示。仪器内存中的坐标数据可以作为已知点数据调用，需要时还可对残差情况进行检查。

5）放样测量

放样测量功能用于在实地上测设出已设计的点位。放样过程中，通过对照准点的角度、距离或坐标测量，仪器可显示出预先输入的放样值与实测值之差值以指导放样。如图2-11所示。

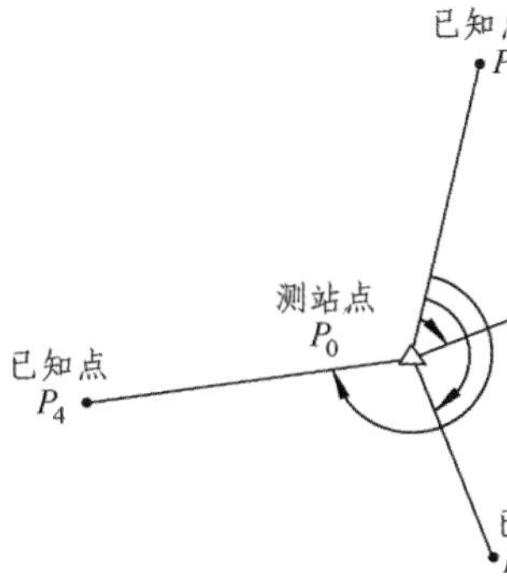

图2-10　后方交会测量原理

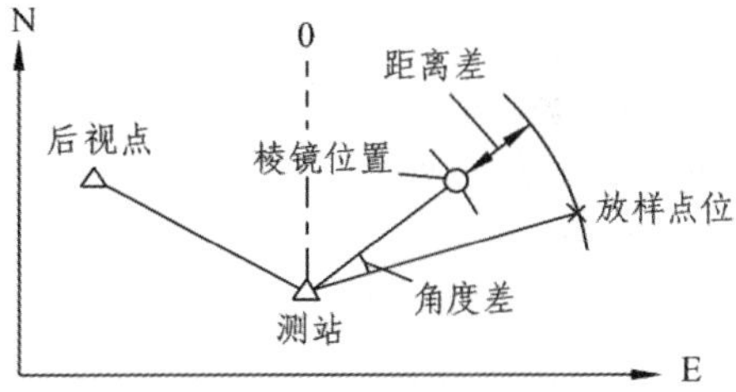

图2-11　放样测量原理

6）悬高测量

悬高放样测量功能用于无法在其位置上设置棱镜的点的高度的测设。

7）面积计算

面积计算功能通过3个或多个点的坐标数据计算出由这些点连线构成的封闭图形的面积（平面面积和斜面面积）。所用坐标数据可以是直接测量所得，也可手工输入。

8）横断面测量

横断面测量功能用于道路及其他线状地物的横断面测量，作业时可以通过选取观测方向来提高横断面测量的工作效率，如图2-12所示。

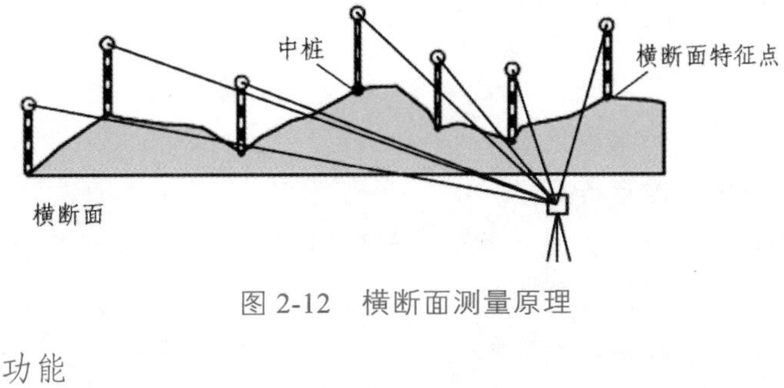

图2-12　横断面测量原理

9）线路计算功能

线路计算功能可用于土木、道路等工程中各种线路点、道路中桩点和边桩点平面坐标的计算，计算结果可以记录至仪器内存文件中或在实地实施放样测量。

5. 全站仪使用注意事项

（1）开工前应检查仪器箱背带及提手是否牢固。

（2）开箱后提取仪器前，要看准仪器在箱内放置的方式和位置，装卸仪器时，必须握住提手，将仪器从仪器箱取出或装入仪器箱时，请握住仪器提手和底座，不可握住显示单元的下部。切不可拿仪器的镜筒，否则会影响内部固定部件，从而降低仪器的精度。应握住仪器的基座部分，或双手握住望远镜支架的下部。仪器用毕，先盖上物镜罩，并擦去表面的灰尘。装箱时各部位要放置妥帖，合上箱盖时应无障碍。

（3）在太阳光照射下观测，应给全站仪打伞，并带上遮阳罩，以免影响观测精度。在杂乱环境下测量，仪器要有专人守护。当仪器架设在光滑的表面时，要用细绳（或细铅丝）将三脚架的 3 个脚联起来，以防滑倒。

（4）当架设全站仪在三脚架上时，应尽可能用木制三脚架，因为使用金属三脚架可能会产生振动，从而影响测量精度。

（5）当测站之间距离较远，搬站时应将全站仪卸下，装箱后背着走。行走前要检查仪器箱是否锁好，检查安全带是否系好。当测站之间距离较近，搬站时可将仪器连同三脚架一起靠在肩上，但仪器要尽量保持直立放置。

（6）搬站之前，应检查全站仪与脚架的连接是否牢固，搬运时，应把制动螺旋略微拧紧，使仪器在搬站过程中不致晃动。

（7）仪器任何部分发生故障，不勉强使用，应立即检修，否则会加剧仪器的损坏程度。

（8）光学元件应保持清洁，如沾染灰沙必须用毛刷或柔软的擦镜纸擦掉。禁止用手指触摸仪器的任何光学元件表面。清洁仪器透镜表面时，请先用干净的毛刷扫去灰尘，再用干净的无线棉布蘸酒精由透镜中心向外一圈圈地轻轻擦拭。除去仪器箱上的灰尘时切不可用任何稀释剂或汽油，而应用干净的布块沾中性洗涤剂擦洗。

（9）在潮湿环境中工作，作业结束，要用软布擦干仪器表面的水分及灰尘后装箱。回到办公室后立即开箱取出仪器放于干燥处，彻底晾干后再装箱内。

（10）冬天室内、室外温差较大时，仪器搬出室外或搬入室内，应隔一段时间后才能开箱。

复习思考题

（1）全站仪对中、整平的目的是什么?

（2）全站仪的具体操作方法是什么?

（3）如何使用全站仪照准目标?

（4）全站仪照准部制动螺旋、微动螺旋、望远镜制动螺旋、微动螺旋各有什么作用?

（5）使用全站仪如何进行坐标测量?

（6）使用全站仪应注意的事项有哪些?

（7）全站仪的测距模式有哪 3 种？分别是什么?

（8）简述全站仪距离测量的方法。

任务 2.3　测回法测水平角

2.3.1　工作任务

当一个测站有两个观测方向的时候 ，其水平角观测采用测回法。通过学习测回法观测水平角的基本知识及测回法测水平角的方法，要能够使用全站仪进行水平角的测量，并进行精度评定。

2.3.2　相关配套知识

水平角的测量方法是根据测量工作的精度要求、观测目标的多少及所用的仪器而定，一般有测回法和方向观测法两种。

测回法适用于在一个测站有两个观测方向的水平角观测，如图 2-13 所示，设要观测的水平角为 ∠*AOB*，先在目标点 *A*、*B* 设置观测标志，在测站点 *O* 安置全站仪，然后分别瞄准 *A*、*B* 两目标点进行读数，水平度盘两个读数之差即为要测的水平角。

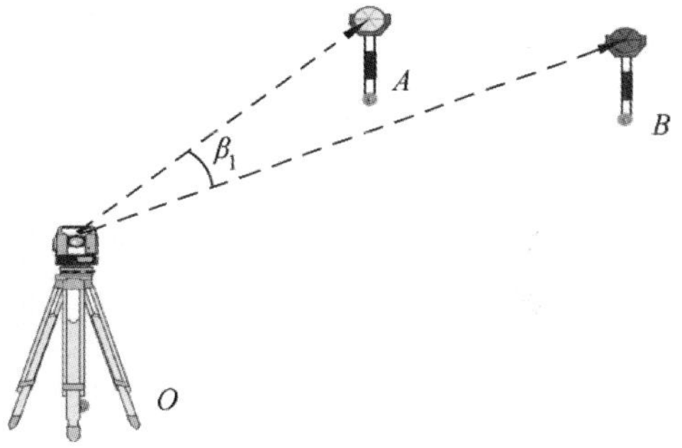

图 2-13　测回法测水平角

为了消除水平角观测中的某些误差，通常对同一角度要进行盘左盘右两个盘位观测，盘即“竖直度盘”，它是为测竖直角而设置的竖直度盘（简称竖盘），固定安置于望远镜旋转轴（横轴）的一端，其刻划中心与横轴的旋转中心重合。全站仪盘左和盘右根据的是竖盘相对观测人员所处的位置而言的。观测者对着望远镜目镜时，竖盘位于望远镜左侧，称盘左又称正镜；当竖盘位于望远镜右侧时，称盘右又称倒镜。盘左位置观测，称为上半测回；盘右位置观测，称为下半测回。上下两个半测回合称为一个测回。

具体步骤：

（1）安置全站仪于测站点 *O*上，对中、整平。

（2）盘左位置瞄准 *A* 目标，如图 2-14 所示，按 F3 键置零，可反复按下置零键，直到使 *A* 目标水平度盘读数（HAR）a_1 为 00°00′00″，如图 2-15 所示，记入记录手簿表 2-3 盘左 *A* 目标水平读数一栏。

PPT　视频　3D 动画

测回法观测水平角　全站仪照准目标

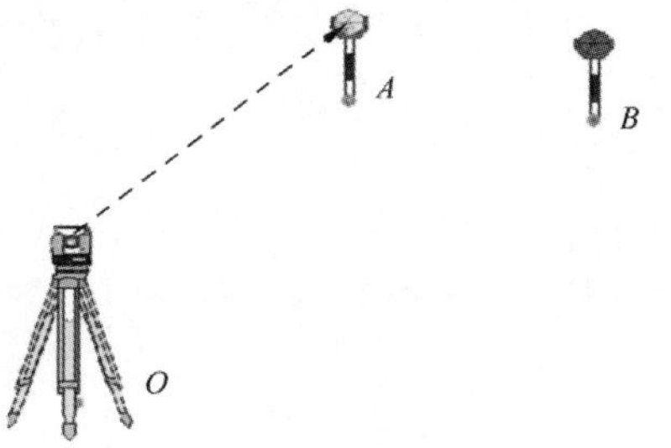

图 2-14　盘左照准 *A*

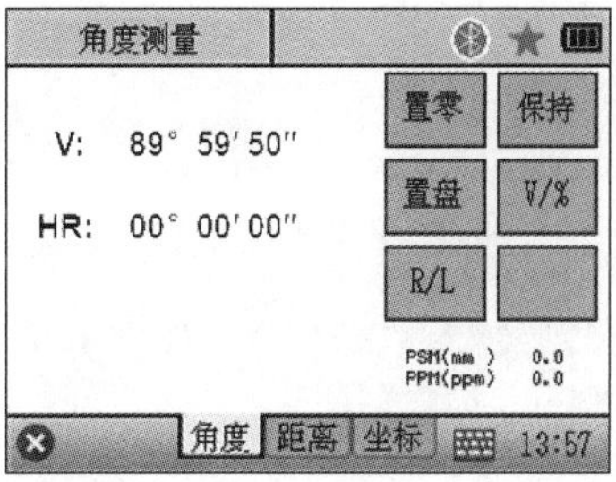

图 2-15　置零

（3）松开制动螺旋，顺时针方向转动照准部，瞄准 B 点，如图 2-16 所示，不可按置零键，读取水平度盘读数（HAR）b_1 为 117°32′20″，如图 2-17 所示，记入记录手簿表 2-3 盘左 B 目标水平读数一栏；此时完成上半个测回的观测，即

$$\beta_{左} = b_1 - a_1 \tag{2-3}$$

表 2-3　水平角观测记录（测回法）

测站	目标	盘位	水平度盘读数	角　值	平均角值	备注
O	A	左	0°00′00″	117°32′20″	117°32′18.5″	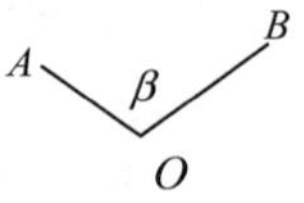
	B		117°32′20″			
	B	右	297°32′22″	117°32′17″		
	A		180°00′05″			

（4）松开制动螺旋，倒转望远镜成盘右位置，瞄准 B 点，如图 2-18 所示，读取水平度盘的读数（HAR）b_2 为 297°32′22″，如图 2-19 所示，记入记录手簿表 2-3 盘右 B 目标水平读数一栏。

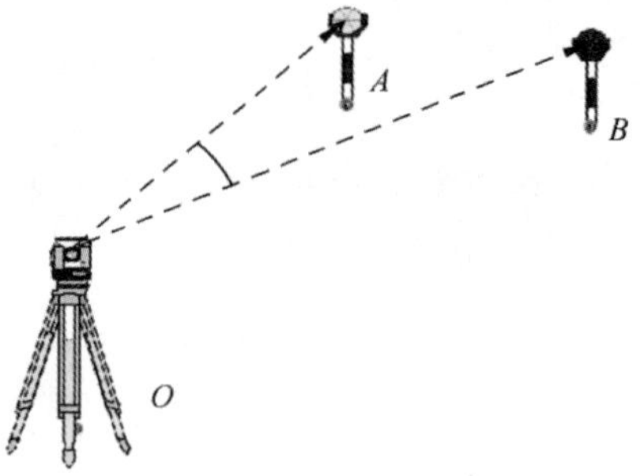

图 2-16　盘左照准 B

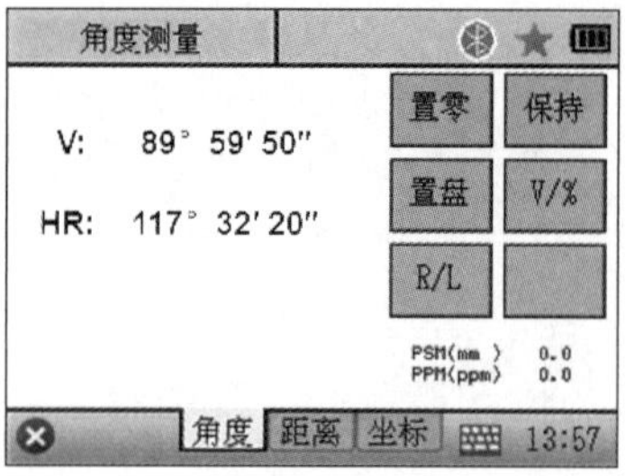

图 2-17　盘左 B 目标读数

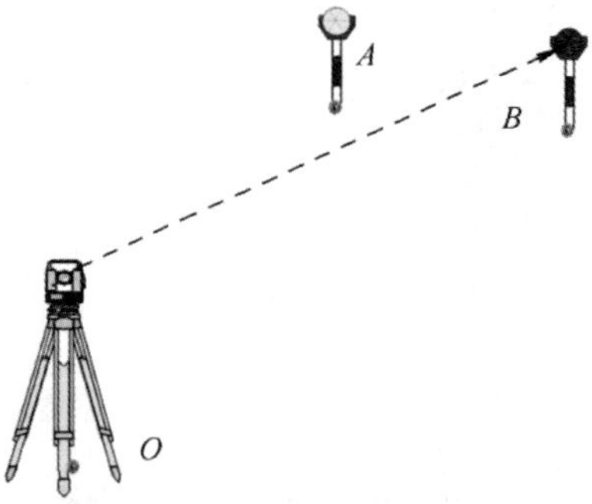

图 2-18　盘右照准 B

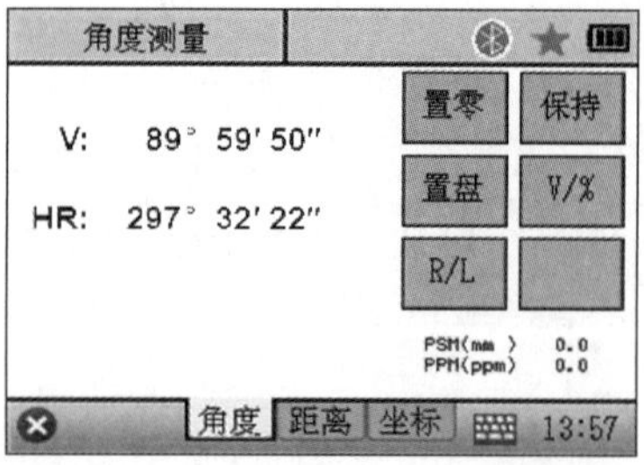

图 2-19　盘右 B 目标读数

（5）松开制动螺旋，逆时针方向转动照准部，瞄准 A 点，如图 2-20 所示，读取水平度盘读数 a_2 为 180°00′05″，如图 2-21 所示，记入记录手簿表 2-3 盘右 A 目标水平读数一栏；此时完成下半个测回观测，即

$$\beta_{右} = b_2 - a_2 \tag{2-4}$$

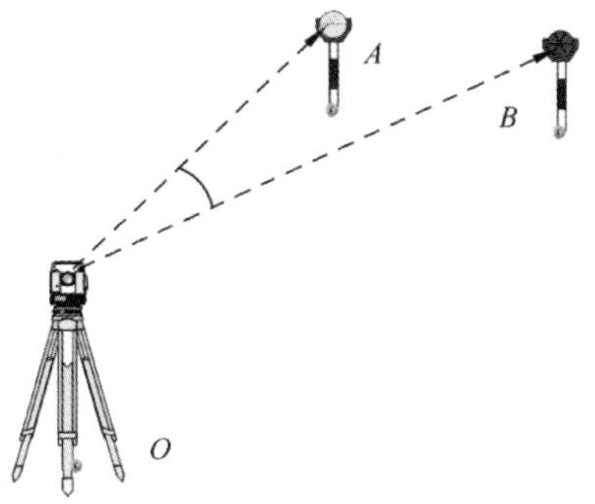

图 2-20　盘右照准 A

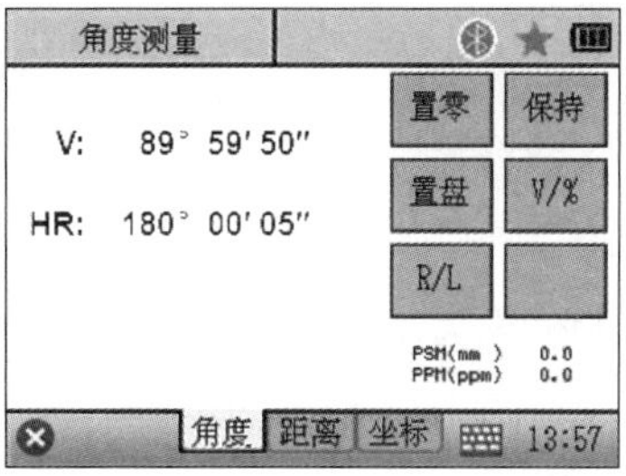

图 2-21　盘右 A 目标读数

上下半测回合称为一个测回，取盘左、盘右所得角值的算术平均值作为该角的一测回角值，即

$$\beta = \frac{\beta_{左} + \beta_{右}}{2} \tag{2-5}$$

测回法的限差规定：一是两个半测回角值较差；二是各测回角值较差。对于精度要求不同的水平角，有不同的规定限差。《铁路工程测量规范》（TB 10101—2018）水平角观测规定限差见表 2-4。

表 2-4　水平角角值限差

仪器类型	两半测回间角值较差	各测回间角值较差
DJ_6	30″	20″
DJ_2	20″	15″

当要求提高测角精度时，往往要观测 n 个测回，每个测回需进行设角。可利用全站仪[设角]功能键将任何方向的水平方向值设置为指定值，并依此来进行角度测量。

设角步骤：

（1）照准目标点。

（2）在角度测量模式菜单下按[置盘]键，如图 2-22 所示。

（3）输入已知方向值，在 HAR 后方输入 90.0000，后按回车键，此时屏幕所显示水平角值为所设置的角值，如图 2-23 所示。

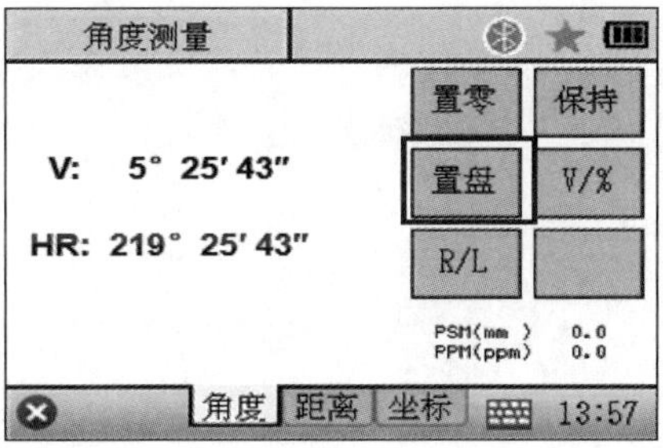

图 2-22　设角

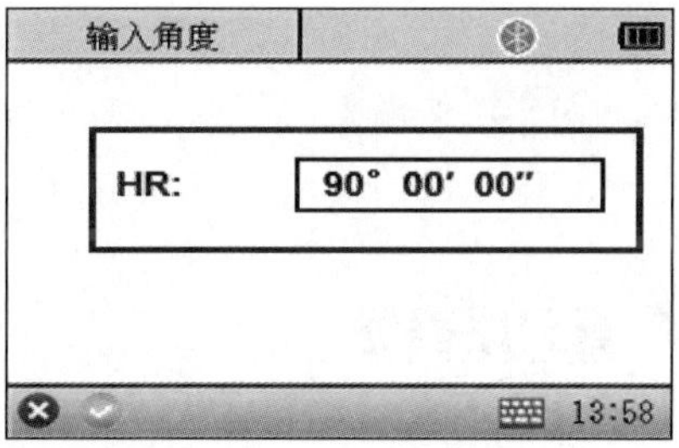

图 2-23　输入设定的水平角值

知识拓展

角度测量的精度受各方面的影响，误差主要来源于3个方面：仪器误差、观测误差及外界环境产生的误差。

1. 仪器误差

仪器本身制造不精密、结构不完善及检校后的残余误差，如照准部的旋转中心与水平度盘中心不重合而产生的误差，视准轴不垂直于横轴的误差，横轴不垂直于竖轴的误差。此3项误差都可以采用盘左、盘右两个位置取平均数来减弱。竖轴倾斜误差，此项误差对水平角观测的影响不能采用盘左、盘右取平均数来减弱，观测目标越高，影响越大，因此在山地测量时更应严格整平仪器。

2. 观测误差

1）对中误差

安置全站仪没有严格对中，使仪器中心与测站中心不在同一铅垂线上引起的角度误差，称对中误差。如图2-24所示，仪器中心O'在安置仪器时偏离测站点中心O的距离为e，则实测水平角β'与正确的水平角β之间的关系为

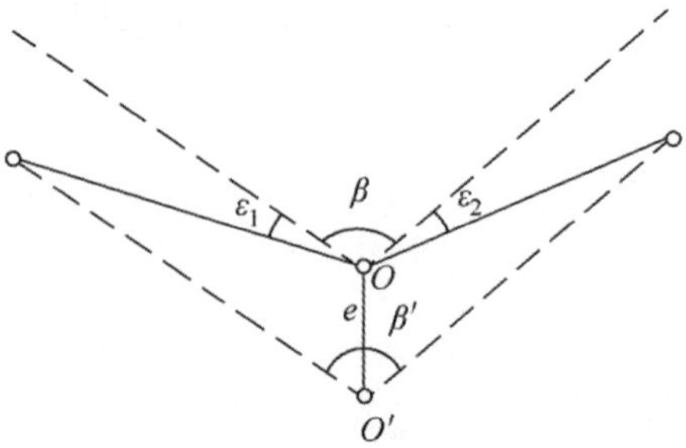

图2-24 仪器对中误差

$$\beta' = \beta + \varepsilon_1 + \varepsilon_2 \tag{2-6}$$

设仪器对中误差对水平角的影响为$\Delta\beta = \varepsilon_1 + \varepsilon_2$，从图2-30中可见，对中误差与距离、角度大小有关，当观测方向与偏心方向越接近90°，距离越短，偏心距e越大，对水平角的影响越大。为了减少此项误差的影响，在测角时，应提高对中精度。

2）目标偏心误差

在测量时，照准目标时往往不是直接瞄准地面点上标志点的本身，而是瞄准标志点上的目标，要求照准点的目标应严格位于点的铅垂线上，若安置目标偏离地面点中心或目标倾斜，照准目标的部位偏离照准点中心的大小称为目标偏心误差。目标偏心误差对观测方向的影响与偏心距和边长有关，偏心距越大、边长越短，影响也就越大。

3）照准误差

照准误差与望远镜放大率、人眼分辨率、目标形状、光亮程度、对光时是否消除视差等因素有关。测量时选择观测目标要清晰，应仔细操作消除视差。

3. 外界环境

外界条件影响因素很多，也很复杂，如温度、风力、大气折光等因素均会对角度观测产生影响，为了减少误差的影响，应选择有利的观测时间，避开不利因素，如在晴天观测时应撑伞遮阳，防止仪器暴晒，中午最好不要观测。

复习思考题

1. 简答题

（1）什么是盘左、盘右？

（2）叙述测回法测水平角的方法步骤。

（3）叙述使用全站仪进行设角的步骤。

（4）角度测量精度误差的主要来源是什么?

2. 计算题

表 2-5 为测回法水平角观测记录，计算上、下半测回角值和平均角值，并进行精度评定。

表 2-5　水平角观测记录（测回法）

测　站	目　标	盘位	水平度盘读数	角　值	平均角值	备注
O	*A*	左	0°00′00″			
	B		48°53′33″			
	B	右	228°53′39″			
	A		180°00′01″			

任务 2.4　方向观测法测水平角

2.4.1　工作任务

当一个测站有 3 个或 3 个以上的观测方向时，应采用方向观测法进行水平角测量，通过学习方向观测法观测水平角步骤，数据处理方法，精度衡量指标的基本理论，要能够使用全站仪方向观测法进行水平角的测量，并进行各项精度评定。

2.4.2　相关配套知识

当一个测站有 3 个或 3 个以上的观测方向时，应采用方向观测法进行水平角观测，方向观测法是以所选定的起始方向（零方向）开始，依次观测各方向相对于起始方向的水平角值，也称方向值。两任意方向值之差，就是这两个方向之间的水平角值。如图 2-31 所示，4 个观测方向，需采用方向观测法进行观测，现就其观测、记录、计算及精度要求介绍如下：

视频　方向观测法数据处理

PPT　方向法测角原理与计算

1. 观测步骤

（1）安置全站仪于测站点 *O*，对中、整平。

（2）选择一个距离适中且影像清晰的方向作为起始方向，设为 *OA*。

（3）盘左位置瞄准起始方向（也称零方向）*A* 点，并置零。

（4）以顺时针方向转动照准部，依次瞄准 *B*、*C*、*D* 点读数，为了检查水平度盘在观测过程中有无带动，最后再一次瞄准 *A* 点读数，称为归零。将方向读数按观测顺序自上而下记入观测记录手簿表 2-6。以上称为上半测回。

（5）倒转望远镜改为盘右，以逆时针方向依次照准 A、D、C、B、A，将读数按观测顺序自下而上记入观测记录手簿表 2-6。这称为下半测回，上下两个半测回构成一个测回。

（6）如需观测多个测回，在照准 A 目标时，可进行设角。

表 2-6 水平角观测记录（方向观测法）

测回数	目标	度盘读数	2c	正倒镜平均值	起始方向	各测回归零方向值	备注
1	2	3	4	5	6	7	8
O		(° ′ ″)	(″)	(° ′ ″)	(° ′ ″)	(° ′ ″)	
	A	00 00 00	−12	00 00 06	00 00 04.5	00 00 00	
		180 00 12					
	B	41 36 54	−6	41 36 57		41 36 52.5	
		221 37 00					
	C	111 28 18	−12	111 28 24		111 28 19.5	
		291 28 30					
	D	253 21 06	−6	253 21 09		253 21 04.5	
		73 21 12					
	A	00 00 00	−6	00 00 03			
		180 00 06					

2. 计算方法与步骤

（1）计算半测回归零差：盘左 00″-00″ = 00″，盘右 12″-6″ = 6″。

（2）计算同一方向上 $2c$ 误差：$2c$ = 盘左读数 −（盘右读数 ±180°）。

例：表 2-6 第 5 栏盘左与盘右之差，A 方向 $2c = 00°00'00'' - (180°00'12'' - 180°) = -12''$。

（3）计算一个测回各方向的正倒镜平均读数：平均读数 = 1/2[盘左读数+（盘右读数 ±180°）]。

例：A 方向平均读数 $= 1/2[00°00'00'' + (180°00'12'' - 180°)] = 00°00'06''$。

（4）计算起始方向值：两个 A 方向的平均值 $1/2(00°00'06'' + 00°00'03'') = 00°00'04.5''$，填写在第 5 栏。

（5）计算归零后方向值：各方向平均读数—起始方向平均读数。

例：B 方向归零方向值 $= 41°36'57'' - 00°00'04.5'' = 41°36'52.5''$。

3. 精度要求（见表 2-7）

（1）半测回归零差：两次观测零方向之差值，在限差以内时取其平均值为起始方向值。

（2）一测回 $2c$ 值变动范围：$2c$ 即为 2 倍的照准差，测规对 $2c$ 值规定了各方向之间互差限差。

（3）各测回同一方向值互差：例如观测为 4 个测回，各测回的 B 方向归零方向值间的差值。

表 2-7 方向观测法的限差

等级	仪器等级	半测回归零差/(″)	一测回中 2c 值变动范围/(″)	各测回同一方向值互差/(″)
四等及以上	0.5″级仪器	4	8	4
	1″级仪器	6	9	6
	2″级仪器	8	13	9
一级及以下	2″级仪器	12	18	12
	6″级仪器	18	—	24

复习思考题

1. 简答题

（1）叙述方向观测法的观测步骤。

（2）简述方向观测法的精度要求。

2. 计算题

表 2-8 为方向观测法记录，计算各方向值并进行检核计算。

表 2-8 水平角观测记录（方向观测法）

测回数	目标	度盘读数	2c	正倒镜平均值	起始方向	各测回归零方向值	备注
1	2	3	4	5	6	7	8
		(° ′ ″)	(″)	(° ′ ″)	(° ′ ″)	(° ′ ″)	
O	*A*	00 00 05					
		180 00 17					
O	*B*	37 42 13					
		217 42 13					
	C	110 27 06					
		290 26 55					
	D	150 13 06					
		330 12 57					
	A	00 00 08					
		180 00 21					

任务 2.5 竖直角测量

2.5.1 工作任务

通过学习竖直角测量的基本知识，掌握竖直角测量的方法，要能够使用全站仪进行竖直角的观测，并进行精度评定。

2.5.2　相关配套知识

在前面的课程中已经学习过竖直角的定义及竖直角的测量原理，本任务主要讲解如何使用全站仪进行竖直角的测量。而全站仪中，竖直角主要有以下两种形式：

（1）天顶距：在竖直面内，铅垂线天顶方向与某一方向线的夹角，其范围：0°～180°，如图 2-25 所示。

（2）竖直角，又称垂直角或高度角，指在同一铅垂面内，视线与其水平视线之间的夹角，其范围：0°～±90°，如图 2-25 所示。

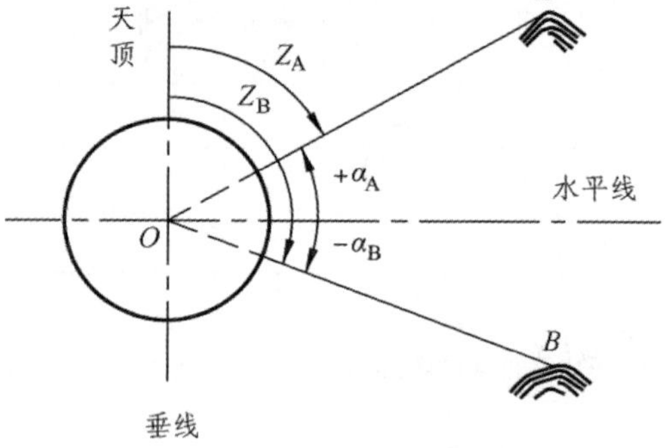

图 2-25　天顶距、竖直角

1. 竖直角观测步骤

（1）安置全站仪于测站点 *O*，对中、整平后对仪器进行设置，设置测角模式为竖直角。

（2）盘左位置瞄准 *A* 点，如图 2-26 所示，用十字丝横丝照准或相切目标点，读取竖直度盘的读数，为 09°55′48″，如图 2-27 所示，记入观测记录手簿表 2-9，这样就完成了上半个测回的观测。

3D 动画　PPT　视频

竖直角测量

（3）将望远镜倒镜变成盘右，瞄准 *A* 点读取竖直度盘的读数，如图 2-28 所示，为 09°55′42″，如图 2-29 所示，记入观测记录手簿表 2-9 中，这样就完成了下半个测回的观测。

上下半测回合称为一个测回，根据需要进行多个测回的观测。

表 2-9　竖直角观测记录

测 站	测 点	盘 位	半测回角值（° ′ ″）	一测回角值（° ′ ″）	指标差
O	*A*	左	9°55′48″	9°55′45″	+3″
		右	9°55′42″		

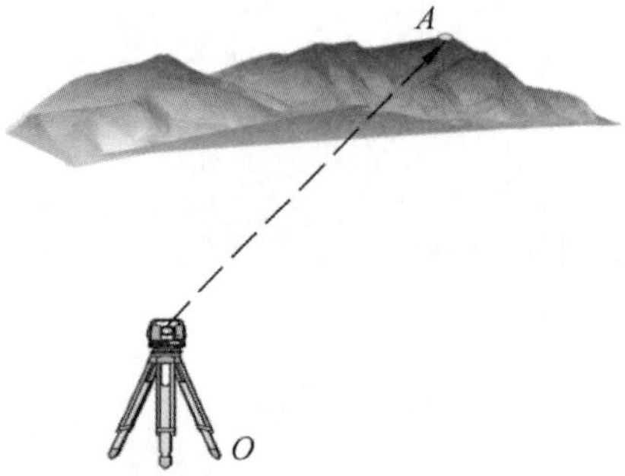

图 2-26　盘左观测

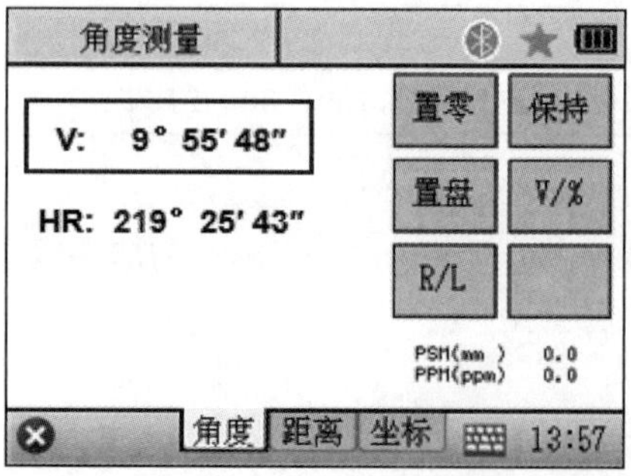

图 2-27　盘左竖直角值

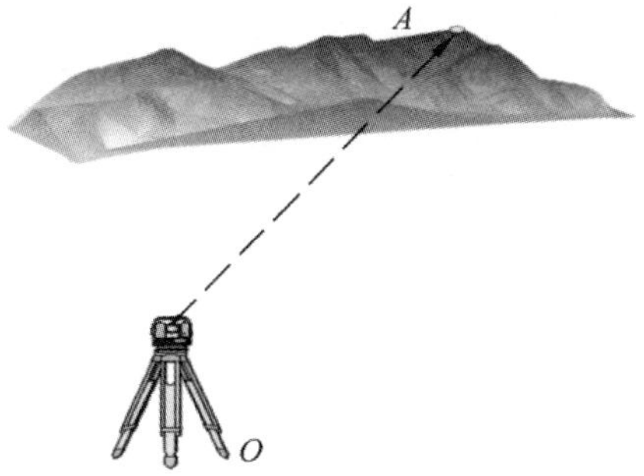

图 2-28 盘右观测

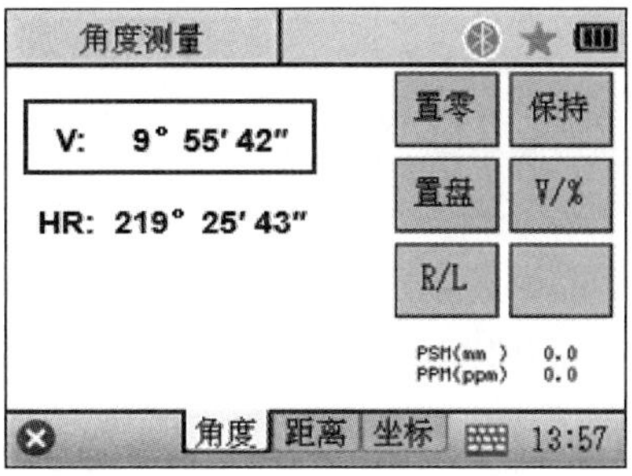

图 2-29 盘右竖直角值

2. 竖直角限差规定

竖直角限差规定：一是竖盘指标差；二是各测回间竖直角较差。对于精度要求不同的竖直角，有不同的规定限差。《高速铁路工程测量规范》（TB 10601—2009）竖直角观测规定限差见表 2-10。

表 2-10 光电测距三角高程测量观测的主要技术要求

等级	仪器等级	边长/m	观测方式	测距边测回数	垂直角测回数	指标差较差/（″）	测回间垂直角较差/（″）
三等	1″	≤600	2 组对向观测	2	4	5	5
四等	2″	≤800	对向观测	2	3	7	7
五等	2″	≤1 000	对向观测	1	2	10	10

竖盘指标差：当竖盘指标管水准器与竖盘读数指标关系不正确时，则望远镜视准轴水平时的竖盘读数相对于正确值 90°（盘左）或 270°（盘右）就有一个小的角度差 x，称为竖盘指标差。

$$指标差\ x = 1/2（左盘读数+右盘读数 - 360°）$$

复习思考题

（1）简述竖直角的观测步骤。

（2）什么是竖盘指标差？应该如何进行计算？精度如何衡量？

任务 2.6 全站仪的检验和校正

2.6.1 工作任务

通过学习全站仪的检验和校正的基本内容，能够对全站仪进行检验校正，从而克服因为仪器带来的误差。

2.6.2 相关配套知识

全站仪系精密测量仪器，为保证仪器的性能和精度，测量作业实施前后的检验和校正十分必要。仪器经长期存放、运输或受到强烈撞击而怀疑受损时，应注意进行特别仔细地检查和保养。检校仪器前应确保仪器架设的稳定和安全。

1. 管水准器的检校

（1）整平仪器并观察管水准器气泡的位置。

（2）转动仪器照准部180°并检查水准器气泡的位置。如果气泡保持居中则无须校正；若气泡偏离则按下列步骤进行校正：

① 用脚螺旋 C 调回气泡偏离量的一半，如图 2-30 所示。

② 用校正针转动水准器校正螺丝调回气泡偏离量的另一半，使气泡居中。转动校正螺丝时，气泡移动方向与校正螺丝旋转方向相同，如图 2-31 所示。

重复上述步骤致使照准部转至任何方向上时水准器气泡均保持居中。

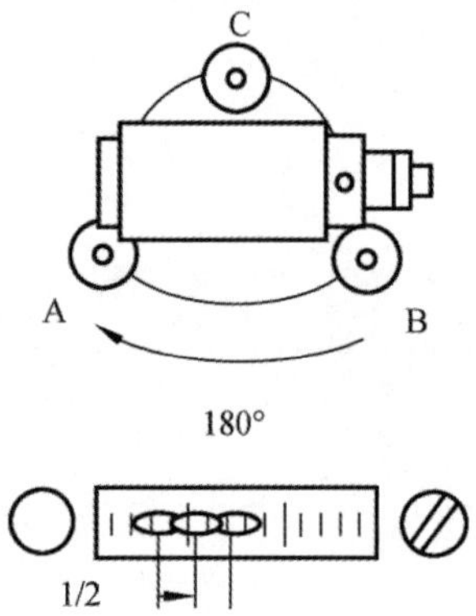

图 2-30 用脚螺旋 C 检校

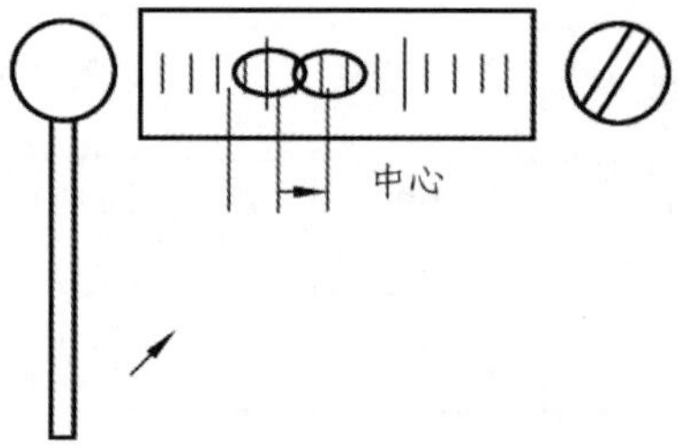

图 2-31 用校正螺丝检校

2. 圆水准器的检校

（1）利用检校好的管水准器仔细整平仪器。

（2）检查水准器气泡的位置。如果气泡保持居中则无须校正；若气泡偏离则按下列步骤进行校正：

① 观察水准气泡的偏离方向。用校正针松开与气泡偏离方向相反的圆水准器校正螺丝使气泡居中，如图 2-32 所示。

② 调整所有的 3 个校正螺丝，使之松紧程度大致相同且保持气泡居中。注意应使 3 个校正螺丝的松紧程度大致相同。过度旋紧校正螺丝会损坏圆水准器。

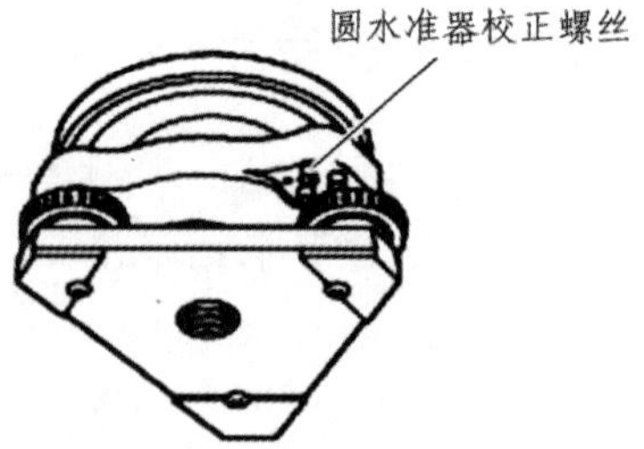

图 2-32 用圆水准器校正螺丝检校

3. 视准误差测定

视准误差测定功能用于测定视准误差值并将其记录在仪器内存中，供测量作业时对仪器在单盘位下获得的观测值进行视准差改正。

视准误差测定步骤：

（1）在<设置>模式菜单界面下选取“仪器常数”，再选取“视准差测定”进入<视准差测定>界面。

（2）盘左精确照准一参考点后按[OK]键。

（3）旋转仪器照准部 180°，盘右精确照准同一参考点后按[OK]键。

（4）按[YES]键确认所测定的视准差改正数并将其保存到仪器内存。按[NO]键放弃所测定的视准差改正数返回<视准差测定>界面，如图 2-33 所示。

图 2-33 视准差测定界面

4. 分划板检校

检验 1：竖丝与横轴正交性的检验步骤。

（1）精确整平仪器。

（2）选择一清晰目标（如屋顶角），用竖丝上部 *A* 处精确照准目标，如图 2-34 所示。

（3）旋转仪器垂直微动手轮使目标下移至竖丝的下部 *B* 处，如图 2-35 所示。

如果目标平行于竖丝移动则不需要进行校正，否则与生产仪器的技术服务中心联系。

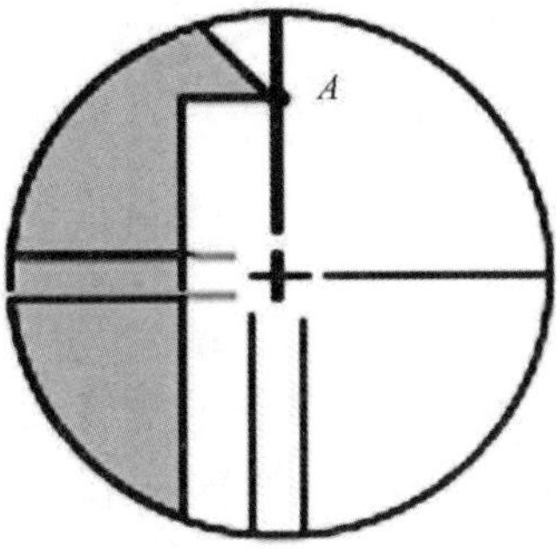

图 2-34 照准 *A* 点

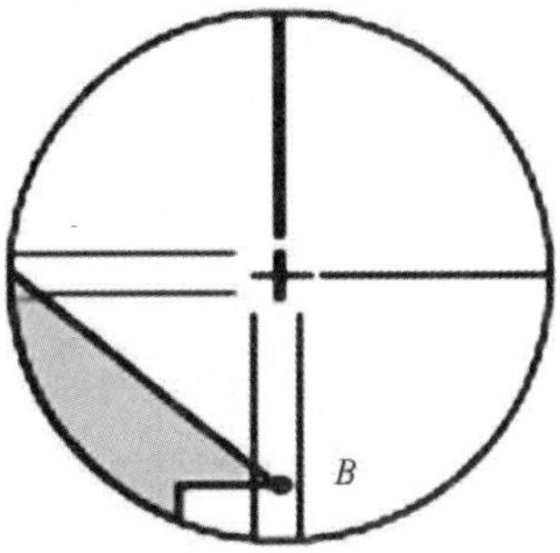

图 2-35 照准 *B* 点

检验 2：竖丝与横丝位置正确性的检验步骤，检验应在无大雾和无激烈大气抖动的条件下进行。

（1）在距离仪器约 100 m 平坦地面处设置一清晰目标。

（2）精确整平仪器后开机。

（3）在测量模式下用盘左位置精确照准目标中心，读取水平角读数 A_1 和垂直角读数 B_1。例如：水平角读数 $A_1=18°34'00''$，垂直角读数 $B_1=90°30'20''$。

（4）用盘右位置精确照准目标中心，读取水平角读数 A_2 和垂直角读数 B_2。例如，水平角读数 $A_2=198°34'20''$；垂直角读数 $B_2=269°30'00''$。

（5）计算 A_2-A_1 和 B_2+B_1。

若 A_2-A_1 值在 180°00′00″±20″以内，B_2+B_1 值在 360°00′00″±40″以内，则不需校正。例如，$A_2-A_1=198°34'20''-18°34'00''=180°00'20''$，$B_2+B_1=269°30'00''+90°30'20''=360°00'20''$。

5. 光学对中器检校

1）光学对中器检验步骤

（1）精确整平仪器，使地面测点精确对准光学对中器十字丝中心。

（2）转动仪器照准部 180°，检查十字丝中心与测点间的相对位置。若测点仍位于十字丝中心则不需要校正，否则按下述步骤进行校正。

2）光学对中器校正步骤

（1）用脚螺旋校正偏离量的一半，如图 2-36 所示。

（2）握紧仪器上部，旋下光学对中器目镜护盖后旋下光学对中器分划板护盖，如图 2-37 所示。重新旋上光学对中器目镜护盖，利用光学对中器的 4 个校正螺丝按下述方法校正另一半偏移量。

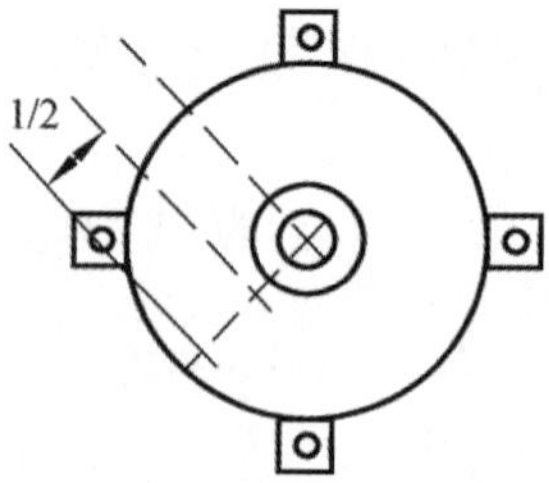

图 2-36 用脚螺旋校正

图 2-37 光学对中器

（3）如果测点位于下半部（上半部）区域内：轻轻松开上（下）校正螺丝；以同样程度旋紧下（上）校正螺丝，使测点移至左右校正螺丝的连线上，如图 2-38 所示。

（4）如果测点位于左右校正螺丝连线的实线（虚线）位置上：轻轻松开右（左）校正螺丝；以同样程度旋紧左（右）校正螺丝，使测点移至十字丝中心，如图 2-39 所示。

（5）边旋转仪器照准部边检查测点是否始终位于十字丝中心，需要时重复上述步骤进行校正。

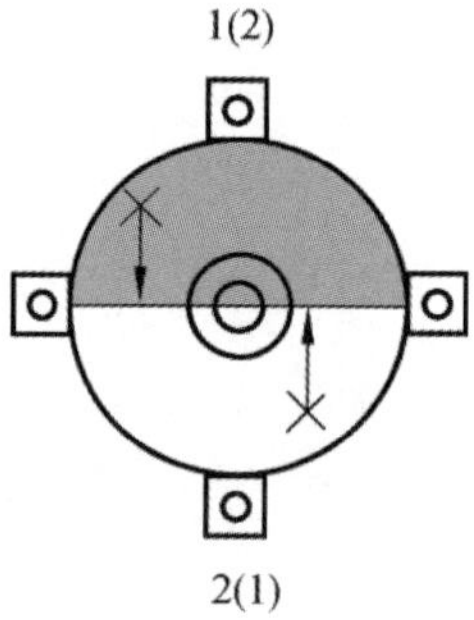

图 2-38 测点位于上或下区域

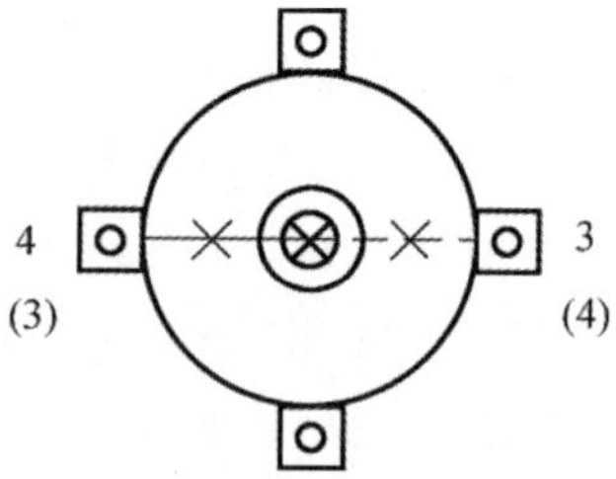

图 2-39 测点位于左或右区域

（6）旋下光学对中器目镜护盖，旋上光学对中器分划板护盖后重新旋上光学对中器目镜护盖。

6. 距离加常数测定

在出厂时其距离加常数 K 已经检校为零，但由于距离加常数会发生变化，有条件时应在已知基线上定期进行精确测定，如无条件可按下述步骤进行测定。仪器和棱镜的对中误差及照准误差都会影响距离加常数的测定结果，因此在检测过程中应特别细心以减少这些误差的影响。检测时应注意使仪器和棱镜等高，若检测是在不平坦的地面上进行，要利用水准仪来测定以确保仪器和棱镜等高。

距离加常数测定步骤：

（1）在一平坦场地上选择相距约 100 m 的两点 A 和 B，分别在 A、B 点上架设仪器和棱镜，同时定出中点 C，如图 2-40 所示。

（2）精确测定 A、B 点间水平距离 10 次并计算其平均值。

（3）将仪器移至中点 C 点，在 A 点和 B 点上架设棱镜，如图 2-41 所示。

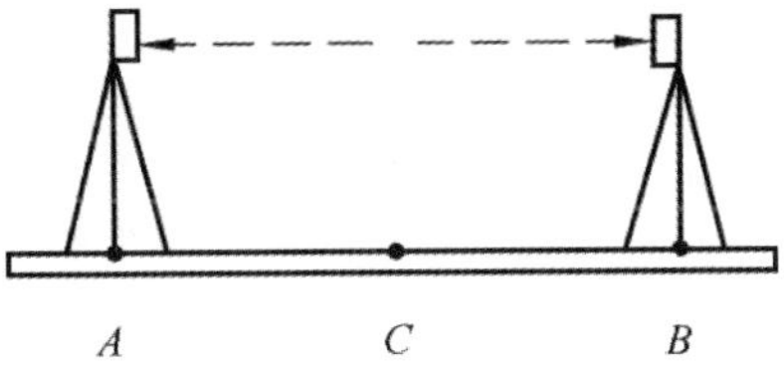

图 2-40　仪器架设

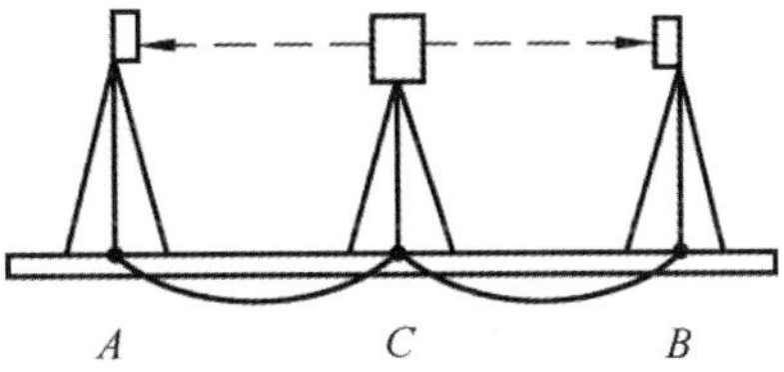

图 2-41　定出中点 C

（4）精确测定 CA 和 CB 的水平距离 10 次，分别计算平均值。

（5）按下面的公式计算距离加常数：$K = AB-(CA+CB)$。

（6）重复步骤（1）至（5）测定距离加常数 2 ~ 3 次。如果计算所得距离加常数 K 值在 ± 3 mm 以内，不需要进行校正。

复习思考题

（1）简述全站仪管水准器的检验方法。

（2）简述全站仪视准误差测定的方法。

小结

（1）所谓的水平角，就是空间两条相交直线在水平面上的垂直投影所夹的角。其范围为 0° ~ 360°，均为正值。

（2）对中的目的是使仪器的中心与测站点的中心位于同一铅垂线上。

（3）整平的目的是使仪器的竖轴处于铅垂位置，水平度盘处于水平状态，经纬仪的整平是通过调节脚螺旋，以照准部水准管为标准来进行的。

（4）水平角观测时，应使十字丝竖丝照准目标。对在望远镜视窗里成像的目标，可根据目标像的宽窄，用十字丝的单丝平分目标或用双丝夹住目标。竖直角测量时，应用十字丝横丝切准目标。

（5）观测者对着望远镜目镜时，竖盘位于望远镜左侧，称盘左又称正镜，当竖盘位于望远镜右侧时，称盘右又称倒镜，盘左位置观测，称为上半测回。盘右位置观测，称为下半测回，上下两个半测回合称为一个测回。

（6）当一个测站有 3 个或 3 个以上的观测方向时，应采用方向观测法进行水平角观测。

（7）天顶距：在竖直面内，铅垂线天顶方向与某一方向线的夹角，其范围：0°～180°。竖直角，又称垂直角或高度角，指在同一铅垂面内，视线与其水平视线之间的夹角，其范围：0°～±90°。

（8）竖盘指标差：当竖盘指标管水准器与竖盘读数指标关系不正确时，则望远镜视准轴水平时的竖盘读数相对于正确值（盘左）或（盘右）就有一个小的角度差，称为竖盘指标差。

指标差 = 1/2（左盘读数 – 右盘读数）。

03

项目 3

距离测量

>>>>>>>>>>>

项目描述

距离测量是工程测量的 3 项基本工作之一。距离分为水平距离、斜距，使用的测量方法有：钢尺量距，视距测量，光电测距。设备有：钢尺、水准仪、全站仪。距离测量应用比较广泛，比如三角高程测量外业主要观测的数据有仪器高、目标高、水平距离、竖直角，水平距离是通过全站仪光电测距直接获取；水平距离测量也是导线测量中非常重要的一项外业基本工作。通过该项目的学习应了解视距测量的基本原理，掌握全站仪光电测距的基本原理及仪器相关设置，能够使用水准仪、全站仪、钢尺进行水平距离的测量，并进行所测距离精度的评定，从而为后续学习四等水准测量、平面控制测量及三角高程测量打好基础。

对标“1+X” 测绘地理信息数据获取与处理证书技能要求
1.1 全站仪的认识及使用 ☑1.1.7 掌握一个测站上使用全站仪测量角度、距离和坐标的方法并将数据记录在记录表中。

学习目标

岗位能力目标：

1. 能够对距离测量结果进行简单的精度评定；
2. 能够使用水准仪、经纬仪进行视距测量；
3. 能够使用全站仪进行距离测量。

知识目标：

1. 掌握水平距离的定义；
2. 掌握距离测量精度评定方法；
3. 理解视距测量的工作原理；
4. 了解光电测距的原理。

思政点拨

2020年，我国为了完成珠峰测量，成功研制了长测程全站仪。这款全站仪的测距测程超过19 km，反射目标为六棱镜组，距离测量精度优于（$2+2\times10^{-6}D$）mm（D为测量距离）。成功研制出这款全站仪，实现了我国在该装备制造领域零的突破，不仅解决了珠峰峰顶交会测量的问题，还解决了常规大地测量中超远距离测距的问题。同时，成功登顶测量向世界证明了我国自主研发的测量装备完全有能力、有实力完成这样的任务，国产测绘装备总体技术和产品已经达到世界级先进水平，中国测绘人只能依赖进口装备测量珠峰高程的历史已一去不复返！

相关案例

某市数字测图控制网布设

某地级市计划测绘全市范围内的数字化地形图，任务区域位于东经116°23′~116°40′，北纬36°58′~36°10′，覆盖该市所辖的长安区、裕华区（含高新技术产业开发区）、路南区、路北区、新华区及市郊部分地区，面积约200 km^2。在测图开始前，首先进行了测区内的控制测量，控制测量的内容及目的意义如下：

1. 任务内容及任务量

1）平面控制网

包括：首级GPS基准网（7个点）；二等平面控制网（26个点，其中基准网7个点）；四等平面控制网（188个点，其中高级点26个）；一级导线（900 km）。

2）高程控制网

包括：首级高程控制网，二等水准线路140 km左右；四等水准线路，750 km。

2. 目的和意义

（1）综合利用GPS技术和水准测量技术，建立该市高精度城市平面与高程控制网，为今后全市范围的数字化测图工程奠定基础。

（2）按照整体设计、统一规划、逐级控制、逐级布网的原则，布设该市高精度城市平面与高程控制网，使该网具有最优的科学性和先进性，实现城市控制网的典范性工程。

（3）完成与国家“1954北京坐标系统”“1980西安坐标系统”“WGS-84地心坐标系统”和原有地方坐标系统的严密挂接与精确转换。

任务3.1 视距测量

3.1.1 工作任务

视距测量是利用测量仪器望远镜中的视距丝并配合视距尺，根据几何光学及三角学原理，同时测定两点间的水平距离和高差的一种方法。通过了解视距测量原理，学习视距测量操作方法，能够使用水准仪、经纬仪进行距离及高差测量。

3.1.2 相关配套知识

1. 水平距离的概念

距离是确定地面点位置的基本要素之一。通常测量上所要求的距离指两点之间的水平距离（平距），如图 3-1 所示，A、B 两点间的水平距离即直线 $A'B'$ 的长度。距离测量工作中用到的测量方法较多，按照采用测量工具的不同，一般有钢尺量距、视距测量、光电测距等。

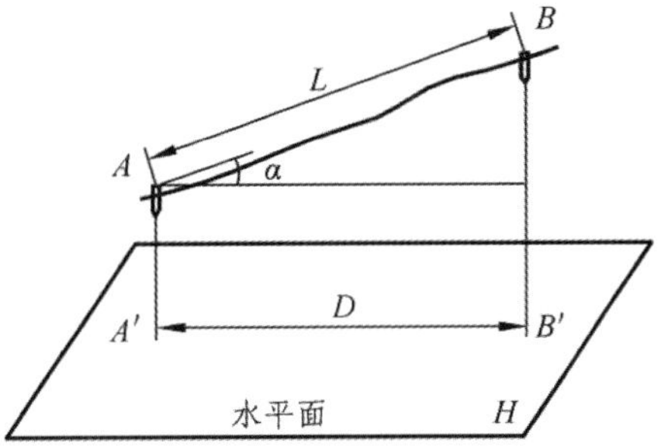

图 3-1 两点间的水平距离

2. 视距测量定义

视距测量是利用测量仪器望远镜中的视距丝并配合视距尺，根据几何光学及三角学原理，同时测定两点间的水平距离和高差的一种方法。此方法操作简单、速度快、不受地形起伏的限制，但测距精度较低，一般可达 1/200，故常用于地形测图。视距尺一般选用普通塔尺。

PPT 视频

视距测量

3. 视距测量原理

1）水平距离计算公式

欲测定 M，N 两点间的水平距离，如图 3-2 所示，在 M 点安置水准仪，在 N 点竖立视距尺，当望远镜视线水平时，视准轴与尺子垂直，经对光后，通过上、下两条视距丝读出尺上对应的 A、B 读数，两读数的差值 L 称为视距间隔或视距。

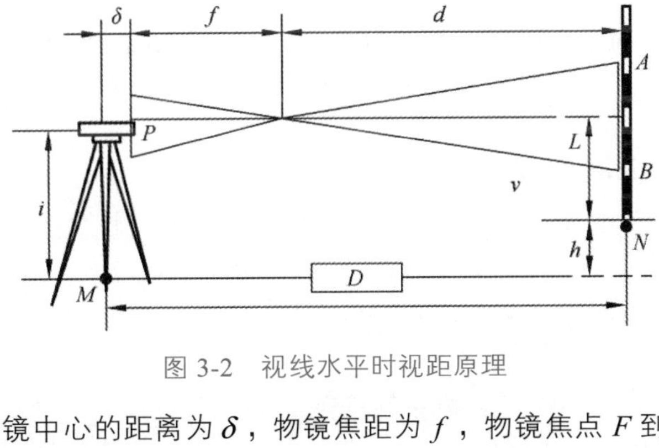

图 3-2 视线水平时视距原理

设仪器中心到物镜中心的距离为 δ，物镜焦距为 f，物镜焦点 F 到 N 点的距离为 d，由图 3-2 可知 M、N 两点间的水平距离为 $D=d+f+\delta$，根据图中相似三角形成比例的关系得两点间水平距离为

$$D=\frac{f}{p}\times L+f+\delta \tag{3-1}$$

式中 f/p——视距乘常数，用 K 表示，其值在设计中为 100；

$f+\delta$——视距加常数，仪器设计为 0。

则视线水平时水平距离公式

$$D=KL \tag{3-2}$$

式中 K—— 视距乘常数，其值等于 100；

L——视距间隔。

视频 水准仪视距测量

视频 水准仪视距测量原理

2）高差的计算公式

M、N 两点间的高差由仪器高 i 和中丝读数 v 求得，即

$$h=i-v \tag{3-3}$$

式中 i——仪器高，地面点至仪器横轴中心的高度。

3）望远镜视线倾斜时测量平距和高差的公式

在地面起伏比较大的地区进行视距测量时，需要望远镜倾斜才能照准视距标尺读取读数，此时视准轴不垂直于视距标尺，不能用式（3-2）计算距离和高差。如图 3-3 所示，下面介绍视准轴倾斜时求水平距离和高差的计算公式。

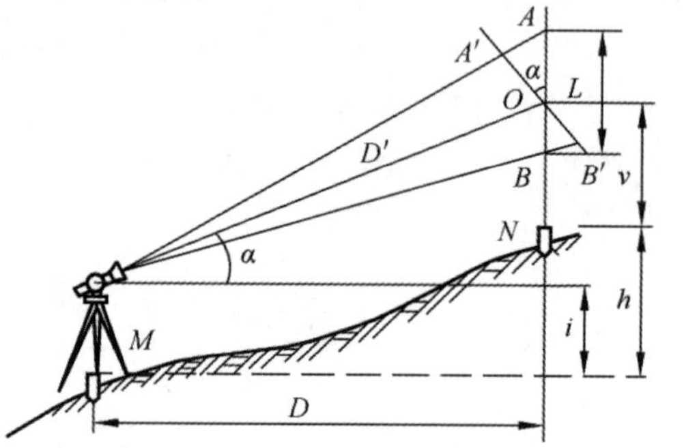

图 3-3 视线倾斜时视距原理

视线倾斜时竖直角为 α，上下视距丝在视距标尺上所截的位置为 A，B，视距间隔为 L，求算 M、N 两点间的水平距离 D。首先将视距间隔 L 换算成相当于视线垂直时的视距间隔 $A'B'$ 之距离，按式（3-2）求出倾斜视线的距离 D'，其次利用倾斜视线的距离 D'和竖直角 α 计算水平距离 D。因上下丝的夹角 φ 很小，则认为 $\angle AA'O$ 和 $\angle BB'O$ 为 90°，设将视距尺旋转 α 角，根据三角函数得视线倾斜时水平距离计算式为式（3-4），两点高差计算公式为式（3-5）。

$$D=KL\cos^2\alpha \tag{3-4}$$

$$h=D\tan\alpha+i-v \tag{3-5}$$

将式（3-4）代入式（3-5）化简后得

$$h=\frac{1}{2}KL\sin 2\alpha+i-v \tag{3-6}$$

式中 L——上、下视距丝在标尺上的读数之差；

i——仪器高度；

v——十字丝的中丝在标尺上的读数；

K——视距乘常数（$K=100$）；

α——视线倾斜时的竖直角。

为了计算简便，在实际工作中，通常使中横丝照准标尺上与仪器同高处，使 $i=v$，则上述计算高差的公式简化为

$$h=\frac{1}{2}KL\sin 2\alpha \tag{3-7}$$

现在视距测量的计算工具主要是电子计算器，最好使用程序型的计算器，事先将视距计算公式和高差计算公式输入到计算器中，使用快捷方便，不容易出现计算错误。

4. 视距测量步骤

（1）在测站点安置仪器，量取仪器高 i（测站点至仪器横轴的高度，量至 cm）。

（2）盘左位置瞄准视距尺，读取水准尺的下丝、上丝及中丝读数。

（3）使竖盘水准管气泡居中，读取竖盘读数，然后计算竖直角。

（4）计算水平距离。

（5）计算高差和高程。

5. 成果处理与精度评定

为了避免错误和判断丈量结果的可靠性，并提高丈量精度，距离丈量要求往返丈量。用往返丈量距离差与平均距离之比衡量它的精度，此比值用分子等于 1，分母为一整数的分数形式来表示，称为相对误差，即

$$\Delta D=\left|D_{往}-D_{返}\right| \tag{3-8}$$

$$K=\frac{\Delta D}{D_{平}}=\frac{1}{N} \tag{3-9}$$

一般情况下，普通量距规定精度 $K\leqslant 1/2\ 000$，如果超限应重新丈量。若相对误差在规定范围内，可取往返平均值作为最后观测结果。

$$D_{平}=\frac{D_{往}+D_{返}}{2} \tag{3-10}$$

【例题 3.1】 丈量一直线段，$D_{往}=84.382\ \text{m}$，$D_{返}=84.404\ \text{m}$，试计算该直线的长度，并检验是否合乎精度要求。

$$\Delta D=\left|84.382-84.404\right|=0.022\ (\text{m})$$

$$D_{平}=\frac{D_{往}+D_{返}}{2}=84.393\ (\text{m})$$

$$K=\frac{0.022}{84.393}\approx\frac{1}{3\ 836}$$

$K=\dfrac{1}{3\ 836}\leqslant\dfrac{1}{2\ 000}$，故精度合乎要求。

6. 视距测量误差分析及注意事项

影响视距测量精度的因素很多，但主要有以下几个方面在测量时应加以注意：

1）视距尺倾斜误差

视距公式是在视距尺铅垂竖直的条件下推得的，视距尺倾斜对视距测量的影响与竖直角的大小有关，竖直角越大对视距测量的影响越大，特别在山区测量时，应尽量扶直视距尺。

2）读数误差的影响

用视距丝在视距尺上读数的误差是影响视距测量精度的主要因素。读数误差与视距尺最小分划的宽度、距离远近、望远镜的放大倍数及成像的清晰程度等因素有关。所以在作业时，应使用 cm 刻划的板尺。应根据测量精度限制最远视距，使成像清晰，消除视差，读数应仔细。

3）外界条件的影响

实验证明，当视线接近地面时，垂直折光引起视距尺上的读数误差较大。因此观测时应尽可能使视线离地面 1 m 以上以减少大气折光的影响。避免在烈日强光等不利天气条件下进行观测。

复习思考题

1. 简答题

什么是视距测量？测量两点间水平距离和高差各需要读取什么数据？

2. 计算题

在 A 点置镜，测得 B 点标尺 1.2 m 处的竖直角为 –30°，上下丝视距为 0.5 m，仪器高为 1.4 m，求 A、B 两点间的水平距离和高差。

任务 3.2 光电测距

3.2.1 工作任务

电磁波测距工作是通过测量光波在待测距离上往返一次所经历的时间乘以光速来确定待测点之间的距离。通过了解电磁波测距的分类及原理，掌握全站仪测距的方法，能够使用全站仪进行距离测量，并在测距之前能够对全站仪进行设置。

PPT 视频

全站仪光电测距

3.2.2 相关配套知识

1. 电磁波测距仪的分类

电磁波测距与钢尺量距的繁复和视距测量的低精度相比，此方法具有测程长、精度高、操作简单、自动化程度高等特点。通常电磁波测距精度可分为 Ⅰ 级（$m_D \leqslant 5$ mm）、Ⅱ 级（5 mm < $m_D \leqslant 10$ mm）、Ⅲ 级（$m_D > 10$ mm）。按测程可分为短程（< 3 km）、中程（3 ~ 5 km

和远程（ >15 km ）。按采用的载波不同，可分为利用微波做载波的微波测距仪；利用光波做载波的光电测距仪。光电测距仪所使用的光源一般有激光和红外光。

2. 电磁波测距原理

电磁波测距是利用电磁波（微波、光波）作为载体，在其上调制测距信号，测量两点间距离的方法。电磁波测距按采用的载波不同，可分为微波测距仪、激光测距仪和红外测距仪。红外测距仪采用砷化镓发光二极管作为光源，其具有耗电省、体积小、寿命长、抗震性能强，能连续发光并能直接调制等特点，目前工程采用的基本以红外测距仪为主。

电磁波测距工作的原理是通过测量光波在待测距离上往返一次所经历的时间来确定待测点之间的距离。如图 3-4 所示，在 A 点安置测距仪，在 B 点安置反射棱镜，测距仪发射的光波到达反射棱镜后又返回至测距仪。

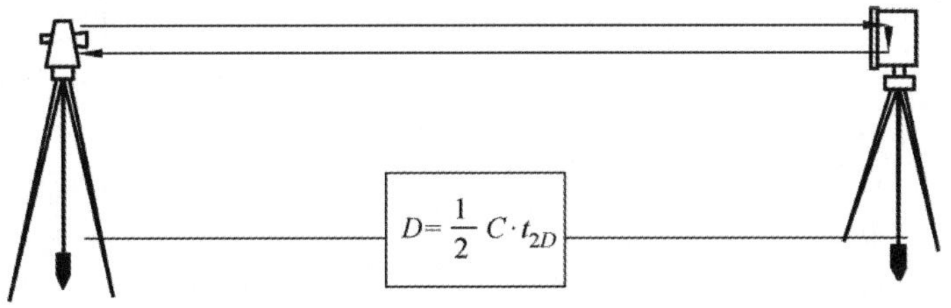

图 3-4　光电测距

设光速 c 为已知，如果光波在待测距离 D 上的往返时间为 t_{2D}，则距离 D 为

$$D=\frac{1}{2}C\cdot t_{2D} \tag{3-11}$$

由（3-11）式可知，测定距离的精度主要取决于时间 t 的测定精度，即当要求测距误差 $\mathrm{d}D$ 小于 1 cm 时，时间测定精度 $\mathrm{d}t$ 要求精确到 6.7×10^{-11} s，这是难以做到的。因此，时间的测定一般采用间接的方式来实现，即脉冲法测距或相位法测距。

1）脉冲法测距

由测距仪发出的光脉冲经反射棱镜反射后，又回到测距仪被接收系统接收，测出这一光脉冲往返所需时间间隔 t 的总脉冲的个数，进而求得距离 D。由于总脉冲计数器的频率所限，所以测距精度只能达到 0.5 ~ 1 m。故该测距仪器精度较低，通常只用于精度较低的远距离测量、地形测量和雷达测距。

2）相位法测距

相位法测距是通过测量连续的光波在待测距离上往返传播所产生的相位变化来间接测定传播时间，从而求得被测距离。工程上使用的红外测距仪，都是采用相位法测距。

由测距仪的发射系统发出一种连续的调制光波，测出该调制光波在测线上往返传播时所产生的相位移，以测定距离 D。

3. 全站仪距离测量方法步骤

用全站仪进行距离测量前应首先完成以下设置：

（1）设置与距离相关的参数。显示精度：距离值显示精度（只支持高精度）；比例尺：设置当前项目测站位置的比例尺因子；高程：设置当前项目测站位置的高程；T-P 改正：是否开启温度气压补偿；两差改正：设置当前项目对大气折光和地球曲率的影响进行改正的参数。修改：对 T-P 改正的参数进行修改；默认：将当前设置保存为默认的设置，在新建立项目时将采用当前的设置。如图 3-5 所示。

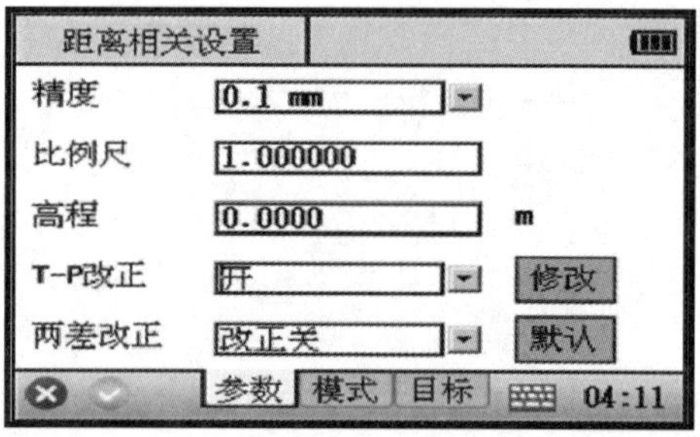

图 3-5　测距模式设置

视频

全站仪距离测量（仪器设置）

视频

全站仪距离测量

在测量模式菜单下，对测量的模式和测距合作目标进行相应设置，如图 3-6 和表 3-1 所示。

图 3-6　测距模式设置

表 3-1　测距模式设置

设置选项	选择项和输入范围
N 次测量	设置具体的测量次数，可选为 1～99 次
结果平均	是否对 *N* 次测量结果进行平差显示
连续精测	进行连续的精测
跟踪测量	进行连续的粗测，速度稍快，精度稍低
棱镜	设置测距合作目标为棱镜
常数	设置棱镜的常数
反射板	设置合作目标为反射板
无合作	设置合作目标为其他物体
测程增强	增强测程,同时精度降低

（2）照准目标。若望远镜十字丝中心未对准棱镜中心，此时测距无法保证测量精度。

（3）在测量模式菜单下按[测量]键开始距离测量（见图 3-7）。一声短响后屏幕显示出斜距距离“SD”、平距“HD”和高差“VD”的测量值。

4．全站仪距离测量一般要求

（1）照准一次为一个测回，进行 2～4 次读数。

（2）根据不同精度要求和测量规范进行。

（3）往返测回各占总测回数的一半，精度要求不高时，只做单向观测。

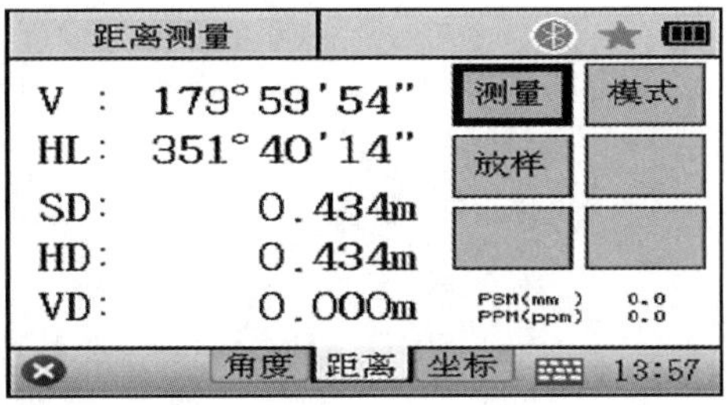

图 3-7　距离测量

5．光电测距的注意事项

（1）气象条件对光电测距影响较大，微风的阴天是观测的良好时机。

（2）测线应尽量离开地面障碍物 1.3 m 以上，避免通过发热体和较宽海域的上空。

（3）测线应避开强电磁场干扰的地方，例如测线不宜接近变压器、高压线等。

（4）镜面的后面不应有反光镜和其他强光源等背景的干扰。

复习思考题

（1）电磁波测距仪有哪些分类方法？各是如何分类的？

（2）简述电磁波测距原理。

小结

（1）钢尺量距即用具有标准长度的钢尺直接测量两地面点之间的距离。

（2）用往返丈量距离差与平均距离之比衡量它的精度，此比值用分子等于 1，分母为一整数的分数形式来表示，称为相对误差。

（3）视距测量是利用测量仪器望远镜中的视距丝并配合视距尺，根据几何光学及三角学原理，同时测定两点间的水平距离和高差的一种方法。

（4）视线水平时水平距离公式：$D = KL$。

（5）电磁波测距工作是通过测量光波在待测距离上往返一次所经历的时间乘以光速来确定待测点之间的距离。

项目 4

平面控制测量

>>>>>>>>>>

项目描述

平面控制测量是工程建设中各项测量工作的基础。在工程规划设计阶段，要建立地形测图控制网，用来控制整个测区，保证最大比例尺测图的需要；在施工阶段，要建立施工控制网，以控制工程的总体布置和各建筑物轴线之间的相对位置，满足施工放样的需要；在运营管理阶段，应根据需要建立变形观测控制网，用来观测控制建筑物的变形，以保证安全运营，分析变形规律和进行相应的科学研究。各阶段所要建立的平面控制网，其共同的特点是精度要求高，点位密度大。由于控制网的作用不同，使得测图网、施工网和变形网又都有各自的布网方式和精度要求，因此多是分别依次建立或者在原有网的基础上改建。

该项目设计了 9 个工作任务，包括平面控制测量的方法、直线定向、坐标正反算、导线的布设形式、支导线测量、闭合导线测量、附合导线测量、前方交会测量、后方交会测量，旨在让学生掌握平面控制测量的方法，为后续学习施工测量打好基础。

对标“1+X” 测绘地理信息数据获取与处理证书技能要求
1.2 全站仪导线测量 ☑1.2.1 掌握全站仪测角和测距的操作步骤； ☑1.2.2 掌握导线点布设的要素； ☑1.2.3 掌握观测顺序及记簿； ☑1.2.4 掌握方位角的推算、坐标正算及平差。

学习目标

岗位能力目标：

1. 能够进行测区的踏勘，搜集相关资料；
2. 能够编写测量技术设计书；

知识目标：

1. 掌握控制测量技术设计书的编写方法；
2. 掌握平面控制点的布设要求及选点方法；

3. 能够按要求进行实地选点工作；
4. 能够使用相关仪器进行外业数据采集；
5. 能够进行观测数据的处理。

3. 掌握平面控制网的观测、数据采集方法；
4. 掌握观测数据处理的方法；
5. 掌握控制测量技术总结的编写方法。

思政点拨

在学习控制测量的过程中，使学生了解无论多么简单的工作，都需要扎实的基本功和实际的操作，注重动手能力。潜移默化地灌输精益求精的工匠精神；强化学生的成果质量意识和规范意识。

相关案例

某高速铁路导线控制测量

某高速铁路某标段起讫里程为 DK824+430 ~ DK874+693，正线长度 50.263 km。主要工程数量：路基 47 段计 7.091 km，桥梁 45 座计 28.819 km，隧道 14 座计 14.261 km，梁场 3 处，制梁 1 099 孔，架梁 811 孔，无砟轨道道床 101.826 km。

根据《高速铁路工程测量规范》（TB 10601—2009），按照四等导线的精度要求完成 CPI277、CPI278 点到 NCPII1520、CPII1519 点的加密工作，附合导线布设示意图如图 4-1 所示。

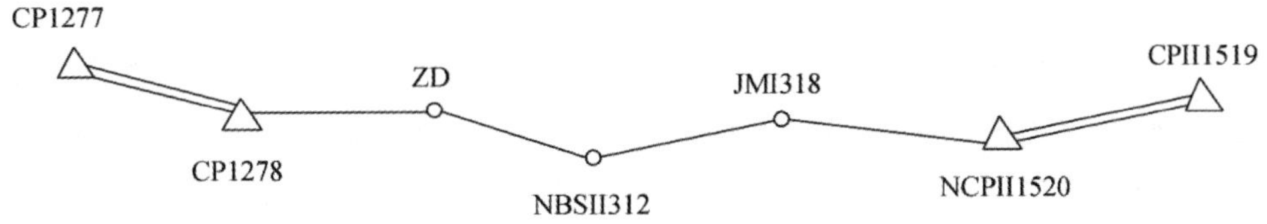

图 4-1　加密控制网示意图

按照规范要求，导线中每个水平角观测 6 个测回；每个测站上的距离要求进行盘左、盘右观测以及往返测，最后取平均值。观测记录样表见表 4-1。

表 4-1　观测数据记录样表

地点	第三项目分部 第一桥梁作业队			仪器	徕卡	观测	孙××		
日期	2020.7.20			天气	晴	记录	霍××		
测站	盘位	目标	读数	角值	平均值	两测回平均值	平均值	距离	平均距离
CPI278	左	CPI277	30-00-03.0	103-16-58.6	103-17-01.3	103-17-00.83	103-16-59.18	887.125 1	887.125 583
		CPII1519	133-17-01. 6					283.094 5	283.094 383
	右	CPII1519	313-17-04. 3	103-17-04				283.093 7	
		CPI277	210-00-00. 3					887.125 0	
CPI278	左	CPI277	60-00-00.7	103-16-59.9	103-17-0.35			887.126 1	
		CPII1519	163-17-00. 6					283.094 9	
	右	CPII1519	343-16-59. 6	103-17-00.8				283.094 2	
		CPI277	239-59-58. 8					887.125 5	

续表

测站	盘位	目标	读数	角值	平均值	两测回平均值	平均值	距离	平均距离
CPI278	左	CPI277	90-00-00.2	103-16-59.4	103-16-57.75	103-16-57.92		887.126 0	
		CPII1519	193-16-59. 6					283.094 5	
	右	CPII1519	13-17-05.6	103-16-56.				283.094 4	
		CPI277	270-00-09. 5					887.125 4	
CPI278	左	CPI277	120-00-01. 3	103-17-03.6	103-16-58.1			887.125 9	
		CPII1519	223-17-04. 9					283.094 4	
	右	CPII1519	43-17-00.9	103-16-52.6				283.094 0	
		CPI277	300-00-08. 3					887.125 8	

经过数据处理，导线中角度闭合差为 – 4.4″，导线的相对闭合差的精度为 1/76 404，满足四等导线要求。

任务 4.1　平面控制测量认知

4.1.1　工作任务

平面控制测量是根据控制点间的角度、距离、方位等要素，计算各控制点的平面坐标。平面控制网包括国家平面控制网和小区域平面控制网，布设方式包括导线网、三角网、三边网、GNSS 网等。本任务主要学习根据测区情况不同，如何进行平面控制测量方法的选择，以解决测区的平面控制问题。

PPT　视频

国家平面控制网

4.1.2　相关配套知识

1. 平面控制测量方法

平面控制测量方法平面控制测量的方法有导线测量、三角测量、三边测量、GPS（全球定位系统）测量等。随着电磁波测距技术的发展，导线测量已是平面控制测量的主要方法。

1）导线测量

导线测量是将各控制点组成连续的折线或多边形，如图 4-2 所示。这种图形构成的控制网称为导线网，也称导线，转折点（控制点）称为导线点。测量相邻导线边之间的水平角与导线边长，根据起算点的平面坐标和起算边方位角，计算各导线点坐标，这项工作称为导线测量。

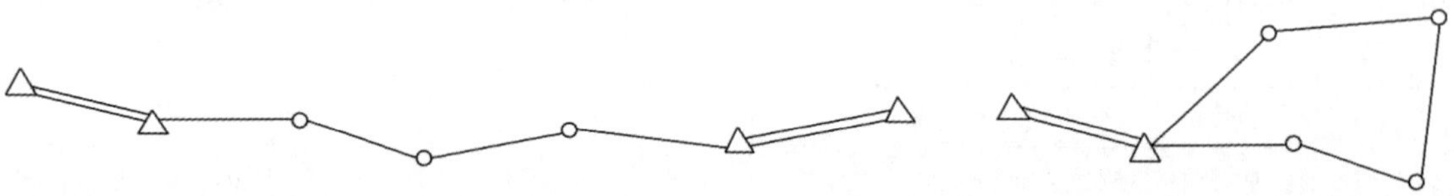

（a）　　（b）

图 4-2　导线形式

2）三角测量

三角测量是将各控制点组成互相连接的一系列三角形，如图 4-3 所示，这种图形构成的控制网称为三角锁，是三角网的一种类型。所有三角形的顶点称为三角点。测量三角形的一条边和全部三角形内角，根据起算点的坐标与起算边的方位角，按正弦定律推算全部边长与方位角，从而计算出各点的坐标，这项工作称为三角测量。

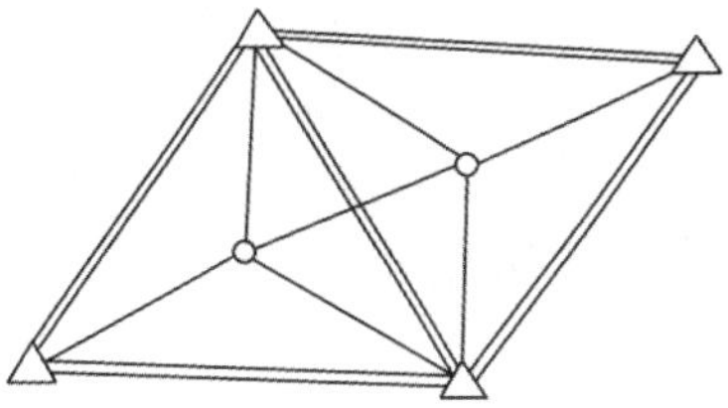

图 4-3　三角锁

3）三边测量

三边测量是指使用全站型电子速测仪或光电测距仪，采取测边方式来测定各三角形顶点水平位置的方法。三边测量是建立平面控制网的方法之一，其优点是较好地控制了边长方面的误差，工作效率高等。三边测量只是测量边长，对于测边单三角网，无校核条件。

4）GNSS 测量

全球定位系统是具有在海、陆、空进行全方位实时三维导航与定位能力的新一代卫星导航与定位系统。GNSS 控制测量是在一组控制点上安置 GNSS 卫星地面接收机接收 GNSS 卫星信号，解算求得控制点到相应卫星的距离，通过一系列数据处理取得控制点的坐标。

GNSS 以全天候、高精度、自动化、高效率等显著特点，成功地应用于工程控制测量，例如，南京长江第三桥、西康铁路线 18 km 秦岭隧道、线路控制测量等方面。不仅如此，GNSS 还用于建立高精度的全国性的大地测量控制网，测定全球性的地球动态参数，改造和加强原有的国家大地控制网；建立陆、海大地测量的基准，进行海洋测绘和高精度的海岛陆地联测；监测地球板块运动和地壳形变等。

在城市中，导线测量对周围环境的要求不是很高，观测方向少，相邻点通视等要求比较好达到，导线的布设比较灵活，观测和计算工作较简便，但是控制面积小，缺乏有效可靠的检核方法；三角测量控制面积大，有利于加密图根控制网，但是需要构成固定的图形，点位的选择相对来说限制因素比较多；GNSS 与以上两种方法相比，相对平面定位精度高，作业的速度快，经济效益好，测量时无须通视，但是 GNSS 测量易受干扰（较大反射面或电磁辐射源），对地形地物的遮挡高度有要求。

2. 国家平面控制网

为各种测绘工作在全国范围内建立的基本控制网，称为国家控制网。国家平面控制网的布设原则是分级布网、逐级控制。按其精度由高级到低级分一、二、三、四，4 个等级。一等三角锁是在全国范围内沿经线和纬线方向布设的，是全国平面控制网的骨干，是作为低级三角网的坚强基础，也为研究地球形状和大小提供资料。二等三角网是布设在一等三角锁环内，形成国家平面控制网的全面基础。三、四等三角网是以二等三角网为基础进一步加密，用插点或插网形式布设。

3. 工程平面控制网

工程控制网可分为两种：一种是在各项工程建设的规划计阶段，为测绘大比例尺地形图和房地产管理测量而建立的控制网，称测图控制网；另一种是为工程建筑物的施工放样或变形观测等专门用途而建立的控制网，我们称其为专用控制网。

知识拓展

GNSS 定位技术以其精度高、速度快、费用省、操作简便等优良特性被广泛应用于大地控制测量中。我们一般将应用 GNSS 卫星定位技术建立的控制网叫 GNSS 网。归纳起来 GPS 网可以分为两大类：一类是全球或全国性的高精度 GNSS 网，这类 GNSS 网中相邻点的距离在数千公里至上万公里，其主要任务是作为全球高精度坐标框架或全国高精度坐标框架，为全球性地球动力学和空间科学方面的科学研究工作服务，或用以研究地区性的板块运动或地壳形变规律等问题。

另一类是区域性的 GNSS 网，包括桥梁工程 GNSS 网，GNSS 工程网等，这类网中的相邻点间的距离为几公里至几十公里，其主要任务是直接为国民经济建设服务。

复习思考题

（1）几类平面控制测量方法的优缺点分别是什么？请举例说明适用范围。
（2）隧道洞外控制测量适合选用什么平面控制测量方法？请简述原因。

任务 4.2　直线定向

4.2.1　工作任务

直线定向的基本方向包括真子午线方向、磁子午线方向、坐标纵轴方向。通过学习方位角、象限角的概念，能进行方位角、象限角的计算，以及象限角与方位角之间的转换。

4.2.2　相关配套知识

测量上的直线是指两点间的连线，直线定向就是确定直线的方向，也就是确定直线与基本方向的角度关系。直线定向的目的是为了确定点的平面坐标。

1. 基本方向的种类

1）真子午线方向

通过地球表面某点的真子午线的切线方向，称为该点的真子午线方向。真子午线方向可用天文观测方法或陀螺经纬仪来确定。

2）磁子午线方向

磁针在地球磁场的作用下自由静止时所指的方向，即为磁子午线方向。

由于地磁南北极与地球南北极不重合，因此地面上某点的磁子午线与真子午线也并不一致，它们之间的夹角称为磁偏角，用符号δ表示。磁子午线方向偏于真子午线方向以东称为东偏，偏于西称西偏，并规定东偏为正、西偏为负。磁偏角的大小随地点的不同而异，即使在同一地点，由于地球磁场经常变化，磁偏角的大小也有变化。我国境内磁偏角值在 + 6°（西北地区）和 – 10°（东北地区）之间。磁子午线方向可用罗盘仪来测定。由于地球磁极的变化，磁针受磁性物质的影响，定向精度不高，所以不适合作为精确定向的仪器，其基本方向可作为小区域独立测区的基本方向。

3）坐标纵轴方向

以通过测区内坐标原点的坐标纵轴 OX 轴正方向为基本方向，测区内其他各点的子午线均与过坐标原点的坐标纵轴平行。这种基本方向称为坐标纵轴方向。

PPT　视频

直线定向

2. 直线方向的表示方法

1）方位角

从过直线段一端的基本方向线的北端起，以顺时针方向旋转到该直线的水平角度，称为该直线的方位角。方位角的值为 0° ~ 360°。如图 4-4 所示，因基本方向有 3 种，所以方位角也有 3 种，即真方位角、磁方位角、坐标方位角。

以真子午线为基本方向线，所得方位角称为真方位角，一般以 A 表示。

以磁子午线为基本方向线，则所得方位角称为磁方位角，一般以 $A_{磁}$ 来表示。

以坐标纵轴为基本方向线所得方位角，称为坐标方位角（有时简称方位角），通常以 α 来表示。

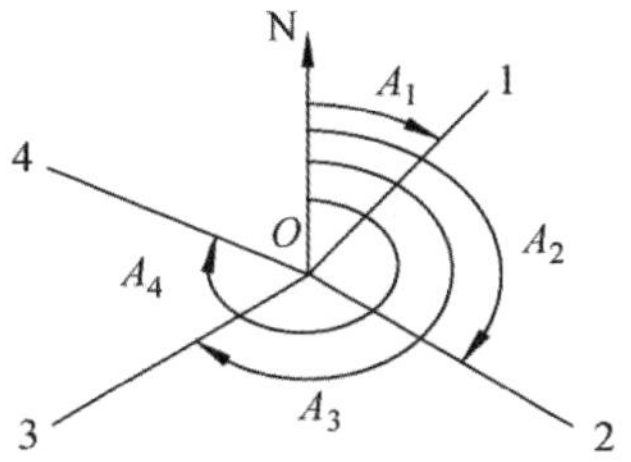

图 4-4　方位角

2）象限角

对于直线定向，有时也用小于 90° 的角度来确定。从过直线一端的基本方向线的北端或南端，依顺时针（或逆时针）的方向量至直线的锐角，称为该直线的象限角，一般以 “R” 表示。象限角的角值为 0° ~ 90°。如图 4-5 所示，NS 为经过 O 点的基本方向线，$O1$、$O2$、$O3$、$O4$ 为地面直线，则 R_1、R_2、R_3、R_4 分别为 4 条直线的象限角。若基本方向线为真子午线，则相应的象限角为真象限角。若基本方向线为磁子午线，则相应的象限角为磁象限角。仅有象限角的角值还不能完全确定直线的位置。因为具有某一角值（例如 50°）的象限角，可以从不同的线端（北端或南端）和不同的方向（向东或向西）来度量。所以在用象限角确定直线的方向时，除写出角度的大小外，还应注明该直线所在象限名称：北东、南东、南西、北西等。例如图 4-5 中，直线 $O1$、$O2$、$O3$、$O4$ 的象限角相应地要写为北东 R_1、南东 R_2、南西 R_3、北西 R_4，它们顺次相应等于第一、二、三、四象限中的象限角。象限角也有正反之分，正反象限角值相等，象限名称相反。

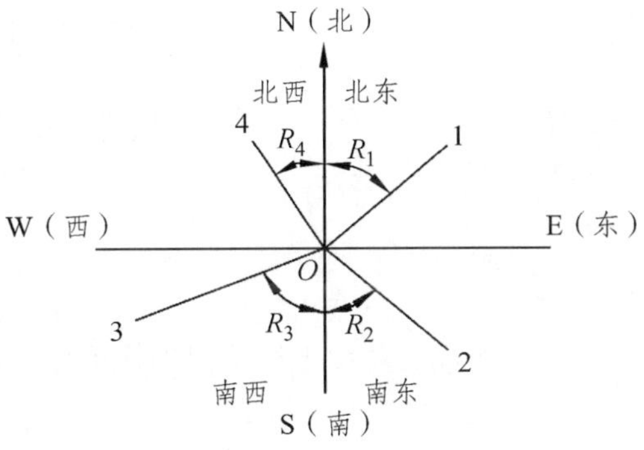

图 4-5　象限角

3. 正反坐标方位角的关系

相对来说，一条直线有正、反两个方向，直线的两端可以按正、反方位角进行定向。若设定直线的正方向为 AB，则直线 AB 的方位角为正方位角，而直线 BA 的方位角就是直线 AB 的反方位角。反之，也是一样，如图 4-6。

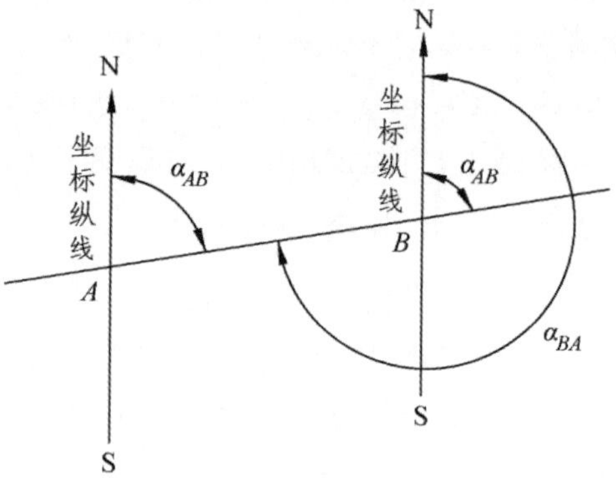

图 4-6　正反坐标方位角关系

若以 α_{AB} 为直线正坐标方位角，则 α_{BA} 为反坐标方位角，两者有如下的关系

若 $\alpha_{AB} < 180°$则有：$\alpha_{BA} = \alpha_{AB} + 180°$

若 $\alpha_{AB} > 180°$则有：$\alpha_{BA} = \alpha_{AB} - 180°$

故正、反方位角的一般关系式为

$$\alpha_{反} = \alpha_{正} \pm 180° \tag{4-1}$$

知识拓展

现实生活中经常碰到通过直线定向来确定点的位置的例子。如在北京（看作一点）描述（确定）石家庄（看作另一点）的位置，往往会说石家庄位于北京的西南方向约 270 km。这样就确定了石家庄（相对于北京）的位置。测量上也是这样，要确定一点的坐标，除了要给出两点的距离外，还必须知道这两点连线的方向。

确定一直线与基本方向的角度关系，称直线定向。在测量中常以真子午线或磁子午线作为基本方向，如果知道一直线与子午线间的角度，可以认为该直线的方向已经确定。

表示直线方向的方法有方位角和象限角两种。一般常用方位角来表示。

复习思考题

（1）简述什么是直线定向。

（2）说明直线方向的表示方法。

（3）什么叫坐标方位角？正反坐标方位角有什么关系？

（4）什么叫象限角？正反象限角有什么关系？

任务 4.3　坐标正反算

4.3.1　工作任务

通过坐标正算和坐标反算原理的学习，能根据算例进行坐标正算和坐标反算，为后续进一步学习导线计算打好基础。

视频

坐标反算

PPT

视频

坐标正反算

4.3.2 相关配套知识

1. 坐标正算

根据直线始点的坐标、直线的水平距离及其方位角计算直线终点的坐标，称为坐标正算。如图 4-7 所示，已知直线 AB 的始点 A 的坐标 (x_A, y_A)，AB 的水平距离 D_{AB} 和方位角 α_{AB}，则终点 B 的坐标 (x_B, y_B) 可按下列步骤计算：

1）计算两点间纵横坐标增量

由图 4-7 可以看出 A、B 两点间纵横坐标增量分别为

$$\begin{cases}\Delta x_{AB} = D_{AB} \times \cos\alpha_{AB} \\ \Delta y_{AB} = D_{AB} \times \sin\alpha_{AB}\end{cases} \tag{4-2}$$

2）计算 B 点的坐标

由图 4-7 可以看出，B 点的坐标为

$$\begin{cases}x_B = x_A + \Delta x_{AB} = x_A + D_{AB} \times \cos\alpha_{AB} \\ y_B = y_A + \Delta y_{AB} = y_A + D_{AB} \times \sin\alpha_{AB}\end{cases} \tag{4-3}$$

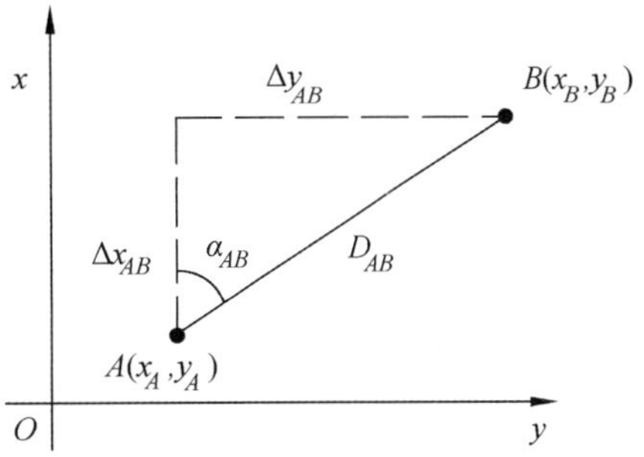

图 4-7 坐标正算与反算

【例 4-1】 已知 A 点的坐标为（2 541.253，3 685.375），AB 边的边长为 75.257 m，AB 边的坐标方位角 α_{AB} 为 150°30′42″，试求 B 点坐标。

解： $x_B = 2\ 541.253 + 75.257 \times \cos 150°30'42'' = 2\ 541.253 + (-65.508) = 2\ 475.745\ (\text{m})$

$y_B = 3\ 685.375 + 75.257 \times \sin 150°30'42'' = 3\ 685.375 + 37.045 = 3\ 722.420\ (\text{m})$

2. 坐标反算

已知直线起点和终点的坐标，计算直线的水平距离和坐标方位角，称为坐标反算。如图 4-7 所示，已知 A、B 两点的坐标 (x_A, y_A)、(x_B, y_B)，计算两点间的水平距离 D 和坐标方位角 α_{AB}。由勾股定理计算水平距离的公式为

$$D_{AB} = \sqrt{\Delta x_{AB}^2 + \Delta y_{AB}^2} \tag{4-4}$$

由于反三角函数计算的结果有多值性，所以计算坐标方位角，要先计算象限角，由图可知：

$$R_{AB} = \arctan\frac{|y_B - y_A|}{|x_B - x_A|} \tag{4-5}$$

按式（4-5）计算 AB 直线的象限角后，根据其坐标增量的符号判断象限，见表 4-2，再按表 4-1 换算出相应的坐标方位角。

表 4-2 象限与坐标增量

象限	坐标增量	坐标方位角
Ⅰ	$\Delta x_{AB} > 0, \Delta y_{AB} > 0$	$\alpha_{AB} = R_{AB}$
Ⅱ	$\Delta x_{AB} < 0, \Delta y_{AB} > 0$	$\alpha_{AB} = 180 - R_{AB}$
Ⅲ	$\Delta x_{AB} < 0, \Delta y_{AB} < 0$	$\alpha_{AB} = 180 + R_{AB}$
Ⅳ	$\Delta x_{AB} > 0, \Delta y_{AB} < 0$	$\alpha_{AB} = 360 - R_{AB}$

【例 4-2】 已知 A、B 两点的坐标为 A（1136.265，987.298），B（898.113，1978.235），试计算 AB 边的坐标方位角 α_{AB} 及边长 D_{AB}。

解：（1）计算 Δx_{AB}、Δy_{AB}

$$\Delta x_{AB} = x_B - x_A = 898.113 - 1\,136.265 = -238.152\ (\mathrm{m})$$

$$\Delta y_{AB} = y_B - y_A = 1\,978.235 - 987.298 = +990.937\ (\mathrm{m})$$

（2）判断象限

因为 $\Delta x_{AB} < 0$、$\Delta y_{AB} > 0$，所以，直线 AB 位于第二象限。

（3）计算象限角

$$R_{AB} = \arctan\left|\frac{\Delta y_{AB}}{\Delta x_{AB}}\right| = \arctan\left|\frac{990.937}{-238.152}\right| = 76°29'11''$$

（4）计算方位角

因为直线 AB 位于第二象限，坐标方位角 $\alpha_{AB} = 180° - R_{AB}$，因此，

$$\alpha_{AB} = 180° - 76°29'11'' = 103°30'49''$$

（5）计算距离

$$D_{AB} = \sqrt{\Delta x_{AB}^2 + \Delta y_{AB}^2} = \sqrt{(-238.152)^2 + 990.937^2} = 1\,019.153\ (\mathrm{m})$$

知识拓展

坐标正反算注意事项：

（1）在同一条直线同一方向任何点的方位角都是相同的。

（2）在计算方位角时，两个坐标输入次序先后不同时，得出的方位角不同，但反算距离是一样的。

复习思考题

（1）已知 B 点坐标为（536.860，837.540），A 点坐标为（1 429.550，772.730），求距离 D_{BA} 及坐标方位角 α_{BA}？

（2）已知直线段 $B1$ 的边长为 125.360 m，坐标方位角为 211°07′53″，其端点 B 的坐标为（1 536.861，837.540），计算直线段另一个端点 1 的坐标？

（3）已知 A、B 两点的坐标为 $X_A = 1\,011.358$ m，$Y_A = 1\,185.395$ m；点 B 的坐标为 $X_B = 883.122$ m，$Y_B = 1\,284.855$ m。在 AB 线段的延长线上定出一点 C，BC 间的距离 $D_{BC} = 50.000$ m，计算 C 点的坐标？

任务 4.4　导线的布设形式

4.4.1　工作任务

导线的布设形式包括闭合导线、附合导线和支导线。通过学习，能根据测区地形情况选择合适的导线布设形式，以满足后续测量工作要求。

PPT　视频

小区域平面控制测量

4.4.2　相关配套知识

导线布设灵活，推进迅速，受地形限制小，边长精度分布均匀，是建立小地区平面控制网常用的一种方法，特别是在地物分布比较复杂的建筑区、视线障碍较多的隐蔽区和带状地区。

导线可分为单一导线和导线网。两条以上导线的汇聚点，称为导线的结点。单一导线和导线网的区别在于导线网具有结点，而单一导线则没有结点。按照不同的情况和要求，单一导线可布设为附合导线、闭合导线和支导线。

1. 闭合导线

如图 4-8 所示，从高级控制点（起始点）开始，经过各个导线点，最后又回到原来起始点，形成闭合多边形，这种导线称为闭合导线。闭合导线有较好的几何条件检核（一个多边形内角和条件和两个坐标增量条件），是小区域控制测量的常用布设形式之一。但是由于它起、止于同一点，易产生图形整体偏转。

闭合导线常用于面积比较开阔的局部地区控制。

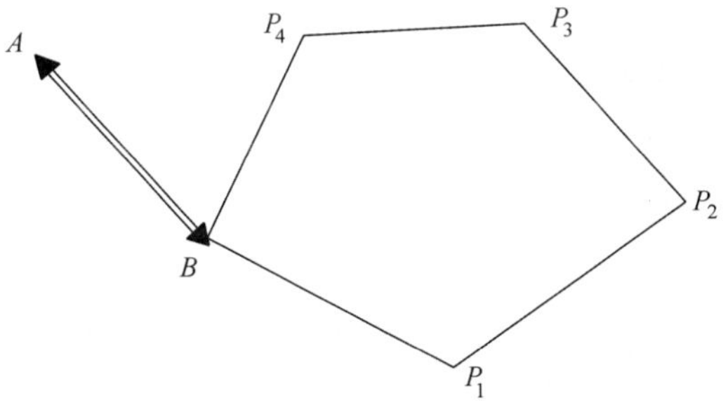

图 4-8　闭合导线

2. 附合导线

如图 4-9 所示从高级控制点（起始点）开始，经过各个导线点，附合到另一高级控制点（终点），形成连续折线，这种导线称为附合导线。由于附合导线附合在两个已知点及两个已知方向上，所以具有自身检核条件（一个坐标方位角条件和两个坐标增量条件），图形强度好，是小区域控制测量的首选布设形式。

附合导线常用于带状地形中，类似像这种有铁路、公路、管线、水利等工程的勘测与施工。

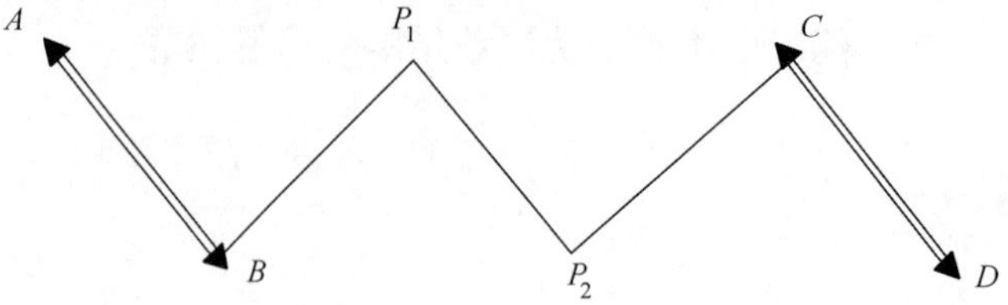

图 4-9　附合导线

3. 支导线

如图 4-10 所示是从高级控制点（起始点）开始，既不附合到另一个控制点，又不闭合到原来起始点，这种导线称为支导线。由于支导线无检核条件，不易发现错误，一般不宜采用。当已有导线点不能满足局部测图时，增设支导线。

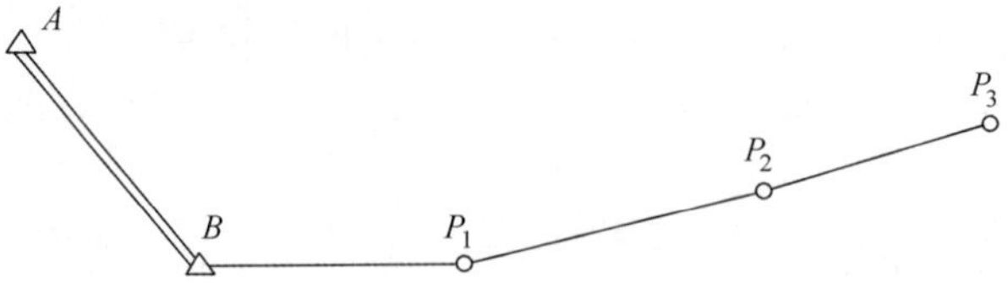

图 4-10　支导线

知识拓展

导线外业选点注意事项：

（1）相邻点位之间要通视良好，地势平坦，便于测量。

（2）点位应选在土质坚实处，便于保存标志和安置仪器。

（3）视野应开阔，便于碎步测量。

（4）导线各边的长度应尽量接近技术指标的平均边长。

（5）导线点应有足够的密度、分布比较均匀，便于控制整个测区。

（6）导线点位选定后，要用标志将点位在地面上标定下来。当然要确保点位之间要能通视线，一般的图根点常用木桩、铁钉等标志标定点位。点位标定后，应用油漆对点位进行统一编号，并且应绘制点之记略图，以便于寻找点位。

复习思考题

（1）什么是闭合导线？适合于什么地形？

（2）什么是支导线？适合于什么地形？

任务 4.5　支导线测量

4.5.1　工作任务

支导线测量包括外业数据采集和内业数据处理两部分。通过学习，能进行支导线点位布设、角度测量、距离测量、坐标计算。

4.5.2　相关配套知识

1. 支导线测量外业观测

支导线测量流程和其他导线一样，外业工作主要包括踏勘选点、造标埋石、导线边长测量、导线水平角测量。

1）技术设计

进行技术设计前，应先收集测区已有地形图和控制点等成果资料，将控制点展绘在原有地形图上，根据测量设计要求，确定导线的等级、形式、布置方案。在地形图上拟定导线初步布设方案，再到实地踏勘，在周密的调查研究基础上进行控制网的图上设计。

（1）导线测量主要技术要求。

根据《工程测量标准》（GB 50026-2020）规定，导线测量方法建立平面控制网分为三、四等及一、二、三级和图根，其主要技术要求见表 4-3。

表 4-3　各级导线测量的主要技术要求

等级	导线长度/km	平均边长/km	测角中误差(″)	测距中误差/mm	测距相对中误差	测回数				方位角闭合差(″)	导线全长相对闭合差
						0.5″级仪器	1″级仪器	2″级仪器	6″级仪器		
三等	14	3	1.8	20	1/150 000	4	6	10	—	$3.6\sqrt{n}$	≤1/55 000
四等	9	1.5	2.5	18	1/80 000	2	4	6	—	$5\sqrt{n}$	≤1/35 000
一级	4	0.5	5	15	1/30 000	—	—	2	4	$10\sqrt{n}$	≤1/15 000
二级	2.4	0.25	8	15	1/14 000	—	—	1	3	$16\sqrt{n}$	≤1/10 000
三级	1.2	0.1	12	15	1/7 000	—	—	1	2	$24\sqrt{n}$	≤1/5 000

注：1. n 为测站数。

2. 当测区测图的最大比例尺为 1∶1 000 时，一、二、三、级导线的导线长度、平均边长可放长，但最大长度不应大于表中规定相应长度的 2 倍。

（2）图根导线测量技术要求。

直接用于测绘地形图的控制点称为图根控制点，简称图根点。对图根点进行的平面测量和高程测量工作称为图根控制测量，其任务是通过测量和计算，得到各点的平面坐标和高程，并将这些点精确地展绘在有坐标方格网的图纸上，作为测图控制。图根控制测量的主要方法有小三角测量、图根导线测量、交会定点和 GPS-RTK 图根测量。目前多数测绘单位已用 GPS-RTK 测量代替图根控制测量。工程建设中常常需要大比例尺地形图，为了满足测绘地形图的需要，必须在首级控制网的基础上对控制点进一步加密，测图控制点的密度见表 4-4（以下内容中以图根导线为例讲解导线的外业工作和内业工作）。

表 4-4　图根点密度表

测图比例尺	图幅尺寸/mm	图根点的数量(个)	
		全站仪测图	RTK 测图
1∶5 00	500×500	2	1
1∶1000	500×500	3	1~2
1∶2000	500×500	4	2
1∶5000	400×400	6	3

2）踏勘选点

选点就是在测区内选定控制点的位置。选点之前应收集测区已有地形图和高一级控制点的成果资料。若测区范围内无可供参考的地形图时，通过踏勘，根据测区范围、地形条件直接在实地拟定导线布设方案，选定导线的位置。

导线点点位选择必须注意以下几个方面：

（1）为了方便测角，相邻导线点间要通视良好，视线应远离障碍物，保证成像清晰。

（2）采用全站仪测边长，导线边应离开强电磁场和发热体的干扰，测线上不应有树枝、电线等障碍物。四等以上的测线，应离开地面或障碍物 1.3 m 以上。

（3）导线点应埋在地面坚实、不易被破坏的地方，一般应埋设标石。

（4）导线点要有一定的密度，以便控制整个测区。白纸测图时，图根控制点数（包括高级控制点）每平方千米的点数不应少于表 4-4 的规定。

（5）导线边长要大致相等，不能相差过大。

3）造标埋石

导线点位选定后，在泥土地面上，要在点位上打一木桩，桩顶钉上一小钉，作为临时性标志，如图 4-11 所示；在碎石或沥青路面上，可以用顶上凿有十字纹的大铁钉代替木桩；在混凝土场地或路面上，可以用钢凿凿一十字纹，再涂上红油漆使标志明显。若导线点需要长期保存，则可以参照图 4-12 埋设混凝土导线点标石。

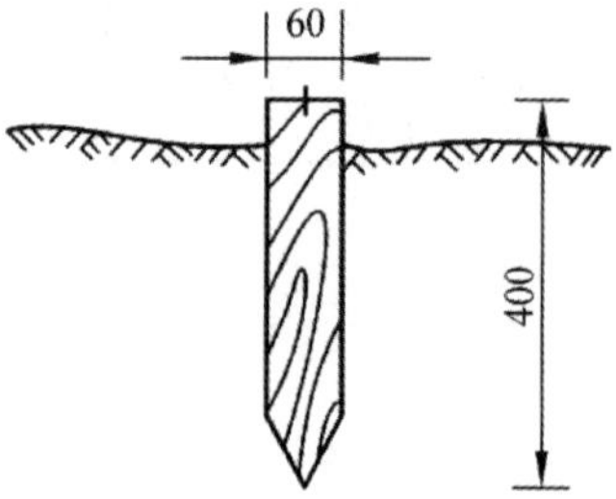

图 4-11　临时导线点的埋设

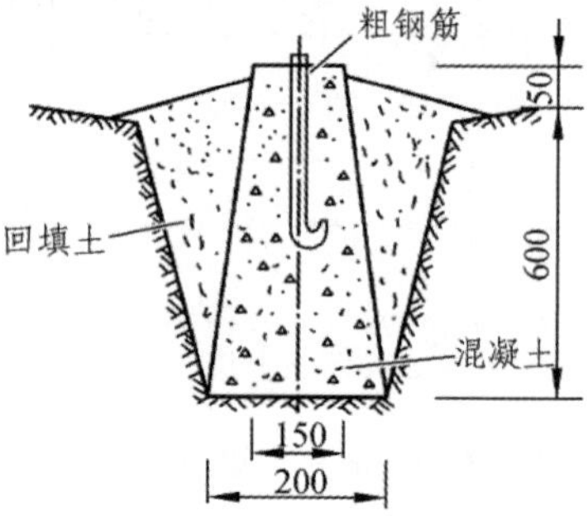

图 4-12　混凝土导线点标石

导线点应分等级统一编号，以便于测量资料的统一管理。导线点埋设后，为便于观测时寻找，可以在点位附近房角或电线杆等明显地物上用红油漆表明指示导线点的位置。应为每一个导线点绘制一张点之记，在点之记上注记地名、路名、导线点编号及导线点距离邻近明显地物点的距离，如图 4-13 所示。

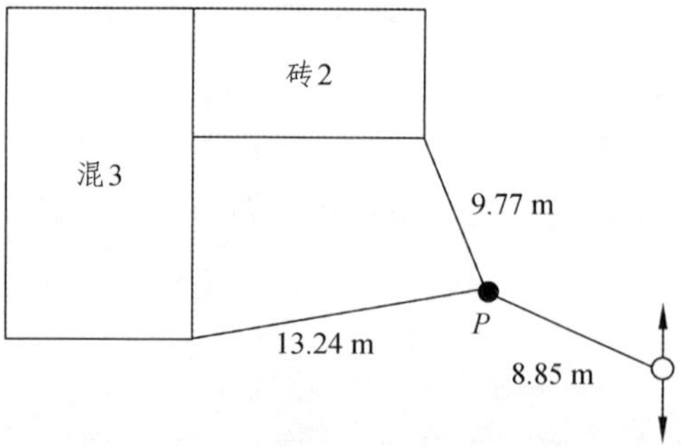

图 4-13　导线点的点之记

4）水平角测量

水平角测量包括测量确定导线与已知方向之间关系的连接角和导线相邻边长所夹的转折角，一般采用测回法观测。若转折角位于导线前进方向的左侧则称为左角；位于导线前进方向的右侧则称为右角。一般在附合导线中，测量导线左角，在闭合导线中均测内角。若闭合导线按逆时针方向编号，则其内角是左角，反之，其内角是右角；对于支导线，应分别观测左、右角。不同等级导线的测角技术要求详见表 4-3。图根导线，一般用 DJ_6 经纬仪测一测回，当盘左、盘右两半测回角值的较差不超过±40″时，取其平均值。

5）边长测量

导线边长是指相邻导线点间的水平距离。导线边长测量可采用光电测距（测距仪或全站仪）、钢尺量距。采用全站仪测量边长是目前最常用的方法。为提高测量准确度，导线边长建议采用对向观测，以增加检核条件，其较差的相对误差不应大于 1/3 000。使用全站仪测量距离时，应测定温度及气压并输入至仪器中，进行气象改正，提高测量准确度。

2. 支导线测量内业计算

支导线测量内业计算的目的一是要计算出导线点的坐标，二是计算导线测量的精度是否满足要求。在计算之前要先查实起算点的坐标、起始边的方位角，校核外业观测资料，确保外业资料的计算正确、合格无误。

支导线测量内业计算（见图 4-14）包括 3 个步骤：

（1）推算各边方位角：$\alpha_{前}=\alpha_{后}+180°-\beta_{右}$ 或 $\alpha_{前}=\alpha_{后}-180°+\beta_{左}$。

（2）计算各边坐标增量：$\Delta x = D\times\cos\alpha$；$\Delta y = D\times\sin\alpha$。

（3）推算各待定点坐标：$x_{前}=x_{后}+\Delta x$；$y_{前}=y_{后}+\Delta y$。

【例 4-3】 某支导线如图 4-14 所示，已知 x_A = 664.205 m，y_A = 213.307 m，x_B = 464.185 m，y_B = 413.353 m，经支导线外业观测，测得导线左角 β_B = 112°00′10″，D_1 = 297.263 m，导线左角 β_1 = 162°15′30″，D_2 = 187.824 m，推算各边坐标方位角及 1、2 点的坐标。

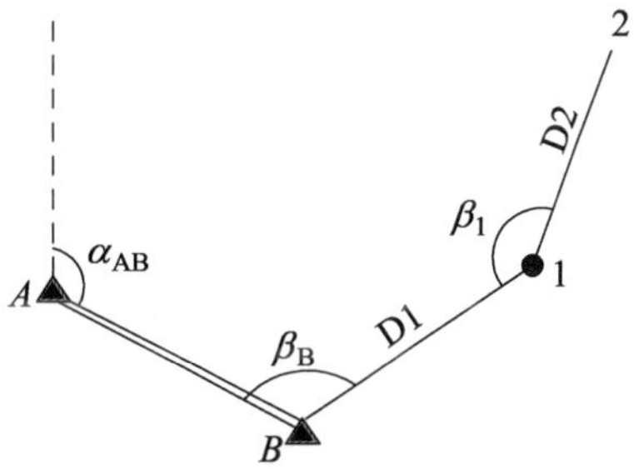

图 4-14　支导线内业计算示意图

解：（1）计算象限角 R_{AB}

$$\Delta x_{AB}=x_B-x_A=464.185-664.205=-200.020\ (\text{m}),$$
$$\Delta y_{AB}=y_B-y_A=413.353-213.307=200.046\ (\text{m})$$
$$R_{AB}=\tan^{-1}\left(\left|\frac{\Delta y_{AB}}{\Delta x_{AB}}\right|\right)=\tan^{-1}\left(\left|\frac{413.353-213.307}{464.185-664.205}\right|\right)$$
$$=45°00'13''$$

（2）计算坐标方位角 α_{AB}

因为，$\Delta x_{AB}<0$，$\Delta y_{AB}>0$，所以，AB 边位于第二象限。根据坐标方位角和象限角关系可得：

$$\alpha_{AB}=180°-R_{AB}=180°-45°00'13''=134°59'47''$$

由 $\alpha_{前}=\alpha_{后}-180°+\beta_{左}$ 可知

$$\alpha_{B1}=\alpha_{AB}-180°+\beta_B=134°59'47''+112°00'10''-180°=66°59'57''$$
$$\alpha_{12}=\alpha_{B1}-180°+\beta_1=66°59'57''+162°15'30''-180°=49°15'27''$$

（3）计算各边坐标增量

根据坐标增量计算公式（4-2），

$$\Delta x_{B1} = D_1 \times \cos\alpha_{B1} = 297.263 \times \cos 66°59'57'' = 116.154\ (\text{m})$$
$$\Delta y_{B1} = D_1 \times \sin\alpha_{B1} = 297.263 \times \sin 66°59'57'' = 273.630\ (\text{m})$$
$$\Delta x_{12} = D_2 \times \cos\alpha_{12} = 187.824 \times \cos 49°15'27'' = 122.585\ (\text{m})$$
$$\Delta y_{12} = D_2 \times \sin\alpha_{12} = 187.824 \times \sin 49°15'27'' = 142.305\ (\text{m})$$

（4）计算待定点 1 和 2 的坐标

已知起始点 B 点坐标，根据坐标正算公式（4-3），则

$$x_1 = x_B + \Delta x_{B1} = 464.185 + 116.154 = 580.339\ (\text{m})$$
$$y_1 = y_B + \Delta y_{B1} = 413.353 + 273.630 = 686.983\ (\text{m})$$
$$x_2 = x_1 + \Delta x_{12} = 580.339 + 122.585 = 702.924\ (\text{m})$$
$$y_2 = y_1 + \Delta y_{12} = 686.983 + 142.305 = 829.288\ (\text{m})$$

支导线没有多余观测值，因此没有角度检核条件，不产生角度闭合差，因此观测值的差错不易发觉，计算时必须再次检核。

复习思考题

（1）已知 A 点的坐标为 A（500.00，500.00），AB 边的边长为 $D_{AB} = 126.56$ m，AB 边的方位角为 $\alpha_{AB} = 236°15'36''$，试计算 B 点的坐标。

（2）已知 A 点的坐标为 A（636.286，463.220），B 点的坐标为 B（562.018，603.528），试求 AB 边的边长 D_{AB} 和坐标方位角 α_{AB}。

（3）如图 4-15 所示，已知 AB 边的方位角为 $30°18'00''$，AB 边的距离 $D_{AB} = 194.028$ m，$x_A = 1\,745.202$ m，$y_A = 5\,485.37$ m，在 B 点观测角度 $\beta = 100°10'23''$，距离 $D_{BC} = 138.976$ m，试求 B、C 点坐标。

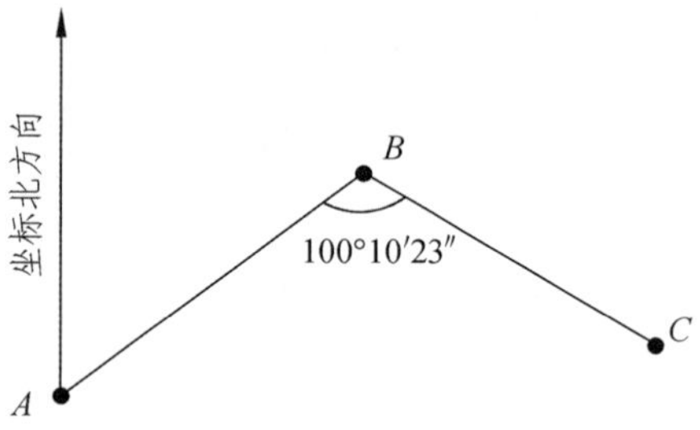

图 4-15　思考题 3 示意图

（4）某设计图上有两点 A、B，其坐标分别为 A（2 485.754，5 634.686）、B（2 335.709，5 484.681），试求出 AB 直线的距离及其坐标方位角。

任务 4.6　闭合导线测量

4.6.1　工作任务

闭合导线测量包括外业数据采集和内业数据处理两部分。通过学习，能进行闭合导线点位布设、角度测量、距离测量、坐标计算。

视频　PPT　视频（外业观测）

闭合导线测量

4.6.2　相关配套知识

1. 闭合导线测量外业观测

支导线、闭合导线、附合导线外业工作基本相同，主要包括踏勘选点、造标埋石、边长测量、水平角测量。闭合导线测量流程与支导线测量的区别有以下两点：

1）闭合导线水平角测量

闭合导线水平角测量即为闭合导线转折角测量，导线转折角测量一般采用测回法观测。导线转折角分为左角和右角，若闭合导线按顺时针方向编号，则其内角是右角，如图 4-16 所示。反之，其内角是左角，如图 4-17 所示。对于闭合导线一般均测其内角，各等级导线的测角要求均满足表 4-3 的规定。

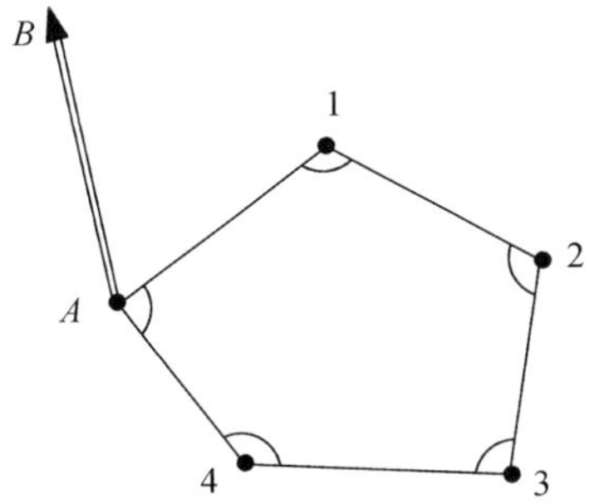

图 4-16　闭合导线右角测量示意图

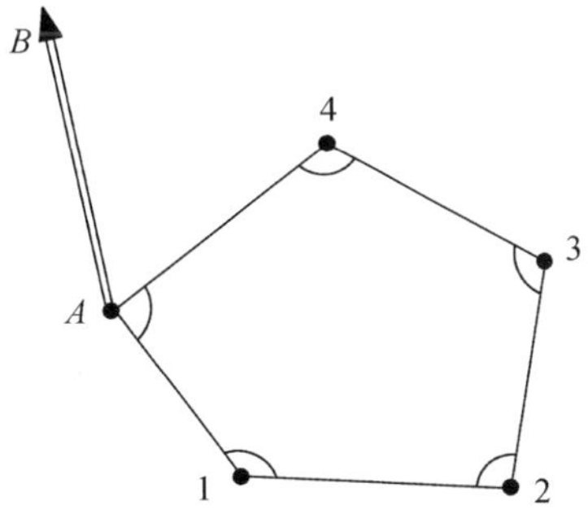

图 4-17　闭合导线左角测量示意图

2）导线连接角测量

为了控制导线方向，在导线起、止的已知控制点上，必须测定其连接角，该项工作称为导线定向，或称导线连接测量，其目的是为了确定每条导线边的方位角。

导线定向是布设成与高一级控制点相连接的导线，先要测出连接角，如图 4-18 中 β_A。再根据高一级控制点的方位角，推算出各边的方位角。

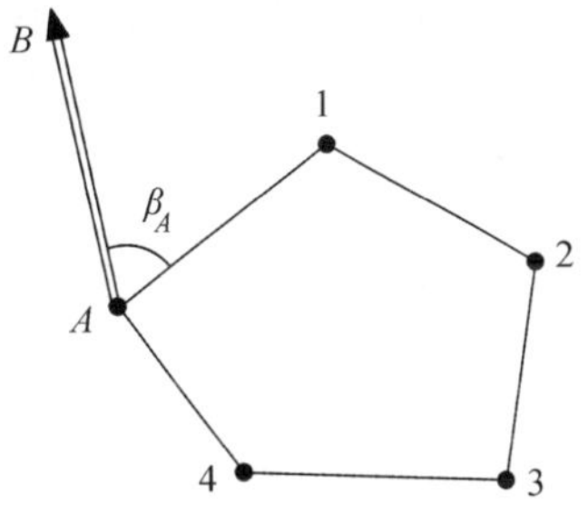

图 4-18　导线连接角示意图

2. 闭合导线测量内业计算

导线测量的内业计算，是指导线测量外业工作完成后，合理地进行各种误差的计算和调整，计算出各导线点坐标的工作。

在进行导线内业计算之前，一是要全面检查外业观测数据有无遗漏，记录、计算是否正确；二是要根据已知数据和观测结果绘制外业成果注记，当确定外业成果符合要求后，才可进行内业计算。

1）在表中填入已知数据

将导线略图中的点号、观测角、边长、起始点坐标、起始边坐标方位角填入“闭合导线坐标计算表”中。

视频（填写已知差数据）　视频　视频（角度闭合计算、调整）

闭合导线测量内业计算

2）计算、调整角度闭合差

n 边形闭合导线的内角和其理论值为

$$\sum\beta_{理}=(n-2)\times180^\circ \tag{4-6}$$

在实际观测中，由于误差的存在，使实测的内角和不等于理论值，两者之差称为闭合导线角度闭合差，即

$$f_\beta=\sum\beta_{测}-\sum\beta_{理} \tag{4-7}$$

各等级导线角度闭合差的容许值列于表4-3中。

（1）若 $|f_\beta|>|f_{\beta容}|$，应返工重测，直到满足精度要求。

（2）若 $|f_\beta|\leqslant|f_{\beta容}|$，说明所测角度满足精度要求，这时可将角度闭合差进行调整。角度闭合差的调整原则是：将角度闭合差反符号平均分配到各观测角中，如果不能均分，则将余数分配给短边的夹角，调整后的内角和应等于理论值。

视频
（方位角的推算）

视频
（相邻导线边坐标方位角的推算）

闭合导线测量内业计算

根据起始边的已知坐标方位角及调整后的各内角值，再按照下列公式推算各边坐标方位角。

$$\alpha_{前}=\alpha_{后}+180^\circ-\beta_{右} \quad 或 \quad \alpha_{前}=\alpha_{后}\pm180^\circ+\beta_{左} \tag{4-8}$$

在计算时要注意以下几点：

（1）如计算值 $\alpha_{前}\geqslant360^\circ$，则让 $\alpha_{前}$ 减去 360°；如计算值 $\alpha_{前}<0^\circ$，则让 $\alpha_{前}$ 加上 360°。保证坐标方位角大小在 $0^\circ\sim360^\circ$ 的范围内。

（2）推算出起始边的坐标方位角值应与已知值相等，否则推算过程有误。

3）坐标增量闭合差的计算与调整

如图4-19所示，设 A、B 两点之间的边长为 D_{AB}，则坐标方位角为 α_{AB}。则 A、B 两点之间的坐标增量 Δx_{AB}，Δy_{AB} 分别为

$$\begin{cases}\Delta x_{AB}=D_{AB}\times\cos\alpha_{AB}\\ \Delta y_{AB}=D_{AB}\times\sin\alpha_{AB}\end{cases} \tag{4-9}$$

根据闭合导线的定义，闭合导线纵、横坐标增量之和的理论值应为零，即

$$\begin{cases}\sum\Delta x_{理}=0\\ \sum\Delta y_{理}=0\end{cases} \tag{4-10}$$

实际上，由于边长测量的误差，使纵、横坐标增量的代数和不等于零，产生了纵、横坐标增量闭合差，即

$$\begin{cases}f_x=\sum\Delta x_{测}\\ f_y=\sum\Delta y_{测}\end{cases} \tag{4-11}$$

由于坐标增量闭合差的存在，使导线不能闭合，即为导线全长闭合差，用 f_D 表示，如图4-20所示。

$$f_D=\sqrt{f_x^2+f_y^2} \tag{4-12}$$

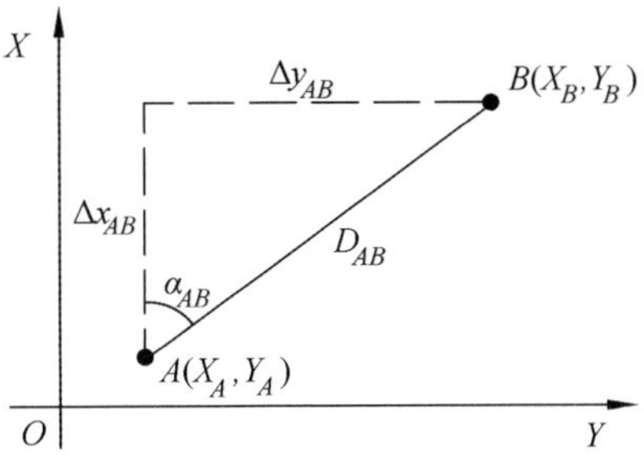

图 4-19　纵横坐标增量表示方法

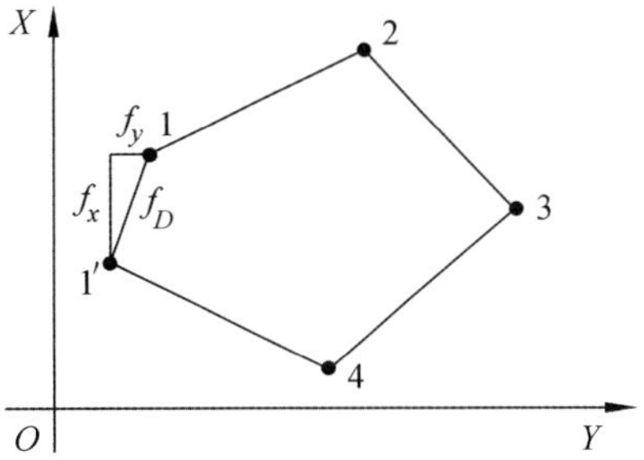

图 4-20　纵横坐标闭合差的表示方法

由于导线越长，误差积累越大，因此衡量导线的精度通常用导线全长相对闭合差 K 表示，即

$$K=\frac{f_D}{\Sigma D}=\frac{1}{\Sigma D/f_D} \tag{4-13}$$

对于不同等级的导线全长相对闭合差的容许值 $K_{容}$ 可查阅表 4-3 规定。

若 $K>K_{容}$，则说明导线测量结果不满足精度要求，应返工重测边长。

若 $K\leqslant K_{容}$，则说明导线测量结果满足精度要求，可进行坐标增量闭合差的调整。

坐标增量闭合差的调整原则是：将 f_x、f_y 按照反号并与导线边长成正比例原则分配到对应的导线边坐标增量上去，将计算凑整，残余的不符值分配在长边的坐标增量上，若以 v_x 和 v_y 分别表示导线边 x、y 坐标增量改正数，则有

$$\begin{cases} v_{xi}=-\dfrac{f_x}{\sum D}\times D_i \\ v_{yi}=-\dfrac{f_y}{\sum D}\times D_i \end{cases} \tag{4-14}$$

视频
（坐标增量闭合差的计算与调整）

视频
（未知导线点坐标计算）

闭合导线测量内业计算

为做计算检核，坐标增量改正数之和应该满足下式，即

$$\begin{cases} \sum v_x=-f_x \\ \sum v_y=-f_y \end{cases} \tag{4-15}$$

改正后的坐标增量为

$$\begin{cases} \Delta x_i=\Delta x_{i测}+v_{xi} \\ \Delta y_i=\Delta y_{i测}+v_{yi} \end{cases} \tag{4-16}$$

4）导线点坐标计算

根据起始点的已知坐标和改正后的坐标增量，即可按下列公式计算各导线点的坐标

$$\begin{cases} x_i=x_{i-1}+\Delta x_{i-1,i} \\ y_i=y_{i-1}+\Delta y_{i-1,i} \end{cases} \tag{4-17}$$

用公式（4-17）最后推算出起始点的坐标，推算值应与已知值相等，以此检核整个计算过程是否有误。

【例 4-4】 已知某三级闭合导线如图 4-21 所示，起始边坐标方位角 $\alpha_{12}=96°51'36''$，起始点 1 坐标为（500.000，1 000.000），各观测数据如图 4-21 所示，计算导线各点坐标，并将相关计算数据填入表 4-5 中。

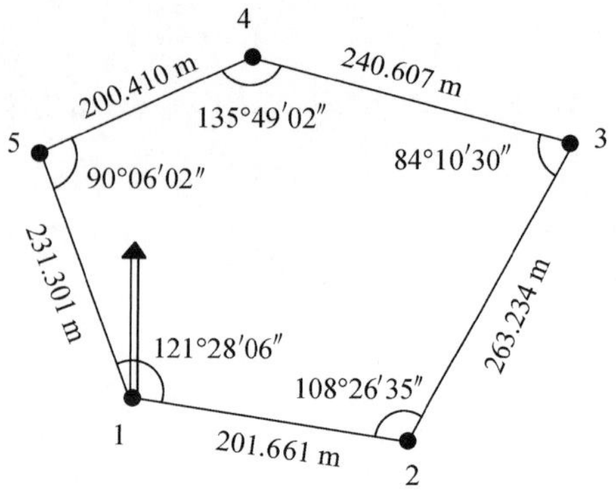

图 4-21 闭合导线计算示意图

解：（1）在表中填入已知数据。

将导线略图中的点号、观测角、边长、起始点坐标、起始边坐标方位角填入“闭合导线坐标计算表”中，见表 4-5。

（2）计算、调整角度闭合差。

$$f_\beta=\sum\beta_{测}-\sum\beta_{理}=540°00'15''-540°=15''$$
$$f_{容}=\pm24''\sqrt{n}=\pm24''\sqrt{5}=\pm53''$$

因为 $|f_\beta|\leqslant|f_{\beta容}|$，所以满足限差要求，可以对 f_β 进行调整。

根据闭合导线角度闭合差调整原则，分别计算各角角度改正数

$$v_1=-3'',v_2=-3'',v_3=-3'',v_4=-3'',v_5=-3''$$

将此数据填入表 4-5 第 2 列，检查可得 $\sum v_\beta=-f_\beta$，说明计算无误。

计算改正后的角度值 β' 分别为

$$\beta_1'=\beta_1+v_1=121°28'06''+(-3'')=121°28'03''$$
$$\beta_2'=\beta_2+v_2=108°26'35''+(-3'')=108°26'32''$$
$$\beta_3'=\beta_3+v_3=84°10'30''+(-3'')=84°10'27''$$
$$\beta_4'=\beta_4+v_4=135°49'02''+(-3'')=135°48'59''$$
$$\beta_5'=\beta_5+v_5=90°06'02''+(-3'')=90°05'59''$$

将此数据填入表 4-5 第 3 列。

根据起始边已知坐标方位角和改正后角值，本例导线转折角为左角，按照坐标方位角推算公式（4-8）可得

$$\alpha_{23}=\alpha_{12}-180°+\beta_2'=96°51'36''+180°+108°26'32''=25°18'08''$$
$$\alpha_{34}=\alpha_{23}-180°+\beta_3'+360°=25°18'08''-180°+84°10'27''+360°=289°28'35''$$
$$\alpha_{45}=\alpha_{34}-180°+\beta_4'=289°28'35''+180°+135°48'59''=245°17'34''$$
$$\alpha_{51}=\alpha_{45}-180°+\beta_5'=245°17'34''+180°+90°05'59''=155°23'33''$$
$$\alpha_{12}=\alpha_{51}-180°+\beta_1'=155°23'33''+180°+121°28'03''=96°51'36''$$

最后算出起始边坐标方位角，与已知的起始边坐标方位角相等。将此数据填入表 4-5 第 4 列。

表 4-5　闭合导线坐标计算

测点	左角观测值 /（° ′ ″）	调整后左角 /（° ′ ″）	坐标方位角 /（° ′ ″）	边　长 /m	坐标增量计算值/m		调整正后坐标增量/m		坐　标/m	
					Δx	Δy	Δx	Δy	x	y
（1）	（2）	（3）	（4）	（5）	（6）	（7）	（8）	（9）	（10）	（11）
1	左　角								500.000	1000.000
			96 51 36	201.616	−0.010 −24.082	−0.016 +200.173	−24.092	+200.157		
2	−3 108 26 35	108 26 32							475.908	1200.157
			25 18 08	263.234	−0.015 +237.981	−0.020 +112.504	+237.966	+112.484		
3	−3 84 10 30	84 10 27							713.874	1312.641
			289 28 35	240.607	−0.012 +80.223	−0.019 −226.839	+80.211	−226.858		
4	−3 135 49 02	135 48 59							794.085	1085.783
			245 17 34	200.410	−0.010 −83.768	−0.015 −182.064	−83.778	−182.079		
5	−3 90 06 02	90 05 59							710.307	903.704
			155 23 33	231.301	−0.012 −210.295	−0.018 +96.314	−210.307	+96.296		
1	−3 121 28 06	121 28 03							500.000	1000.000
			96 51 36							
2										
Σ	540 00 15	540 00 00		1137.168	$f_x=0.059$	$f_y=0.088$	0	0		
辅助计算	$f_\beta=15''$　$f_{\beta_容}=\pm24\sqrt{5}=\pm53''$　$\lvert f_\beta\rvert\leqslant\lvert f_{\beta_容}\rvert$　$f_x=0.059$ m　$f_y=0.088$ m $f_D=\sqrt{f_x^2+f_y^2}=\sqrt{0.059^2+0.088^2}=0.106$ m　$K=\dfrac{f_D}{\sum D}=\dfrac{0.106}{1\,137.168}=\dfrac{1}{10\,728}<\dfrac{1}{5\,000}$　观测合格									

（3）坐标增量闭合差的计算与调整。

根据已推算出的各边坐标方位角及各相应边长，按照坐标正算公式（4-2）计算各边纵、横坐标增量分别为

$$\Delta x_{12}=D_{12}\times\cos\alpha_{12}=201.616\times\cos 96°51'36''=-24.082\ (\mathrm{m})$$
$$\Delta x_{23}=D_{23}\times\cos\alpha_{23}=263.234\times\cos 25°18'08''=237.981\ (\mathrm{m})$$
$$\Delta x_{34}=D_{34}\times\cos\alpha_{34}=240.607\times\cos 289°28'35''=80.223\ (\mathrm{m})$$
$$\Delta x_{45}=D_{45}\times\cos\alpha_{45}=200.410\times\cos 245°17'34''=-83.768\ (\mathrm{m})$$
$$\Delta x_{51}=D_{51}\times\cos\alpha_{51}=231.301\times\cos 155°23'33''=-210.295\ (\mathrm{m})$$

将此数据填入表 4-5 第 6 列。

$$\Delta y_{12}=D_{12}\times\sin\alpha_{12}=201.616\times\sin 96°51'36''=200.173\ (\mathrm{m})$$
$$\Delta y_{23}=D_{23}\times\sin\alpha_{23}=263.234\times\sin 25°18'08''=112.504\ (\mathrm{m})$$
$$\Delta y_{34}=D_{34}\times\sin\alpha_{34}=240.607\times\sin 289°28'35''=-226.839\ (\mathrm{m})$$
$$\Delta y_{45}=D_{45}\times\sin\alpha_{45}=200.410\times\sin 245°17'34''=-182.064\ (\mathrm{m})$$
$$\Delta y_{51}=D_{51}\times\sin\alpha_{51}=231.301\times\sin 155°23'33''=96.314\ (\mathrm{m})$$

将此数据填入表 4-5 第 7 列。

根据坐标增量闭合差的计算公式（4-11）和公式（4-12）可得坐标增量闭合差 f_x、f_y、f_D 及导线全长相对闭合差 K:

$$f_x=\sum\Delta x_{测}=(-24.082)+237.981+80.223+(-83.768)+(-210.295)$$
$$=+0.059\ \mathrm{m}=+59\ \mathrm{mm}$$
$$f_y=\sum\Delta y_{测}=200.173+112.504+(-226.839)+(-182.064)+96.314$$
$$=+0.088\ \mathrm{m}=+88\ \mathrm{mm}$$
$$f_D=\sqrt{0.059^2+0.088^2}=0.106\ \mathrm{m}=106\ \mathrm{mm}$$

根据导线相对全长闭合差计算公式可得

$$K=f_D\Big/\sum D=\frac{1}{\sum D\Big/f_D}=\frac{0.106}{1\,137.168}=\frac{1}{10\,728}$$

因本导线等级为三级导线，$K_{容}=1/5\,000$，$K\leqslant K_{容}$，说明成果符合精度要求。

（4）坐标增量闭合差的调整。

根据闭合导线坐标增量闭合差的调整公式（4-14）分别可得纵坐标增量改正数为

$$v_{x_{12}}=-\frac{f_x}{\sum D}\times D_{12}=-\frac{59}{1\,137.168}\times 201.616=-10\ (\mathrm{mm})$$
$$v_{x_{23}}=-\frac{f_x}{\sum D}\times D_{23}=-\frac{59}{1\,137.168}\times 263.234=-14\ (\mathrm{mm})$$
$$v_{x_{34}}=-\frac{f_x}{\sum D}\times D_{34}=-\frac{59}{1\,137.168}\times 240.607=-12\ (\mathrm{mm})$$

$$v_{x_{45}}=-\frac{f_x}{\sum D}\times D_{45}=-\frac{59}{1\,137.168}\times 200.410=-10\ (\text{mm})$$

$$v_{x_{51}}=-\frac{f_x}{\sum D}\times D_{51}=-\frac{59}{1\,137.168}\times 231.301=-12\ (\text{mm})$$

同理可得横坐标增量改正数为

$$v_{y_{12}}=-\frac{f_y}{\sum D}\times D_{12}=-\frac{88}{1\,137.168}\times 201.616=-16\ (\text{mm})$$

$$v_{y_{23}}=-\frac{f_y}{\sum D}\times D_{23}=-\frac{88}{1\,137.168}\times 263.234=-20\ (\text{mm})$$

$$v_{y_{34}}=-\frac{f_y}{\sum D}\times D_{34}=-\frac{88}{1\,137.168}\times 240.607=-19\ (\text{mm})$$

$$v_{y_{45}}=-\frac{f_y}{\sum D}\times D_{45}=-\frac{88}{1137.168}\times 200.410=-16\ (\text{mm})$$

$$v_{y_{51}}=-\frac{f_y}{\sum D}\times D_{51}=-\frac{88}{1137.168}\times 231.301=-18\ (\text{mm})$$

因 $\sum v_{xi}=58\ \text{mm}\neq f_x$，$\sum v_{yi}=88\ \text{mm}\neq f_y$，在 x 和 y 方向的坐标增量闭合差分配余数分别为 1 mm 和 4 mm，根据坐标增量闭合差的分配原则，余数分配给长边所在的坐标增量上，将 $v_{x_{23}}$ 调整为 – 15 mm，将 $v_{y_{45}}$ 调整为 – 15 mm。将计算及调整后的改正数填入表格 4-5 第 6、7 列。

经检核纵、横坐标增量改正数之和满足公式（4-15），故计算无误。

根据公式（4-16）可计算改正后的纵坐标增量

$$\Delta x_{12}=\Delta x_{12测}+v_{x_{12}}=(-24.082)+(-0.010)=-24.092\ (\text{m})$$
$$\Delta x_{23}=\Delta x_{23测}+v_{x_{23}}=237.981+(-0.015)=237.966\ (\text{m})$$
$$\Delta x_{34}=\Delta x_{34测}+v_{x_{34}}=80.223+(-0.012)=80.211\ (\text{m})$$
$$\Delta x_{45}=\Delta x_{45测}+v_{x_{45}}=(-83.768)+(-0.010)=-83.778\ (\text{m})$$
$$\Delta x_{51}=\Delta x_{51测}+v_{x_{51}}=(-210.295)+(-0.012)=-210.307\ (\text{m})$$

将此数据填入表 4-5 第 8 列。同理可得改正后的横坐标增量为

$$\Delta y_{12}=\Delta y_{12测}+v_{y_{12}}=200.173+(-0.016)=200.157\ (\text{m})$$
$$\Delta y_{23}=\Delta y_{23测}+v_{y_{23}}=112.504+(-0.020)=112.484\ (\text{m})$$
$$\Delta y_{34}=\Delta y_{34测}+v_{y_{34}}=(-226.839)+(-0.019)=-226.858\ (\text{m})$$
$$\Delta y_{45}=\Delta y_{45测}+v_{y_{45}}=(-182.064)+(-0.015)=-182.079\ (\text{m})$$
$$\Delta y_{51}=\Delta y_{51测}+v_{y_{51}}=96.314+(-0.018)=96.296\ (\text{m})$$

将此数据填入表 4-5 第 9 列。

（5）导线点坐标计算。

由公式（4-17）可得各导线点纵坐标为

$$x_2=x_1+\Delta x_{12}=500.000+(-24.092)=475.908\ (\text{m})$$

$$x_3 = x_2 + \Delta x_{23} = 475.908 + 237.966 = 713.874\ (\text{m})$$
$$x_4 = x_3 + \Delta x_{34} = 713.874 + 80.211 = 794.085\ (\text{m})$$
$$x_5 = x_4 + \Delta x_{45} = 794.085 + (-83.778) = 710.307\ (\text{m})$$
$$x_1 = x_5 + \Delta x_{51} = 710.307 + (-210.307) = 500.000\ (\text{m})$$

将此数据填入表 4-5 第 10 列。同理可得各导线点横坐标分别是：

$$y_2 = y_1 + \Delta y_{12} = 1\ 000.000 + 200.157 = 1\ 200.157\ (\text{m})$$
$$y_3 = y_2 + \Delta y_{23} = 1\ 200.157 + 112.484 = 1\ 312.641\ (\text{m})$$
$$y_4 = y_3 + \Delta y_{34} = 1\ 312.641 + (-226.858) = 1\ 085.783\ (\text{m})$$
$$y_5 = y_4 + \Delta y_{45} = 1\ 085.783 + (-182.079) = 903.704\ (\text{m})$$
$$y_1 = y_5 + \Delta y_{51} = 903.704 + 96.296 = 1\ 000.000\ (\text{m})$$

将此数据填入表 4-5 第 11 列。

知识拓展

隧道工程的洞内平面控制测量宜采用闭合环导线施测，导线环边数为 4～6 条，导线环随开挖向前推进，洞内导线应布设为多边形闭合环，每个导线环由 4～6 条边构成，如图 4-22 所示，长隧道宜布设为交叉双导线。

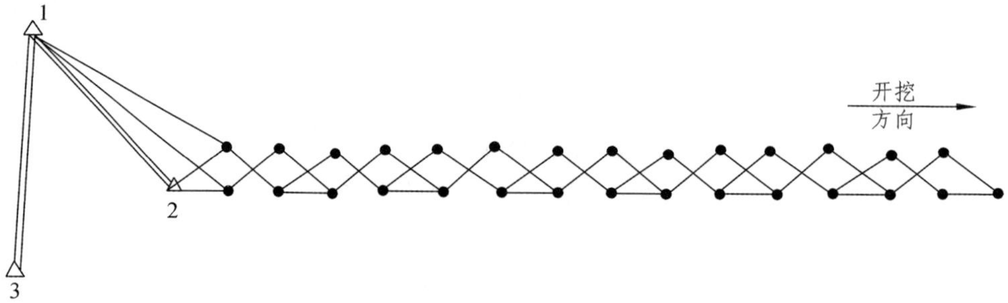

图 4-22　洞内导线点布设示意图

洞内导线测量注意事项：

（1）对于大断面的长隧道，可布设成多边形闭合导线环。

（2）长边导线的边长应按贯通要求进行设计，当导坑延伸至两倍洞内导线设计边长时，应进行一次导线引伸测量。每测定一个新导线点时，都需对以前的导线点做检核测量。

（3）进行角度观测时，应尽可能减小仪器对中和目标偏心误差的影响。一般在测回间采用仪器和觇标重新对中，在观测时采用两次照准两次读数的方法。若照准的目标是垂球线，应在其后设置明亮的背景，建议采用对点器觇牌照准，用较强的光源照准标志，以提高照准精度。

（4）边长测量中，当采用电磁波测距仪时，应防强灯光直接射入照准头，应经常拭净镜头及反射棱镜上的水雾。

复习思考题

（1）闭合导线的坐标计算步骤是什么?

（2）闭合导线的坐标计算中坐标增量闭合差的调整原则是什么?

任务 4.7　附合导线测量

4.7.1　工作任务

附合导线测量包括外业数据采集和内业数据处理两部分。通过学习，能进行附合导线点位布设、角度测量、距离测量、坐标计算。

视频 附合导线各导线边方位角推算

视频 附合导线的外业观测

PPT　视频 附合导线内业计算

视频 附合导线角度闭合差计算

4.7.2　相关配套知识

1. 附合导线测量外业观测

附合导线测量外业观测与闭合导线测量外业观测基本一致，值得注意的是，对于附合导线如果没有观测误差，在同一个导线点测得的左角与右角之和应等于 360°。对于附合导线，测左角和右角均可，但全线必须统一。

2. 附合导线测量内业计算

附合导线计算步骤与闭合导线计算步骤基本相同，但是由于二者布设形式不同，表现在角度闭合差和坐标增量闭合差的计算公式上略有不同。

1）角度闭合差计算

设附合导线如图 4-23 所示，已知起始边 AB 和终边 CD 的坐标方位角 α_{AB} 及 α_{CD}，A、B、C、D 为已知的控制点，β_i 为观测角值（$i=1$，2，3，4，…，n）。

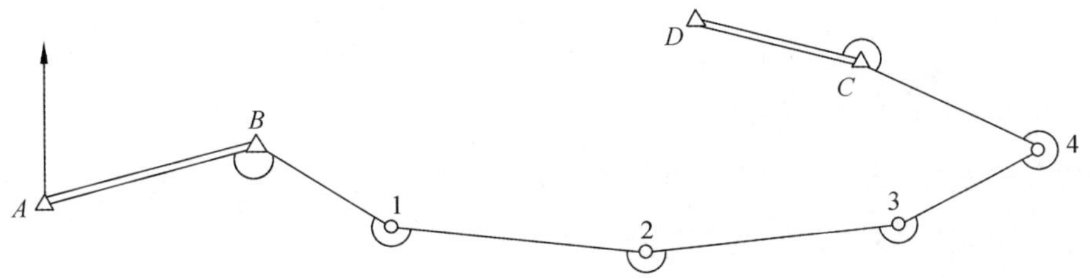

图 4-23　附合导线草图

从已知边 AB 的坐标方位角 α_{AB}（注意起始边的方向）起始，依次用导线各右角为例推

算出终边 CD 的坐标方位角 α_{CD}，即

$$
\begin{aligned}
&\alpha_{B1}=\alpha_{AB}+180°-\beta_B\\
&\alpha_{12}=\alpha_{AB}+180°-\beta_1\\
&\alpha_{23}=\alpha_{12}+180°-\beta_2\\
&\qquad\vdots\\
&\alpha'_{CD}=\alpha_{n-1,n}+180°-\beta_n
\end{aligned}
$$

将上列等式两端相加，可得

$$\alpha'_{CD}=\alpha_{AB}+n\times180°-\sum\beta_{右} \tag{4-18}$$

由于导线转折角观测值总和 $\sum\beta$ 中含有误差，式（4-18）推算出的 α'_{CD} 与 CD 边已知 α_{CD} 不相等，两者的差数即为附合导线的角度闭合差 f_β，即

$$f_\beta=\alpha'_{CD}-\alpha_{CD}=(\alpha_{AB}+n\times180°-\sum\beta)-\alpha_{CD} \tag{4-19}$$

写成右角通用公式，即

$$f_\beta=\alpha_{始}+n\times180°-\sum\beta_{右}-\alpha_{终} \tag{4-20}$$

当附合导线观测水平角为左角时，式（4-18）可写为

$$\alpha'_{CD}=\alpha_{AB}-n\times180°+\sum\beta_{左} \tag{4-21}$$

当附合导线观测水平角为左角时，式（4-20）可写为

$$f_\beta=\alpha_{始}-n\times180°+\sum\beta_{左}-\alpha_{终} \tag{4-22}$$

附合导线角度闭合差的调整原则是：当观测角度为左角时，与角度闭合差 f_β 反符号平均分配；当观测角度为右角时，与角度闭合差 f_β 同符号平均分配，余数分配给短边所夹的角度。需要注意的是，在调整角度闭合差时，也应包括连接角。

2）坐标增量闭合差的计算

根据已知点的坐标方位角和观测的连接角、转折角（平差后的角值），推算导线各边的坐标方位角；然后依据导线各边边长及坐标方位角，利用坐标增量计算公式（4-2），求算各边的坐标增量。

按照附合导线的要求，导线各边坐标增量代数和的理论值，应等于终点与起点的已知坐标值之差，即

$$\begin{cases}\sum\Delta x_{理}=x_{终}-x_{始}\\ \sum\Delta y_{理}=y_{终}-y_{始}\end{cases} \tag{4-23}$$

因测角量边都有误差，故从起点推算至终点的纵、横坐标增量代数和 $\sum\Delta x_{测}$，$\sum\Delta y_{测}$ 与 $\sum\Delta x_{理}$，$\sum\Delta y_{理}$ 不一致，从而产生坐标增量闭合差，即

$$\begin{cases}f_x=\sum\Delta x_{测}-\sum\Delta x_{理}\\ f_y=\sum\Delta y_{测}-\sum\Delta y_{理}\end{cases} \tag{4-24}$$

计算附合导线全长闭合差、相对闭合差以及坐标增量的调整和坐标计算均与闭合导线相同。

【例 4-5】　已知某附合导线如图 4-24 所示，起始边坐标方位角 $\alpha_{AB}=45°00'00''$，起始点 B（200.000，200.000），终边坐标方位角 $\alpha_{CD}=116°44'48''$，终点 C（155.370，756.060），各观测数据如图 4-24 所示，计算附合导线各点坐标。（按照图根导线计算）

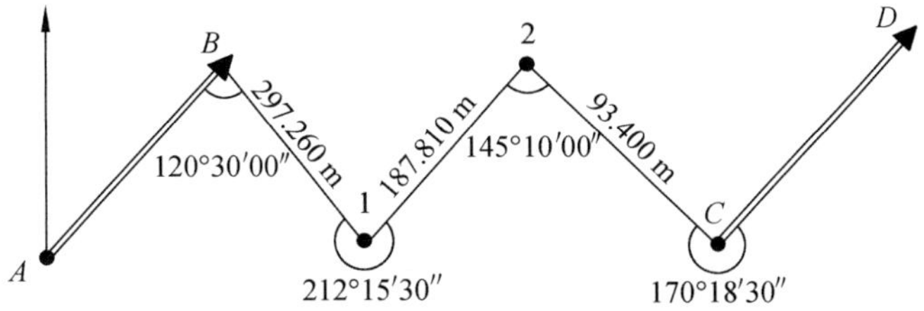

图 4-24

解：计算结果见表 4-6。

知识拓展

在实际工程中，由于研究区域较大、地形复杂，布设单一的附合导线可能满足不了工程需要，因而需要布设导线网，下面主要给出单结点导线网的平差计算。

1. 计算思想

选择结边，将单结点导线转化成多条单一附合导线，分别进行计算。（注：一般在边数最多的导线节中选择结边，如图 4-25 所示）

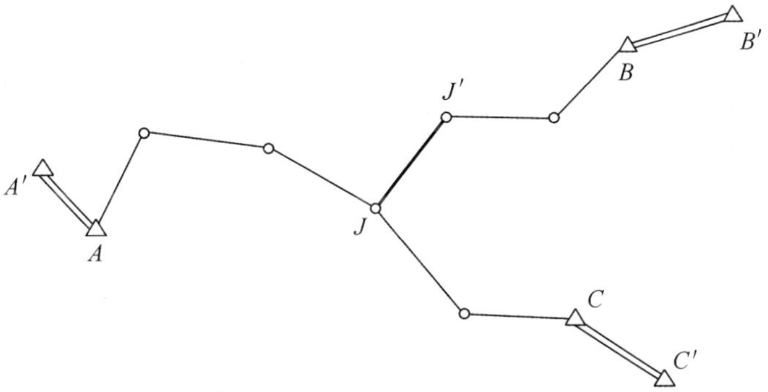

图 4-25　单结点导线网

2. 计算步骤

（1）计算结边坐标方位角的加权平均值：

$$\alpha_{JJ}=\frac{p_{a_1}a_1+p_{a_2}a_2+\cdots+p_{a_n}a_n}{p_{a_1}+p_{a_2}+\cdots+p_{a_n}}$$

式中　p_{a_i}——各导线节推算的结边方位角的权，$p_{a_i}=\dfrac{C}{n_i}$。

表 4-6　附合导线坐标计算表

测点	右角观测值 /(° ′ ″)	改正数 /(″)	调整后右角 /(° ′ ″)	坐标方位角 /(° ′ ″)	边长 /m	坐标增量计算值 /m		调整正后坐标增量 /m		坐标 /m	
						Δx	Δy	Δx	Δy	x	y
(1)	(2)	(3)	(4)=(2)+(3)	(5)	(6)	(7)	(8)	(9)	(10)	(11)	(12)
A	右角										
				45 00 00							
B	120 30 00	+18	120 30 18							200.000	200.000
				104 29 42	297.260	−0.072 −74.403	+0.062 287.798	−74.475	+287.860		
1	212 15 30	+18	212 15 48							125.525	487.860
				72 13 54	187.810	−0.045 57.314	+0.039 178.851	+57.269	+178.890		
2	145 10 00	+18	145 10 18							182.794	666.750
				107 03 36	93.400	−0.023 −27.401	+0.020 89.290	−27.424	+89.310		
C	170 18 30	+18	170 18 48							155.370	756.060
				116 44 48							
D											
Σ	648 14 00	+72	648 15 12		578.47	−44.49	555.939	−44.63	+556.06		

辅助计算：

$f_\beta = \alpha'_{CD} - \alpha_{CD} = 72''$

$f_{\beta容} = \pm 40''\sqrt{n} = \pm 40''\sqrt{4} = \pm 80''$

$|f_\beta| \leqslant |f_{\beta容}|$ 观测合格

$f_x = +0.140\text{m} \quad f_y = -0.121\text{m}$

$f_D = \sqrt{f_x^2 + f_y^2} = \sqrt{(-0.140)^2 + 0.121^2} = \pm 0.185\ \text{m}$

$K = \dfrac{f}{\sum d} = \dfrac{0.185}{578.47} = \dfrac{1}{3\,126} < \dfrac{1}{2\,000}$

（2）计算结点坐标的加权平均值：

$$x_J=\frac{P_1\cdot x_1+P_2\cdot x_2+\cdots+P_n\cdot x_n}{P_1+P_2+\cdots+P_n}，\qquad y_J=\frac{P_1\cdot y_1+P_2\cdot y_2+\cdots+P_n\cdot y_n}{P_1+P_2+\cdots+P_n}$$

式中　p_i ——各导线节推算的结边方位角的权，$p_i=\frac{C}{S_i}$。

（3）按附合导线分别计算各导线点的坐标。

复习思考题

（1）导线的布设形式有哪些？各适合什么情况？

（2）简述闭合导线和附合导线在角度闭合差分配方面的不同点。

任务 4.8　前方交会测量

4.8.1　工作任务

测量工作中，我们常常会遇到待测点被障碍物遮挡住观测视线而无法进行观测的情况。这时候我们就需要特殊的交会计算方法对待定点进行特别的观测。前方交会是指在已知点上设站，向待定点观测水平角，计算待定点的坐标。通过前方交会原理的学习，能根据算例进行前方交会计算，为后续施工放样提供技术依据。

4.8.2　相关配套知识

前方交会法原理即用全站仪分别在已知点 A 和 B 上测出角 α 和角 β，计算待定点 P 的坐标。

前方交会法一般是在周边建筑物顶上布设强制对中观测墩，在其上设站观测。所以其视角开阔，基本上能观测到基坑内的所有点。然而，它至少须在两个观测墩上设站测量，观测量较大。并且，两个观测墩之间的转站通常是在两栋建筑物之间转，非常费时费事。另一方面，前方交会对于图形条件的要求高，从而限制了其大范围的使用，一般只对少数点使用。在地铁基坑监测中，前方交会一般用于工作基点的稳定性检查。

如图 4-26 所示，A、B 为坐标已知的控制点，P 为待定点。在 A、B 点上安置仪器，观测水平角 α、β，根据 A、B 两点的已知坐标和 α、β 角，通过计算得出 P 点的坐标，这就是角度前方交会。

1. 前方交会的计算方法

（1）计算已知边 AB 的边长和方位角。根据 A、B 两点坐标(x_A, y_A)、(x_B, y_B)，按坐标反算公式计算两点间边长 D_{AB} 和坐标方位角 α_{AB}。如图 4-27 所示。

（2）计算待定边 AP、BP 的边长。按三角形正弦定律，得

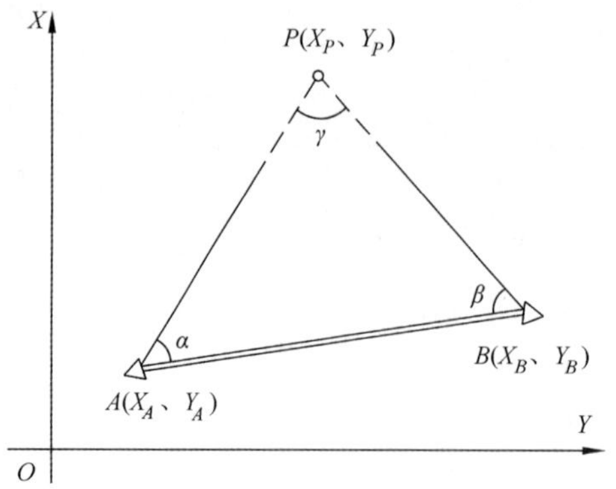

图 4-26　角度前方交会

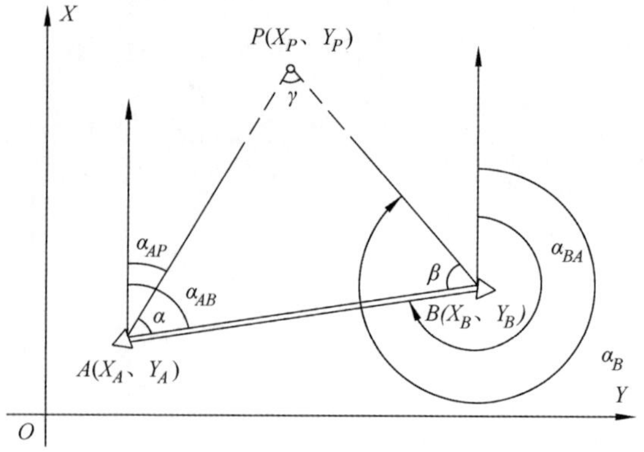

图 4-27　角度前方交会计算

$$\left.\begin{aligned}D_{AP}&=\frac{D_{AB}\sin\beta}{\sin\gamma}=\frac{D_{AB}\sin\beta}{\sin(\alpha+\beta)}\\D_{BP}&=\frac{D_{AB}\sin\alpha}{\sin(\alpha+\beta)}\end{aligned}\right\}\tag{4-26}$$

（3）计算待定边 AP、BP 的坐标方位角。

$$\left.\begin{aligned}\alpha_{AP}&=\alpha_{AB}-\alpha\\\alpha_{BP}&=\alpha_{BA}+\beta=\alpha_{AB}\pm180^\circ+\beta\end{aligned}\right\}\tag{4-27}$$

（4）计算待定点 P 的坐标。

$$\begin{aligned}&\left.\begin{aligned}x_P&=x_A+\Delta x_{AP}=x_A+D_{AP}\cos\alpha_{AP}\\y_P&=y_A+\Delta y_{AP}=y_A+D_{AP}\sin\alpha_{AP}\end{aligned}\right\}\\&\left.\begin{aligned}x_P&=x_B+\Delta x_{BP}=x_B+D_{BP}\cos\alpha_{BP}\\y_P&=y_B+\Delta y_{BP}=y_B+D_{BP}\sin\alpha_{BP}\end{aligned}\right\}\end{aligned}\tag{4-28}$$

适用于计算器计算的公式

$$\left.\begin{aligned}x_P&=\frac{x_A\cot\beta+x_B\cot\alpha+(y_B-y_A)}{\cot\alpha+\cot\beta}\\y_P&=\frac{y_A\cot\beta+y_B\cot\alpha+(x_A-x_B)}{\cot\alpha+\cot\beta}\end{aligned}\right\}\tag{4-29}$$

在应用上式时，要注意已知点和待定点必须按 A、B、P 逆时针方向编号，在 A 点观测角编号为 α，在 B 点观测角编号为 β。

2. 前方交会的观测检核

在实际工作中，为了保证定点的精度，避免测角错误的发生，一般要求从 3 个已知点 A、B、C 分别向 P 点观测水平角 α_1、β_1、α_2、β_2，作两组前方交会。如图 4-28 所示，按式（4-28），分别在△ABP 和△BCP 中计算出 P 点的两组坐标 $P'(x_{P'},y_{P'})$和 $P''(x_{P''},y_{P''})$。当两组坐标较差符合规定要求时，取其平均值作为 P 点的最后坐标。

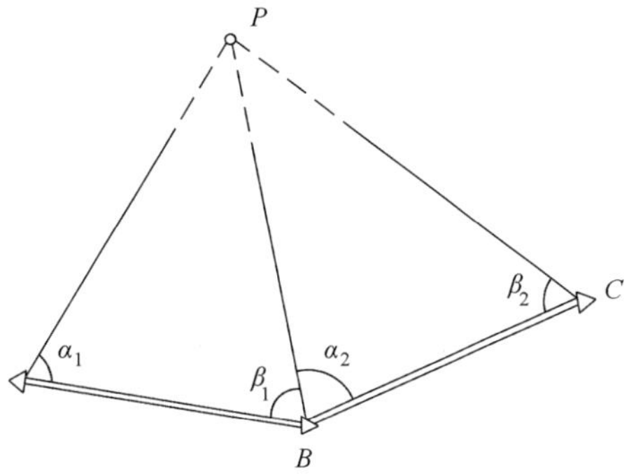

图 4-28　三点前方交会

一般规范规定，两组坐标较差 e 不大于两倍比例尺精度，用公式表示为

$$e=\sqrt{\delta_x^2+\delta_y^2}\leqslant e_{容}=2\times 0.1M\ \text{mm} \tag{4-30}$$

式中　$\delta_x=x'_P-x''_P$，$\delta_y=y'_P-y''_P$；

M——测图比例尺分母。

3. 前方交会计算实例

角度前方交会计算实例见表 4-7。

表 4-7　前方交会法坐标计算表

<table>
<tr><td rowspan="8">略图</td><td rowspan="8">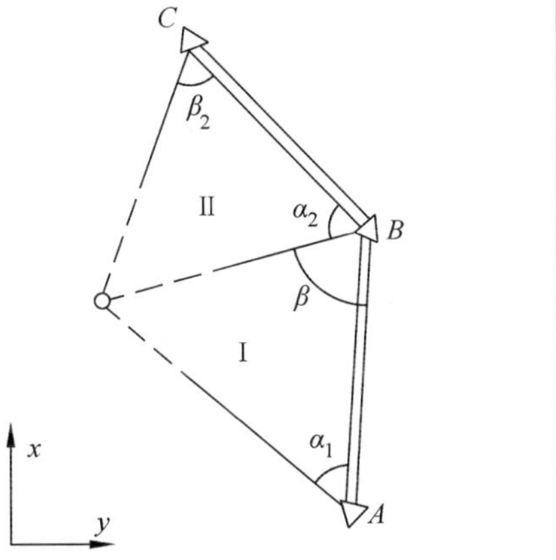</td><td rowspan="4">已知数据</td><td>点号</td><td>x/m</td><td>y/m</td></tr>
<tr><td>A</td><td>116.942</td><td>683.295</td></tr>
<tr><td>B</td><td>522.909</td><td>794.647</td></tr>
<tr><td>C</td><td>781.305</td><td>435.018</td></tr>
<tr><td rowspan="4">观测数据</td><td>α_1</td><td colspan="2">59°10′42″</td></tr>
<tr><td>β_1</td><td colspan="2">56°32′54″</td></tr>
<tr><td>α_2</td><td colspan="2">53°48′45″</td></tr>
<tr><td>β_2</td><td colspan="2">57°33′33″</td></tr>
<tr><td>计算结果</td><td colspan="5">（1）由 I 计算得：$x_P'=398.151\text{m}$，$y_P'=413.249$ m
（2）由 II 计算得：$x_P''=398.127\text{m}$，$y_P''=413.215$ m
（3）两组坐标较差：$e=\sqrt{\delta_x^2+\delta_y^2}=0.042\ \text{m}\leqslant e_{容}=2\times0.1\times1000=0.2$ m
（4）P 点最后坐标为：$x_P=398.139$ m，$y_P=413.215$ m</td></tr>
</table>

注：测图比例尺分母 $M=1\,000$。

复习思考题

（1）简述什么是交会定点。

（2）说明前方交会的计算方法。

任务 4.9　后方交会测量

4.9.1　工作任务

后方交会是指在待定点上设站，向已知点观测水平角，计算待定点的坐标。通过后方交会原理的学习，能根据算例进行后方交会计算，为后续施工放样提供技术依据。

4.9.2　相关配套知识

在工程测量中，后方交会是测量定位、控制网加密和自由设站法施工放样的重要方法之一。比如隧道工程控制网往往由于隧道开工前测设完成，而洞口土石方施工完毕后，需补设洞口投点，以便控制隧道轴线，测设投点就要用到后方交会法；深水桥墩放样测量中的墩心定位也可以应用此法，还可用来测定施工控制导线的始终点等。利用全站仪可以方便地同时测角和边，因此在实际工作中，就存在测边、测角、边角同测后方交会坐标计算问题以及它们的精度评定问题。

如图 4-29 所示，*A*、*B*、*C* 为 3 点已知点坐标，在待测点 *P* 处安置仪器，分别测得 3 个角度α、β、$\gamma\gamma$，通过计算可求出这 3 个角度顶点 *P* 的坐标，此即为后方交会。

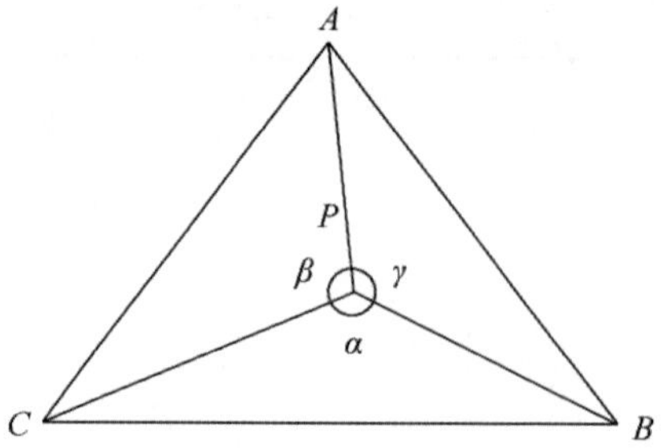

图 4-29　后方交会

1. 后方交会的计算方法

1）计算公式一

后方交会有如下计算公式：

$$P_A=\frac{1}{\cot A-\cot\alpha},\qquad P_B=\frac{1}{\cot B-\cot\beta},\qquad P_C=\frac{1}{\cot C-\cot\gamma}$$

$$x_P=\frac{P_Ax_A+P_Bx_B+P_Cx_C}{P_A+P_B+P_C},\qquad y_P=\frac{P_Ay_A+P_By_B+P_Cy_C}{P_A+P_B+P_C}\tag{4-31}$$

实际测量时一般是使用全站仪测量 3 个方向角 *PA*、*PB*、*PC*。根据这 3 个方向角计算以下 6 个变量，然后再代入上面的公式计算点 *P* 的坐标。

$$\alpha=P_C-P_B$$
$$\beta=P_A-P_C$$
$$\gamma=P_B-P_A$$

$$\left.\begin{aligned}\cot A&=\frac{(x_B-x_A)(x_C-x_A)+(y_B-y_A)(y_C-y_A)}{(x_B-x_A)(y_C-y_A)-(y_B-y_A)(x_C-x_A)}\\\cot B&=\frac{(x_C-x_B)(x_A-x_B)+(y_C-y_B)(y_A-y_B)}{(x_C-x_B)(y_A-y_B)-(y_C-y_B)(x_A-x_B)}\\\cot C&=\frac{(x_A-x_C)(x_B-x_C)+(y_A-y_C)(y_B-y_C)}{(x_A-x_C)(y_B-y_C)-(y_A-y_C)(x_B-x_C)}\end{aligned}\right\} \tag{4-32}$$

2）计算公式二

全站仪测量 3 个方向角 PA、PB、PC。根据这 3 个方向角计算点 P 坐标的公式如下：

$$x_1=\frac{1}{2}[x_A+x_B+(y_A-y_B)\cot\gamma] \tag{4-33}$$

$$y_1=\frac{1}{2}[y_A+y_B+(x_A-x_B)\cot\gamma] \tag{4-34}$$

$$x_2=\frac{1}{2}[x_A+x_C+(y_A-y_C)\cot\beta] \tag{4-35}$$

$$y_2=\frac{1}{2}[y_A+y_C+(x_C-x_A)\cot\beta] \tag{4-36}$$

$$K=2\frac{y_A(x_2-x_1)-x_A(y_2-y_1)+x_1y_2-x_2y_1}{(x_2-x_1)^2+(y_2-y_1)^2} \tag{4-37}$$

$$x_P=x_A+K(y_2-y_1) \tag{4-38}$$

$$y_P=y_A+K(x_1-x_2) \tag{4-39}$$

2. 后方交会的注意事项

在实际工作中，为了保证定点的精度，避免测角错误的发生，要求在后方交会时，应避免点 P 离危险圆很近，根据经验交会角度不能小于 15°或大于 165°、更不能在一条直线上。

当点 P 在△ABC 的外接圆上时，α、β、γ 将保持不变。如此一来，点 P 的坐标将有无穷个——外接圆上的任意一点均可以是点 P。此时，使用计算公式计算点 P 坐标时，可能会因为除以零而得到无效解。点 P 靠近外接圆时，很小的观测误差都会引起点 P 位置的较大偏差。因此，称△ABC 的外接圆为危险圆。

3. 后方交会计算实例

后方交会计算实例见表 4-8。

复习思考题

（1）何谓后方交会?

（2）后方交会测量中有哪些必要的注意事项?

表 4-8 后方交会法坐标计算表

	X	Y	内角弧度	ΔX	ΔY	方位角弧度	方位角	角度	交会图形	
A	840.134	844.422							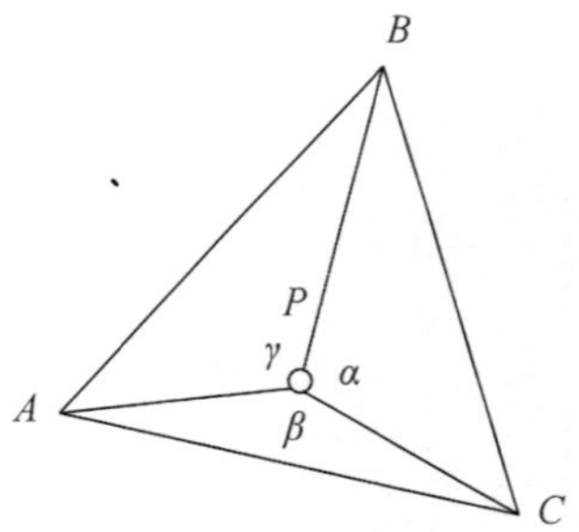	
				161.408	776.194	1.365 770 258	78.151	78.252 871 57		
B	1 001.542	1620.616								
				− 342.351	− 337.987	3.920 576 446	224.375 7	224.632 483 6		
C	659.191	1 282.629								
				180.943	− 438.207	5.103 980 636	292.261 2	292.436 549 2		
A										
R_a	0	A 角	0.596 617 725	34.110 1	α	− 1.187 585 05	− 68.023 7	− 68.043 611 11	$R_a = 0°00'00''$ $R_c = 8°24'14''$ $R_b = 6°26'51''$	
R_b	76.265 1	B 角	0.586 786 465	33.371 3	β	− 0.146 675 53	− 8.241 4	− 8.403 888 889		
R_c	8.241 4	C 角	1.958 188 464	112.114 5	γ	1.334 260 58	76.265 1	76.447 5		
		tan A	0	0.679 182 9	tan α		− 2.480 521 1		P_a	0.533 191 58
		tan B	1.334 260 58	0.664 911 4	tan β		− 0.147 736 5		P_b	0.120 878 54
		tan C	0.146 675 531	− 2.450 922	tan γ		4.148 549 9		P_c	− 1.540 694 9
X_P	503.702			Y_P	1 500.075				$\sum P$	− 0.886 624 83

小结

（1）平面控制测量的方法有导线测量、三角测量、三边测量、GPS（全球定位系统）测量，工程中常用的是导线测量、GNSS 测量。

（2）测量工作中用到的坐标方位角是以坐标纵轴为基本方向，在 4 个象限中，与象限角的关系可用不同的公式推导。

（3）象限角的角值范围是 0°～90°，坐标方位角的角值范围是 0°～360°。

（4）一条直线正反坐标方位角的关系是相差 180°。

（5）坐标正算公式是工程测量员使用最频繁的公式之一。在计算点坐标时，通常使用坐标正算公式。

（6）导线按照不同的使用条件，可以布设为支导线、闭合导线和附合导线。

（7）埋设导线点后要及时做点之记，点之记就是控制点的“身份证”。

（8）附合导线测左角和右角时，要使用不同的公式推导方位角。

项目 5

高程控制测量

\>>>>>>>>>>>

项目描述

为了进行各种比例尺的测图和工程放样，除了要建立平面控制网外，还需要建立高程控制网。高程控制测量的任务，就是在测区布设一批高程控制点，即水准点，用精确方法测定它们的高程，构成高程控制网。测定这些控制点高程的工作，称为高程控制测量。

项目一已经介绍过，为建立一个全国统一的高程控制网，需要确定一个统一的高程基准面，通常采用大地水准面作为高程基准面；此外还需建立一个共同的基准点，即水准原点，以固定高程基准面的位置。我国目前采用“1985 国家高程基准”，以这个基准测定的青岛水准原点高程为 72.260 4 m。

高程控制测量的方法有水准测量、电磁波测距三角高程测量，最常用的是水准测量。本项目主要介绍高程控制网的基本概念，水准测量的原理和方法，水准仪的使用方法，三角高程测量的原理和方法等。

对标“1+X” 测绘地理信息数据获取与处理证书技能要求
1.1 水准仪的认识及使用 ☑1.1.1 熟悉水准仪使用的一般注意事项； ☑1.1.2 掌握水准仪的系列及精度指标； ☑1.1.3 能够说出指定自动安平水准仪的基本结构，各部件的名称和作用； ☑1.1.4 认识水准标尺、塔尺，掌握正确的扶尺方法； ☑1.1.5 掌握指定自动安平水准仪的安置、瞄准和读数方法； ☑1.1.6 掌握用自动安平水准仪一测站的水准测量、记录和高差计算； 1.2 水准仪的基本应用 ☑1.2.1 掌握已知高程的测设方法；

学习目标

岗位能力目标：

1. 能应用水准仪进行水准路线测量；
2. 能应用水准仪进行三角高程测量；
3. 能协作布设高程控制网，完成控制点高程测量。

知识目标：

1. 了解高程控制测量的含义；
2. 掌握水准仪的使用方法；
3. 掌握水准测量原理与施测步骤；
4. 掌握三角高程测量的原理与施测方法；
5. 掌握不同等级高程控制测量的方法和规范要求。

思政点拨

近年来，我国在高程控制测量方面取得了重要进展。这项技术的应用范围广泛，涉及建筑、公路、水利、地质等领域。高程控制测量对于保证工程质量和安全至关重要。然而，在实践中，我们也要注意一些实际问题。

首先，高程控制测量需要精确的数据和仪器设备，这需要科学家们不断进行科研和创新。因此，我们应该珍惜科技创新的成果，尊重科学家们的劳动成果和知识产权。其次，高程控制测量的应用需要有专业的技术人员进行操作和管理。这就需要我们加强职业教育和人才培养，提高技术人员的素质和能力。最后，高程控制测量的结果对工程质量和安全具有重要意义。因此，我们要始终坚持“安全第一”的原则，加强工程监管和质量检查，确保每一项工程都符合相关标准和规定，保障人民群众的利益和安全。

总之，高程控制测量是一项重要的技术，它在推动我国建设事业发展中发挥着重要作用。我们要加强思政教育，引导广大科技工作者和技术人员弘扬科学精神，尊重知识产权，坚持安全第一原则，为我国的建设事业做出更大的贡献。

相关案例

某一级公路合同段北起王霍大桥，南至和平路，该标段主要相交道路有中央景观道、四海收费站、沈海高速等，其中包含分离式立交、互通式立交，高架及桥梁为主，主线桥梁标准宽度 32 m，变宽段 32 ~ 56 m 不等，主线全长 2 203.965 m。除了桥梁工程之外，还包括道路工程，排水工程，电气工程。按照业主交桩成果，结合公路等级规范精度要求，在首级控制网方面，在本合同段内布设 GPS-E 级平面控制网，四等水准高程控制网。

主要测量依据有：《工程测量标准》（GB 50026—2020），《国家三、四等水准测量规范》（GB/T 12898—2009），工程第一标段设计图纸。

几何水准测量采用 DSZ2 水准仪（其标称精度为：每千米往返测量标准偏差为 ± 1.5 mm），以及一对 3 m 木质双面水准尺。

根据精度等级，本次高程控制测量按照四等水准进行测量，以 T6 为起算水准点，途径 T5、Y4、Y1、Y2、Y6、Y5、Y8、T7、Y7、ZD、Y11、Y12、Y13，终于 BM9 点，进行附合水准路线测量（见图5.1）。其中，BM9位于起点段区域内，为本合同段与起点段王霍大桥项合同段的水准联测点；Y1位于终点段区域内，为第二标段的水准联测点。

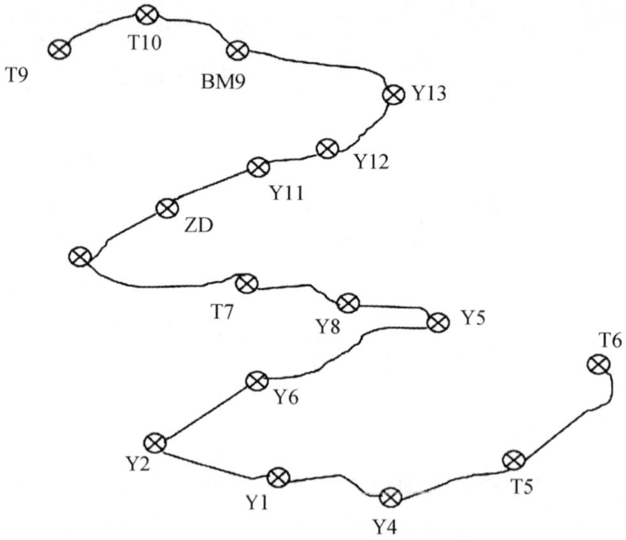

图5-1　高程控制网路线图

通过统计观测数据计算得出，本次附合水准测量路线长度为9.761 km，根据四等水准测量的规范要求，允许的闭合差为－62.5 mm，而本次附合水准路线的闭合差为－6.5 mm，远小于允许的闭合差，说明本次高程控制测量符合四等水准测量的规范要求，且观测精度良好。

高程控制测量成果确立了该高速公路工程第一标段在施工阶段有一个可靠、统一的高程系统，可以满足后续施工测量加密、放样的需要。

任务5.1　高程控制网的布设

5.1.1　工作任务

工程测量一般都需要测量点的高程或者放样已知高程的点，开展这些工作之前常需布设高程控制网，作为测量和放样的依据。本任务主要学习不同场区的高程控制网的布设特点和要求，重点认识不同范围的高程控制网的布设特点。

视频（布设）　视频（分类）

高程控制网

5.1.2　相关配套知识

测定控制点高程的工作，称为高程控制测量。高程控制测量的任务就是在测区范围内布设一批高程控制点，用精确方法测定控制点高程。

PPT

国家级高程控制网和小区域高程控制网的布设

1. 国家高程控制网

在全国范围内建立的高程控制网，称为国家高程控制网。国家高程控制网是全国范围内施测各种比例尺地形图和各类工程建设的高程控制基础，并为地球科学研究提供精确的高程资料，如研究地壳垂直形变的规律，各海洋平均海水面的高程变化，以及其他有关地质和地貌的研究等。

国家高程控制网是用水准测量的方法建立的，按照从整体到局部，由高级到低级，逐级控制、逐级加密的原则布设，构成闭合或附合路线，以便控制测量误差的积累，也称为国家水准网。

国家水准网分为一等、二等、三等、四等 4 个等级，其中，一、二等水准路线是国家精密高程控制网。一等水准测量路线构成的一等水准网是国家高程控制网的骨干，同时也是研究地壳和地面垂直运动以及有关科学问题的主要依据，一般每隔 15 年重测一次。构成一等水准网的环线周长根据不同地形的地区，一般为 1 000 ~ 2 000 km。二等水准网布设在一等水准环内，是国家高程控制的全面基础，其环线周长根据不同地形的地区为 500 ~ 750 km。一、二等水准测量统称为精密水准测量。

我国一等水准网由 289 条路线组成，其中 284 条路线构成 100 个闭合环，共计埋设各类标石 2 万余座。

二等水准网在一等水准网的基础上布设。我国已有 1 138 条二等水准测量路线，总长为 13.7 万千米，构成 793 个二等环。

三、四等水准网直接提供地形测图和各种工程建设所必需的高程控制点。三等水准测量路线一般可根据需要在高级水准网内加密，布设附合路线，并尽可能互相交叉，构成闭合环。单独的附合路线长度应不超过 200 km；环线周长应不超过 300 km。四等水准测量路线一般以附合路线布设于高级水准点之间，附合路线的长度应不超过 80 km。

2. 城市和工程高程控制网

在城市或厂矿等地区，为满足大比例尺测图的需求，一般应以国家水准网为基础，根据测区的大小、城市规划和施工测量的要求，布设不同等级的城市或工程高程控制网，以供测图和施工放样使用。

其中，城市高程控制网的布设范围应与城市平面控制网相适应。城市高程控制网的等级一般划分为二、三、四等，采用水准测量方法施测，水准测量确有困难的山岳地带及沼泽、水网地区的四等高程控制测量，也可采用高程导线的测量方法；平原和丘陵地区的四等高程控制测量，可采用卫星定位测量方法。

工程高程控制网划分为二、三、四、五等，各等级高程控制一般采用水准测量，四等及以下等级可采用电磁波测距三角高程测量，五等也可采用 GPS 拟合高程测量。高程控制点间的距离，一般地区应为 1 ~ 3 km，工业厂区、城镇建筑区宜小于 1 km。但一个测区及周围至少应有 3 个高程控制点。具体技术要求见表 5-1。

表 5-1 水准测量的主要技术要求《工程测量标准》（GB 50026—2020）

等级	每千米高差全中误差/mm	路线长度/km	水准仪级别	水准尺	观测次数		往返较差、附合或环线闭合差	
					与已知点联测	附和或环线	平地/mm	山地/mm
二等	2	—	DS1、DSZ1	条码因瓦、线条式因瓦	往返各一次	往返各一次	$4\sqrt{L}$	—
三等	6	≤50	DS1、DSZ1	条码因瓦、线条式因瓦	往返各一次	往一次	$12\sqrt{L}$	$4\sqrt{n}$
			DS3、DSZ3	条码式玻璃钢、双面		往返各一次		
四等	10	≤16	DS3、DSZ3	条码式玻璃钢、双面	往返各一次	往一次	$20\sqrt{L}$	$6\sqrt{n}$
五等	15	—	DS3、DSZ3	条码式玻璃钢、单面	往返各一次	往一次	$30\sqrt{L}$	—

注：1. 结点之间或结点与高级点之间的路线长度不应大于表中规定的70%；
2. L为往返测段、附合或环线的水准路线长度（km），n为测站数；
3. 数字水准测量和同等级的光学水准测量精度要求相同,作业方法在没有特指的情况下均称为水准测量；
4. DSZ1级数字水准仪若与条码式玻璃钢水准尺配套精度降低为DSZ3级；
5. 条码式因瓦水准尺和线条式因瓦水准尺在没有特指的情况下均称为因瓦水准尺。

3. 小区域高程控制网

小区域一般指面积小于10 km^{2}的测区，小区域高程控制网也是根据测区面积大小和工程施工的需求，采用分级建立的方法，主要方法有水准测量和三角高程测量。一般情况下，是以国家（或城市）水准点为基础，在整个测区建立三、四等水准路线或水准网，再以三、四等水准点为基础，测定图根点的高程。对于山区或困难地区，可采用三角高程测量的方法建立高程控制。水准点间的距离，一般地区为2～3 km，城市建筑区为1～2 km，工业区小于1 km。一个测区至少设立3个水准点。

知识拓展

水准点（Bench mark），常用BM表示，是在高程控制网中用水准测量的方法测定其高程的控制点。一般分为永久性和临时性两大类。永久性水准点是在控制点处设立永久性的水准点标石，标石埋设于地下一定深度，也可以将标志直接灌注在坚硬的岩石层上或坚固的永久性的建筑物上，以保证水平点能够稳固安全、长久保存以及便于观测使用，图5-2所示是工程测量四等水准点的标石埋设规格，三、四等水准点及四等以下高程控制点与平面控制点点位标志共用；临时性水准点可钉设木桩或在坚硬岩石、建筑物基础顶面的突出部位用油漆标出点位，如图5-3所示。

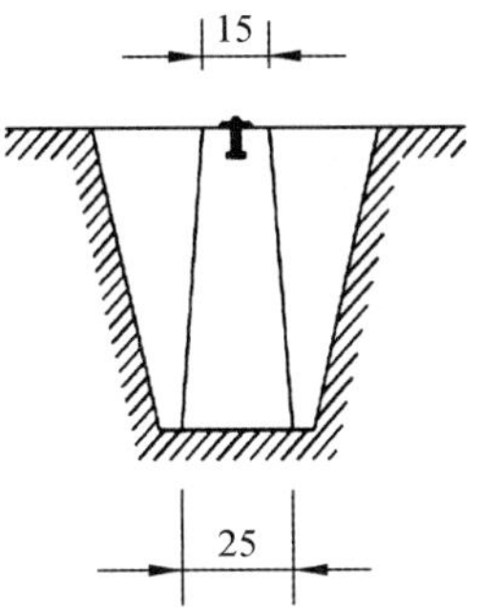

图 5-2　四等水准点标石埋设图（单位：cm）

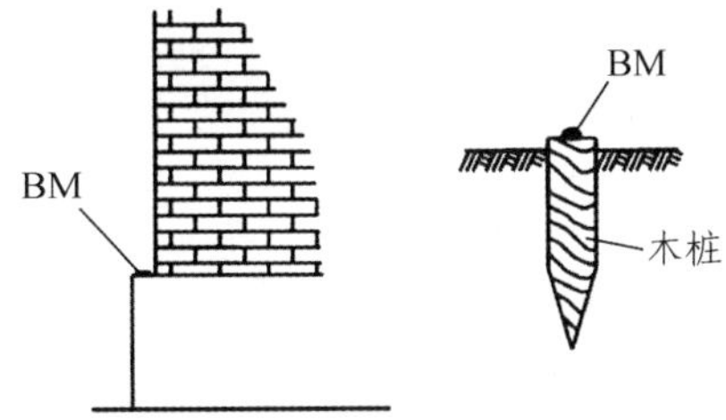

图 5-3　临时性水准点

水准点应埋设在土质坚实、安全僻静，方便观测且利于长期保存的位置。标石埋设后，应测绘点之记，如图 5-4 所示。

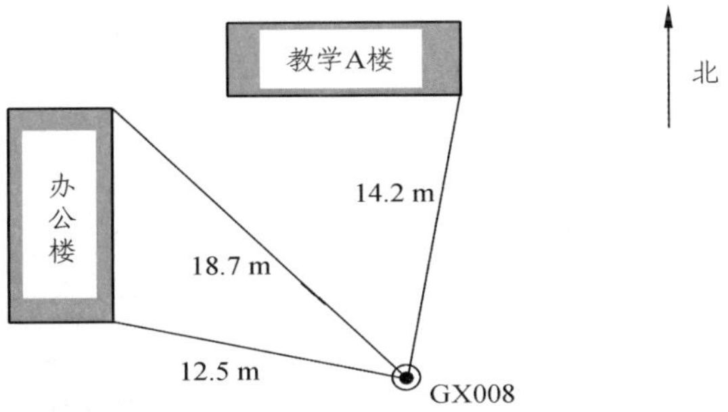

图 5-4　点之记

复习思考题

（1）什么是高程控制测量？高程控制测量的方法有哪些？

（2）国家水准网分哪几个等级布设？

任务 5.2　水准仪构造及其使用

5.2.1　工作任务

水准测量所使用的仪器为水准仪，水准仪的作用是提供一条水平视线。水准测量的辅助工具为水准尺和尺垫。

本任务要求熟悉 DS_3 微倾式水准仪的构造，并能够独立地使用该水准仪，同时了解精密水准仪、自动安平水准仪、电子水准仪的构造与特点，掌握水准仪的使用方法。

5.2.2　相关配套知识

水准仪按其精度可分为 DS_{05}、DS_1、DSZ_2、DS_3、DSZ_3 和 DS_{10} 等，字母 D、S 分别代表“大地测量”和“水准仪”，取其第一个字母；Z 代表自动安平；数字表示精度，即每千米往返高差的中误差，05 表示每千米往返高差的中误差 0.5 mm，10 表示每千米往返高差的中误差

10 mm，数字越小表示精度越高。DS_3 级水准仪又称为普通水准仪，用于我国国家三、四等水准及普通水准测量；DS_{05} 级和 DS_1 级水准仪称为精密水准仪，用于国家一、二等水准测量。

水准仪按其自动化程度分为：微倾式水准仪、自动安平水准仪、电子水准仪。例如 DS_{05}、DS_3 为微倾式水准仪；DSZ_2、DSZ_3 为自动安平水准仪；天宝 Trimble Dini03 为电子水准仪。

DS_1 以上精度的水准仪称为精密水准仪，主要用于一、二等高程控制测量中；DSZ_2、DS_3、DSZ_3 级水准仪或自动安平水准仪广泛用于三、四等高程控制测量、图根控制和工程测量中。

1. 光学水准仪的构造与使用

3D 动画　　PPT

水准仪认识

光学水准仪是由观测者借助光学设备（如目镜、光学测微器、十字丝分划板等）人工读出水准尺面的读数。常见的 DS_3 微倾式水准仪、DS_{05} 精密水准仪都是光学水准仪。

1）DS_3 微倾式水准仪的构造

微倾式水准仪是借助于微倾螺旋获得水平视线的一种常用水准仪，我国生产的 DS_3 微倾式水准仪如图 5-5 所示。

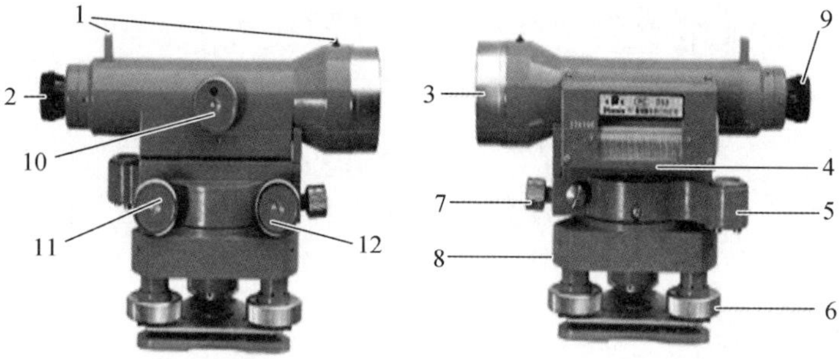

1—外瞄准器；2—目镜；3—物镜；4—管状水准器；5—圆水准器；6—脚螺旋；7—水平制动螺旋；8—基座；9—目镜调焦螺旋；10—物镜对光螺旋；11—微倾螺旋；12—微动螺旋。

图 5-5　DS_3 微倾式水准仪

DS_3 水准仪的基本结构包括：望远镜、水准器和基座。

（1）望远镜。

如图 5-6 所示，望远镜由物镜、目镜、对光凹透镜和十字丝分划板 4 个主要部分组成。目标（即水准尺）经过物镜和对光凹透镜的作用，在望远镜镜筒内形成倒立、缩小的实像，通过调节对光凹透镜，就可以使像清晰地成在十字丝分划板上。十字丝由横丝和竖丝组成，且相互垂直，中间的横丝用于读取水准尺读数；上下两根短的横丝称为视距丝，用于测量距离，如图 5-7 所示。十字丝交点与物镜光心的连线，称为视准轴或视线。

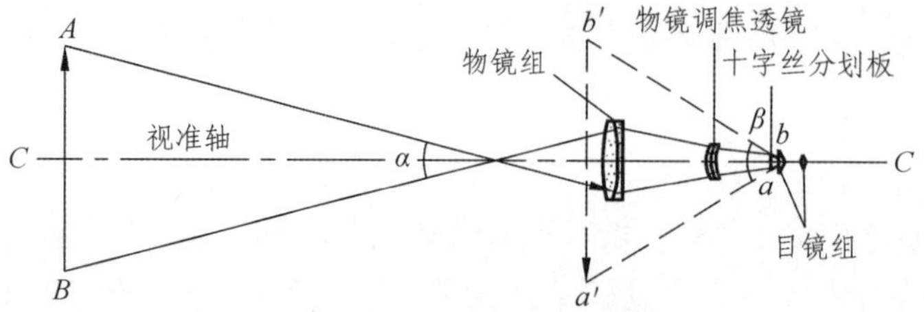

图 5-6　望远镜的成像原理

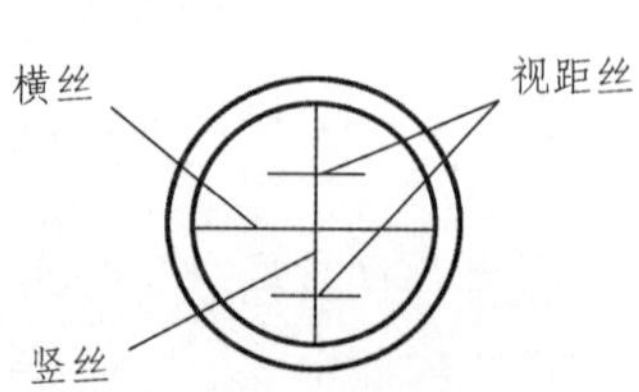

图 5-7　十字丝分划板

（2）水准器。

水准器是用来指示视准轴是否水平或仪器竖轴是否竖直的装置。有管水准器和圆水准器两种。管水准器用来指示视准轴是否水平；圆水准器用来指示竖轴是否竖直。

① 管水准器。

管水准器又称水准管，是一纵向内壁磨成圆弧形的玻璃管，管内装酒精和乙醚的混合液，加热融封冷却后留有一个气泡。由于气泡较轻，故恒处于管内最高位置，如图 5-8 所示。

3D 动画　水准仪（管水准器）

3D 动画　水准仪（基座）

3D 动画　水准仪（圆水准器）

水准管上一般刻有间隔为 2 mm 的分划线，分划线的中点 O，称为水准管零点。通过零点作水准管圆弧的切线，称为水准管轴。当水准管的气泡中点与水准管零点重合时，称为气泡居中；这时水准管轴处于水平位置。水准管圆弧 2 mm 所对的圆心角称为水准管分划值。安装在 DS_3 级水准仪上的水准管，其分划值不大于 20″/2 mm。

如图 5-9 所示，微倾式水准仪在水准管的上方安装一组符合棱镜，通过符合棱镜的反射作用，使气泡两端的像反映在望远镜旁的符合气泡观察窗中。若气泡两端的半像吻合时，就表示气泡居中。若气泡的半像错开，则表示气泡不居中，这时应转动微倾螺旋，使气泡的半像吻合。

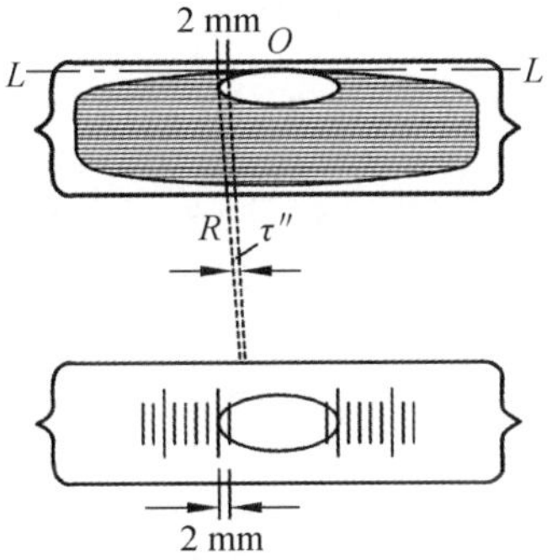

图 5-8　管水准器

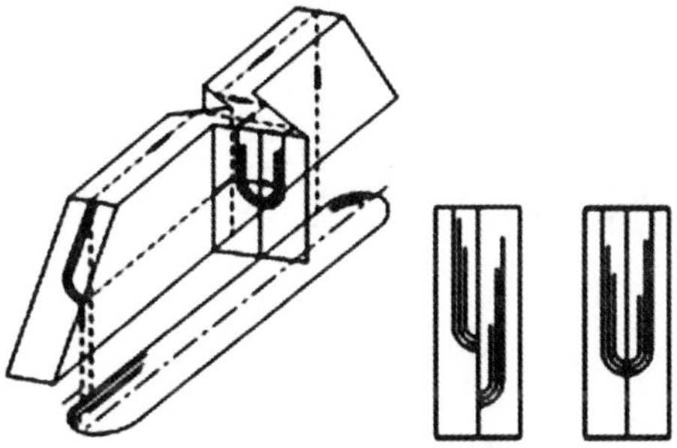
图 5-9　符合棱镜原理及窗口

② 圆水准器。

圆水准器结构如图 5-10 所示，圆水准器顶面的内壁是球面，其中有圆分划圈，圆圈的中心为水准器的零点。通过零点的球面法线为圆水准器轴线，当圆水准器气泡居中时，该轴线处于竖直位置。当气泡不居中时，气泡中心偏移零点 2 mm，轴线所倾斜的角值，称为圆水准器的分划值，由于它的精度较低，故只用于仪器的粗略整平。

（3）基座。

基座的作用是支承仪器的上部并与三脚架连接。它主要由轴座、脚螺旋、底板和三角压板构成。

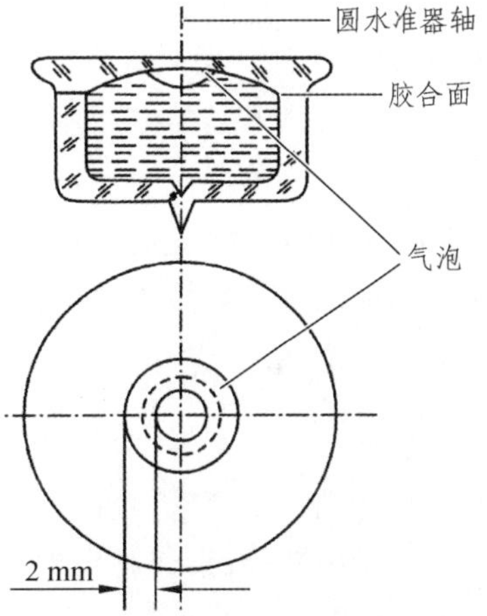

图 5-10　圆水准器

2）水准尺、尺垫

水准尺、尺垫是水准测量的工具，与水准仪配合使用。

水准尺有木质的和铝合金材质的，有塔尺、直尺、双面尺等。直尺、塔尺多用于等外水准测量，尺的底部为零点，尺上黑白格或红白格相间，每格宽度为 1 cm，有的为 0.5 cm，整 10 dm 处有注记，如图 5-11 所示。

双面水准尺多用于三、四等水准测量，其长度一般为 2 m 或 3 m，且成对使用，因此也称为对尺。尺的两面均有刻划，一面为黑白相间，称黑面尺（也称主尺）；另—面红白相间称红面尺（也称辅尺）。两根尺的黑面均由零开始；而红面，一根尺由 4.687 m 开始至 6.687 m 或 7.687 m，另一根由 4.787 m 开始至 6.787 m 或 7.787 m，如图 5-12 所示。

尺垫是在转点处放置水准尺用的，起传递高程的作用。它用生铁铸成，一般为三角形，中央有一突起的半球体，下方有 3 个支脚。用时将支脚牢固地插入土中，以防下沉，上方突起的半球形顶点作为竖立水准尺和标志转点之用，如图 5-13 所示。

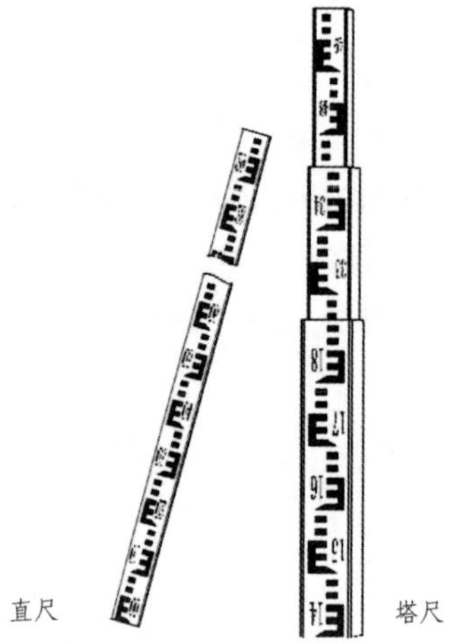

图 5-11　直尺、塔尺

图 5-12　双面尺

图 5-13　尺垫

3）DS_3 微倾式水准仪的主要轴线

微倾式水准仪的构造上包含 3 条主要轴线：视准轴（即视线）、水准管轴、圆水准器竖轴。为使水准仪能正常工作，水准仪的以上轴线应该满足以下条件，如图 5-14 所示。

（1）圆水准器轴应平行于仪器竖轴，即 $L_0L_0 /\!/ VV$。

（2）十字丝横丝应垂直于竖轴，即 $ll \perp VV$。

（3）水准管轴应平行于视准轴，即 $LL /\!/ CC$。

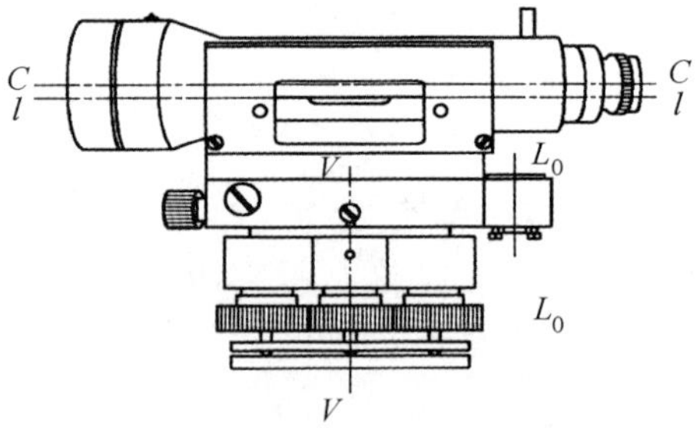

图 5-14　水准仪各主要轴线关系

4）DS_3 微倾式水准仪的使用

水准仪的基本操作程序包括安置、粗平、瞄准、精平和读数等操作步骤。到达工作地点时，首先打开水准仪箱盖，使其与环境温度大致一致。

（1）安置。安置是将仪器安装在可以伸缩的三脚架上并置于两观测点之间。首先打开三脚架并使高度适中，用目估法使架头大致水平并检查脚架是否牢固，然后打开仪器箱，用连接螺旋将水准仪器连接在三脚架上。

视频
水准仪的安置

为使仪器更稳固，三脚架打开的角度避免过大或者过小。

（2）粗平。水准仪的粗平是使仪器的视线粗略水平，利用脚螺旋置圆水准气泡居于圆指标圈之中。在整平过程中，气泡移动的方向与左手大拇指运动的方向一致，如图 5-15 所示。

（3）瞄准。瞄准是用望远镜准确地瞄准目标。为使不同视力的人都能观测到清晰的目标，首先将望远镜对准天空（或明亮背景），然后旋转目镜上的调焦螺旋，调节目镜与十字丝分划板的距离，即可使十字丝分划板清晰，如图 5-16 所示。

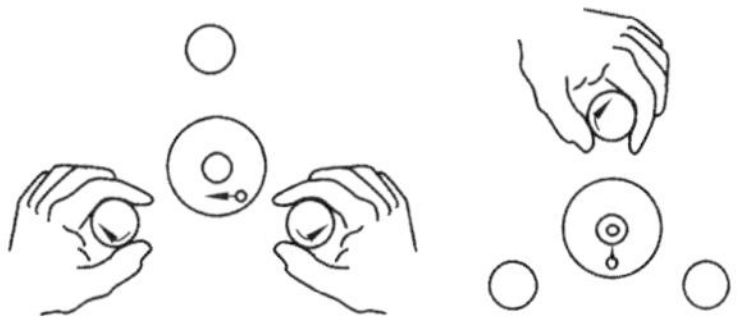
图 5-15　粗平操作

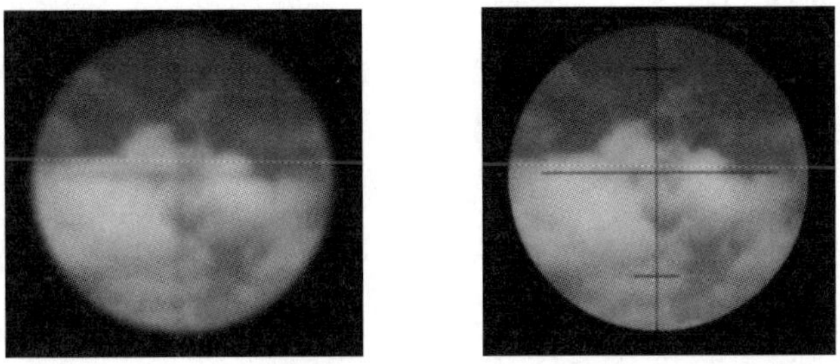
图 5-16　调节十字丝清晰

再松开固定螺旋，旋转望远镜，使照门和准星的连接对准水准尺，拧紧固定螺旋。最后转动物镜调焦螺旋，使水准尺的像清晰地落在十字丝平面上，再转动微动螺旋，使水准尺的像靠于十字竖丝的一侧。

瞄准过程中，要注意视差现象，观测者对着目镜观测标尺成像时，眼睛上下移动，如果发现标尺与十字丝横丝有相互错动现象，即读数略有改变这种现象，称为视差。视差产生的原因是：物像没有成像在十字丝的竖平面上。视差存在会使读数产生误差，有时有较大误差，故在读数前必须消除视差。消除方法是重新转动物镜对光螺旋，从而改变物像位置，使成像落在十字丝的竖平面上，如果仍然不能消除视差，则表示目镜调焦还不十分完善，再重新进行目镜调焦，直到目标和十字丝没有相对错动现象为止。

（4）精平。精平是使望远镜的视线精确水平。微倾水准仪，在水准管上部装有一组棱镜，可将水准管气泡两端，折射到镜管旁的符合水准观察窗内，若气泡居中时，气泡两端的影像将符合成一抛物线型，说明视线水平。若气泡两端的影像不相符合，说明视线不是水平的。这时可用右手转动微倾螺旋使气泡两端的影像完全符合，仪器便可提供一条水平视线，以满足水准测量基本原理的要求，如图 5-17 所示。。

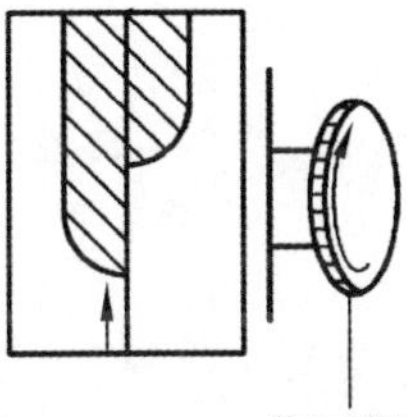

图 5-17　精平操作

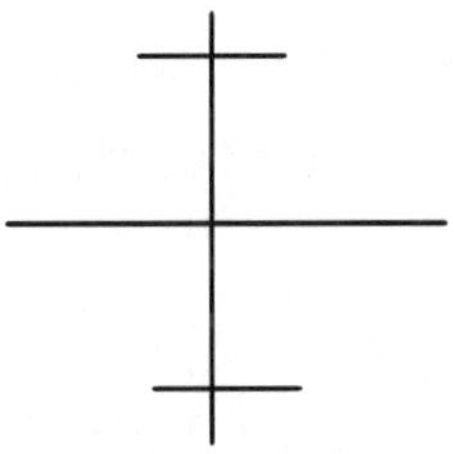
图 5-18　读数窗

（5）读数。用十字丝截读水准尺上的读数。水准仪有的是正像望远镜，读数时正常地由下而上进行；水准仪有的是倒像望远镜，读数时应由上而下进行。读数时先估读毫米级读数，后报出全部读数。每次要记录 4 位数，末位为零时也必须读出并记录，不可省略，如 1.570 等。

注意：水准仪使用步骤一定要按上面顺序进行，不能颠倒，特别是读数前的符合气泡调整，一定要在读数前进行。

PPT 视频

电子水准仪的认识

2. 电子水准仪的构造与使用

电子水准仪又称数字水准仪，是在自动安平水准仪的基础上发展起来的。它采用条码标尺，各厂家标尺编码的条码图案不相同，不能互换使用。目前照准标尺和调焦仍需目视进行。人工完成照准和调焦之后，标尺条码一方面被成像在望远镜分划板上，供目视观测，另一方面通过望远镜的分光镜，标尺条码又被成像在光电传感器（又称探测器）上，即线阵 CCD 器件上，供电子读数。因此，如果使用传统水准标尺，电子水准仪又可以像普通自动安平水准仪一样使用。不过这时的测量精度低于电子测量的精度。

电子水准仪一般由基座、水准器、望远镜及数据处理系统组成，它的光学系统和机械系统与自动安平水准仪基本相同，其原理和操作方法也大致相同，只是读数系统不同。

它与传统仪器相比有以下优点：

（1）读数客观。没有人为读数误差，不存在误读、误记问题。

（2）精度高。电子水准仪的读数是采用大量条码分划图像经处理后取平均得出来的，因此削弱了标尺分划误差的影响。

（3）速度快。由于省去了读数、听记、计算的时间以及人为出错的重测数量，测量时间大大缩短。

（4）效率高。只需调焦和按键就可以自动读数，减轻了劳动强度。视距还能自动记录，检核，处理并能输入电子计算机进行后处理，可实现内外业一体化。

（5）功能齐全。除进行高程测量外，数字水准仪还可以进行距离测量、坐标增量测量、水准网的平差计算等。

但是，电子水准仪也有缺点：电子水准仪对标尺进行读数不如光学水准仪灵活；同时，电子水准仪受外界条件影响较大。

1）Trimble Dini03 电子水准仪及其使用

Trimble Dini03 电子水准仪外观与各部位名称如图 5-19 所示，主要由望远镜、水准器、自动补偿系统、计算存储系统，显示系统、数据传输系统组成。

如图 5-20 所示为与电子水准仪配套使用的条纹编码尺。

电子水准仪与光学水准仪的测量原理和方法基本相同，它是利用仪器里的十字丝瞄准电子照相机读数。当按下“测量”键时，仪器就会对已瞄准并调焦好的尺子上的条码图片拍下快照，然后把它和仪器内存中的同样的尺子条码图片进行比较和计算。这样，就可以计算出一个尺子的读数了。

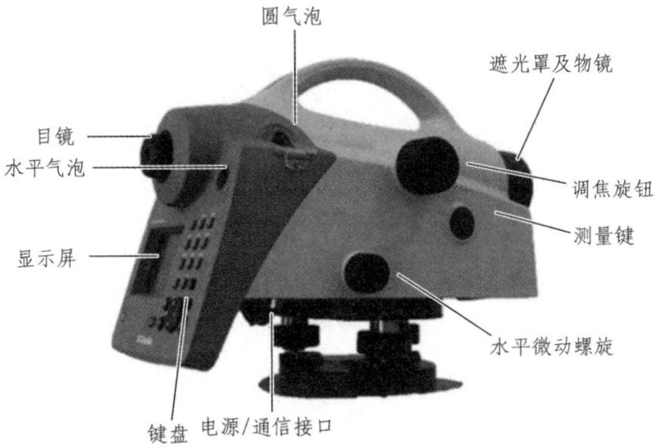

图 5-19　Dini03 电子水准仪

图 5-20　条纹编码尺

图 5-21　Dini03 电子水准仪操作及显示面板

Dini03 电子水准仪有单点测量、水准路线测量、中间点测量、放样和继续测量等功能。开机后，屏幕主菜单显示文件、配置、测量和计算共 4 个菜单项，图 5-21 是该水准仪操作及显示面板。表 5-2 列出了所有按键及名称。

表 5-2　Dini03 电子水准仪按键及名称

按键	名称及功能	按键	名称及功能
	开关机键		Trimble 功能键
	测量触发键	Esc	返回键
	导航键		测量键
	回车键		删除键
α	数字、大小写字母转换键		符号键

Dini03 电子水准仪的使用步骤如下：

（1）安装和粗平。

① 安装。将脚架打开到适合观测的高度，并用螺旋拧紧；将仪器放在脚架盘中间并拧紧；脚架的螺旋应在中心。

② 粗平。调动脚螺旋，使圆水准气泡大致居中。

（2）精平。同时向里或向外转动与仪器视准轴垂直的两个脚螺旋；使气泡在此方向上居中；调节第三个螺旋使气泡居中；然后在各个方向上转动仪器看是否居中，如不居中，重复上一个动作；倾斜补偿器可以使仪器进行倾斜补偿，补偿范围为±15′。

（3）瞄准。转动望远镜控制器，直到瞄准目标点。

注意检查视差：移动目镜的同时，确保目标点与十字丝没有移动，如果有必要，需要重新对焦。

（4）开机。按键开机。

（5）进行测量。注意：为高精度测量，Trimble 建议使用右侧的●键进行测量，此按键可以减少由于按键造成仪器振动所带来的误差。

2）徕卡 DNA03 电子水准仪及其使用

图 5-22 所示为徕卡 DNA03 电子水准仪结构示意图，从图中可以看到电子水准仪较自动安平水准仪多了调焦发送器、补偿器监视、分光镜和线阵探测器 CCD 这 4 个部件。

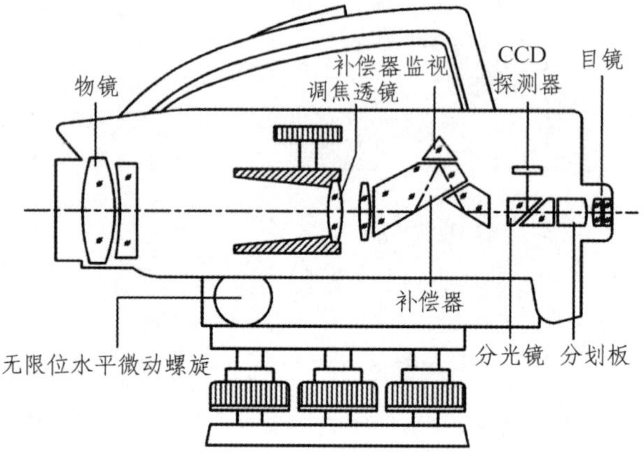

图 5-22　徕卡 DNA03 电子水准仪结构示意图

DNA03 是徕卡新一代的数字水准仪，其外观与各部位名称如图 5-23 所示，主要有以下性能特点：

（1）中文界面，操作更容易。

（2）超大显示屏，显示内容更丰富。

（3）采用新式标准磁阻尼补偿器，测量精度达到 0.3 mm/km。

（4）可使用徕卡编码标尺进行自动测量，也可以使用普通水准尺按照光学原理测量。

DNA03 具有线路水准测量、测量碎部点、放样碎部点等功能。

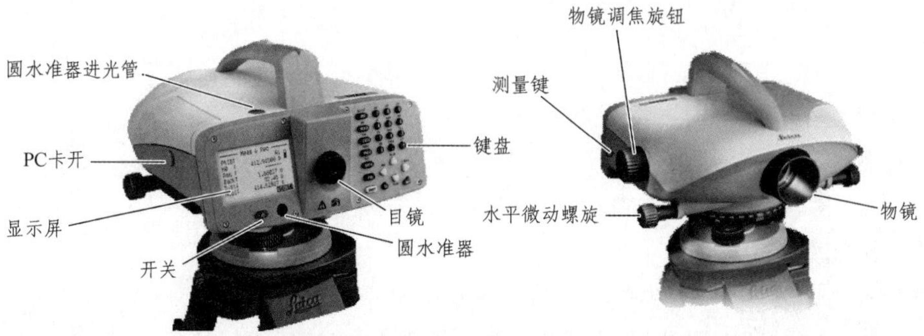

图 5-23　DNA03 电子水准仪

表 5-3 列出了所有按键及名称。

表 5-3　DNA03 电子水准仪按键名称及功能

按键	名称及功能	按键	名称及功能
	键	DATA	数据管理器键
INT	切换到逐点测量	SHIFT	开关第二功能键/转换输入数字或字母
MODE	设置测量模式键	CE	删除字符或信息，取消或停止测量
USER	根据 FNC 菜单定义的任意功能键		确认键，继续下一栏
PROG	测量程序，主菜单键	●	测量触发键
	数字/符号键	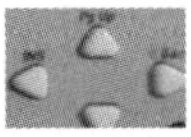	导航键

知识拓展

自动安平水准仪是指在一定的竖轴倾斜范围内，利用补偿器自动获取视线水平时水准标尺读数的水准仪。自动安平水准仪与微倾式水准仪外观相似，操作基本相同。两者区别在于：

（1）自动安平水准仪的机械部分采用了摩擦制动（无制动螺旋）控制望远镜的转动。

（2）自动安平水准仪在望远镜的光学系统中装有一个自动补偿器代替了管水准器起到了自动安平的作用，当望远镜视线有微量倾斜时补偿器在重力作用下对望远镜做相对移动从而能自动而迅速地获得视线水平时的标尺读数。

自动安平水准仪由于没有制动螺旋、管水准器和微倾螺旋，观测时，在仪器粗略整平后，即可直接在水准尺上进行读数，因此自动安平水准仪的优点是省略了“精平”过程，从而大大加快了测量速度。

图 5-24 所示是北京博飞仪器公司生产的 AL332-1 自动安平水准仪。仪器由望远镜、自动安平补偿器、竖轴系、制微动机构及基座等部分组成。

用自动安平水准仪观测时，当圆水准器气泡居中仪器放平之后，不需再经手工调整即可读得视线水平时的读数。它可简化操作手续，提高作业速度，以减少外界条件变化所引起的观测误差。

图 5-24　自动安平水准仪

复习思考题

（1）DS_3 微倾式水准仪是如何构成的？有哪些主要的螺旋？

（2）如何安置水准仪？

（3）自动安平水准仪与微倾式水准仪的结构有什么不同？

（4）电子水准仪的基本结构和原理是什么样的？

任务 5.3 一测站水准测量

5.3.1 工作任务

确定地面点高程的测量工作，称为高程测量。高程测量是测量三项基本工作之一。根据使用仪器和施测方法的不同，高程测量可分为水准测量和三角高程测量。用水准仪测量高程，称为水准测量，它是高程测量中最常用、最精密的方法。本任务的学习重点是水准测量的原理，一测站水准测量的实施步骤，以及点的高程的计算方法。

PPT　视频

水准测量的原理

5.3.2 相关配套知识

1. 水准测量原理

水准测量是利用水平视线来求得两点的高差。如图 5-25 所示，若已知 A 点的高程 H_A，欲测定 B 点的高程 H_B。为了求出 A、B 两点的高差 h_{AB}，在 A、B 两个点上分别竖立水准尺，在 A、B 两点之间安置水准仪。当视线水平时，在 A、B 两个点的标尺上分别读得读数 a 和 b，则 A、B 两点的高差等于两个标尺读数之差。即

$$h_{AB}=a-b \tag{5-1}$$

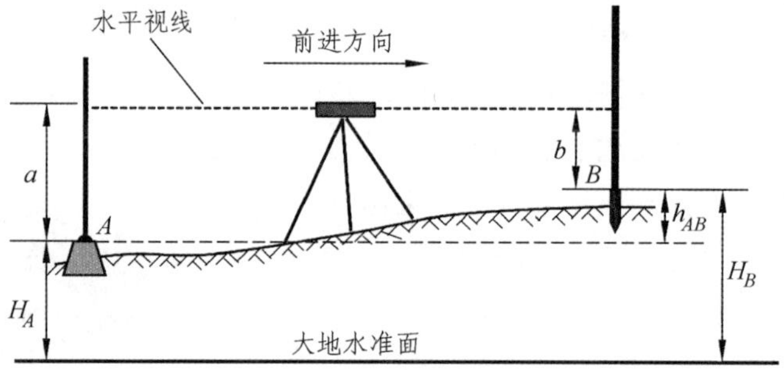

图 5-25 水准测量原理

读数 a 是在已知高程点上的水准尺读数，称为“后视读数”；b 是在待求高程点上的水准尺读数，称为“前视读数”。高差必须是后视读数减去前视读数。高差 h_{AB} 的值可能是正，也可能是负，正值表示待求点 B 高于已知点 A，负值表示待求点 B 低于已知点 A。此外，高差的正负号又与测量进行的方向有关，例如图 5-25 中测量由 A 向 B 进行，高差用 h_{AB} 表示，其值为正；反之由 B 向 A 进行，则高差用 h_{BA} 表示，其值为负。所以说明高差时必须标明高差的正负号，同时要说明测量进行的方向。

1）高差法

如果 A 为已知高程的点，B 为待求高程的点，则 B 点的高程为

$$H_B=H_A+h_{AB}=H_A+a-b \tag{5-2}$$

这种利用高差计算待测点高程的方法，称高差法。

2）视线高法

由式（5-2），B 点高程计算公式可以写为

$$H_B=(H_A+a)-b \tag{5-3}$$

如图 5-25 所示，即

$$H_B=H_i-b \tag{5-4}$$

式（5-4）中 H_i 是仪器水平视线的高程，常称为仪器高或视线高。视线高法就是计算一次视线高，就可测量并计算出几个前视点的高程。即放置一次仪器，可测出数个前视点的高程。

综上所述，高差法和视线高法都是利用水准仪提供的水平视线测定地面点高程。必须注意前视与后视的概念一定要清楚，不能误解为往前看或往后看所得的水准尺读数。

2. 一测站水准测量

一测站水准测量就是在已知点和待测点之间安置一次水准仪，测量出两点之间的高差，进而推算出待测点高程的过程。

1）高差法一测站水准测量

如图 5-26 所示，已知在校园内有一已知高程的水准点 BM_A，一个未知点 P，已知 BM_A 点高程为 380.230 m，要求测量 BM_A、P 两点间的高差 h_{AP}，并计算出未知点 P 的高程。

高差法一测站水准测量施测步骤为：

（1）在 BM_A 与 P 两点的大致居中位置安置水准仪，粗平。

（2）在后视点 BM_A 上竖立水准尺，瞄准后视尺，精平，读取后视读数 a 为 1.851，记录于表 5-4 中。

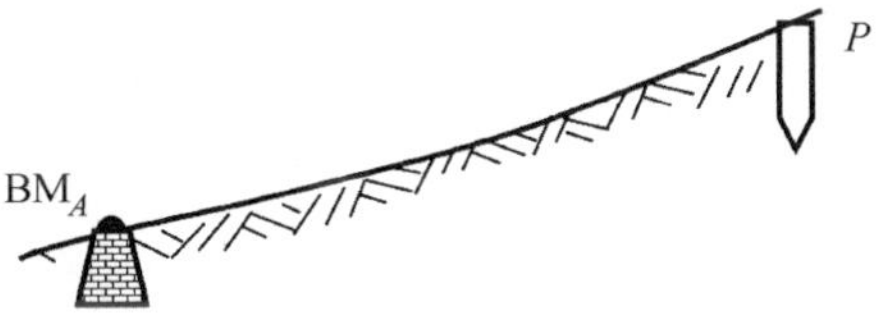

图 5-26　高差法一测站水准测量

（3）在前视点 P 上竖立水准尺，瞄准前视尺，精平，读取前视读数 b 为 1.268，记录于表 5-4 中。

（4）根据高差 = 后视读数 − 前视读数，计算出 $h_{AP}=1.851-1.268=0.583$ m，记录于表 5-4 中。

（5）根据高差法，计算未知点 P 的高程 $H_P=380.230+0.583=380.813$ m，记录于表 5-4 中。

表 5-4　水准测量记录与计算表

测点	水准尺读数/m		高差/m	高程/m
	后视读数	前视读数		
BM_A	1.851		0.583	380.230
P		1.268		380.813

2）视线高法一测站水准测量

如图 5-27 所示，已知在校园内有一已知高程的水准点 BM_A，高程 $H_A = 380.230$ m，要求测量并计算出相邻未知点 1、2、3 的高程。视线高法一测站水准测量施测步骤为：

（1）在 BM_A 与 1、2、3 相距大致相等的位置安置水准仪，粗平。

（2）在后视点 BM_A 竖立水准尺，瞄准后视尺，精平，读取后视读数 a 为 1.563，记录于表 5-5 中。

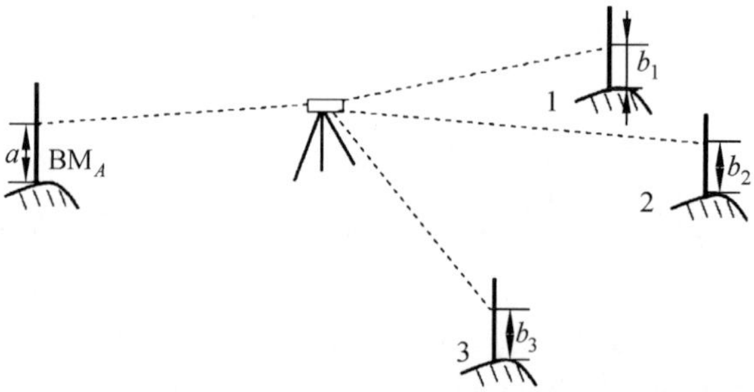

图 5-27　视线高法一测站水准测量

（3）在前视点 1 上竖立水准尺，瞄准前视尺，精平，读取前视读数 b_1 为 0.953，记录于表 5-5 中。

（4）在前视点 2 上竖立水准尺，瞄准前视尺，精平，读取前视读数 b_2 为 1.152，记录于表 5-5 中。

（5）在前视点 3 上竖立水准尺，瞄准前视尺，精平，读取前视读数 b_3 为 1.328，记录于表 5-5 中。

（6）计算出视线高 $H_i = 380.230+1.563 = 381.793$ m，记录于表 5-5 中。

（7）根据视线高法，分别计算出 1、2、3 点的高程 $H_1 = 381.793 - 0.953 = 380.840$ m，$H_2 = 381.793 - 1.152 = 380.641$ m，$H_3 = 381.793 - 1.328 = 380.465$ m，记录于表 5-5 中。

表 5-5　水准测量记录与计算表

测点	水准尺读数/m		视线高/m	高程/m
	后视读数	前视读数		
BM_A	1.563		381.793	380.230
1		0.953		380.840
2		1.152		380.641
3		1.328		380.465

在安置一次仪器需求出几个点的高程时，视线高法比高差法更方便，因而视线高法在施工中被广泛采用。

复习思考题

（1）用水准仪测定 A、B 两点间高差，已知 A 点高程为 $H_A = 12.658$ m，A 尺上读数为

1.526 m，B 尺上读数为 1.182 m，求 A、B 两点间高差 h_{AB} 为多少？B 点高程 H_B 为多少？

（2）已知 A 点高程 $H_A = 723.518$ m，要测相邻 1、2、3 点的高程。测得 A 点后视读数 $a = 2.563$ m，在各待定点上立尺，分别测得读数 $b_1 = 1.953$ m，$b_2 = 2.152$ m，$b_3 = 2.328$ m。试计算 1、2、3 点的高程分别为多少？

（3）水准测量测定深沟底 C 的高程，安置Ⅰ、Ⅱ两测站。在测站Ⅰ测得 A 点标尺读数为 1.636 m，B 点标尺读数为 4.956 m。在测站Ⅱ测得 B 点标尺读数为 0.561 m，C 点标尺读数为 4.123 m，已知 A 点高程为 100 m，求沟底 C 的高程为多少？又问测站Ⅰ与测站Ⅱ的仪器视线高程为多少？

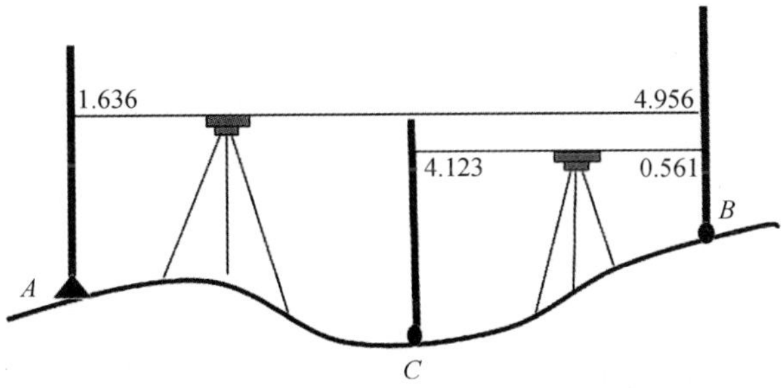

图 5-28　测深沟底 C 的高程

任务 5.4　支水准测量

5.4.1　工作任务

水准测量前应根据要求布置并选定水准点的位置，埋设好水准点标石，拟定水准测量进行的路线。本任务的学习内容是支水准路线的布设特点，记录和计算高程的方法，以及测量中的注意事项。

5.4.2　相关配套知识

当高程待测点离开已知点较远或高差较大时，无法通视，仅安置一次仪器进行一个测站的测量不能测出两点之间的高差。这时需要在两点间设置若干个临时立尺点，分段连续多次安置仪器来求得两点间的高差。设置的这些临时立尺点是作为传递高程用的，称为转点，一般用符号 ZD 或者 TP 表示。从图 5-29 中可以看出

$$\begin{aligned} h_1 &= a_1 - b_1 \\ h_2 &= a_2 - b_2 \\ &\vdots \\ h_n &= a_n - b_n \\ \hline h_{AB} &= \sum h = \sum a - \sum b \end{aligned} \tag{5-5}$$

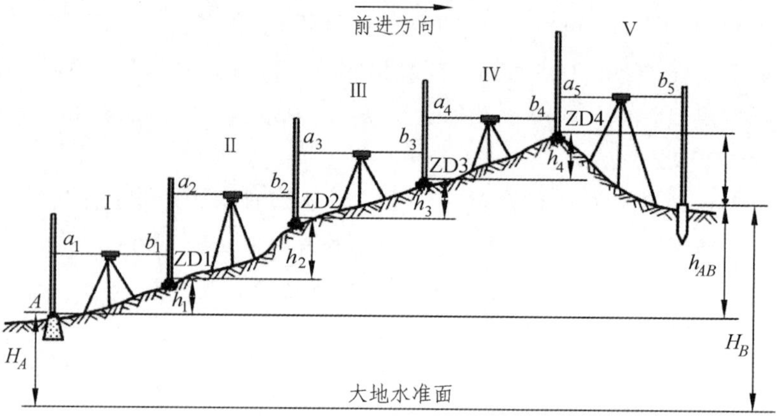

图 5-29　水准路线测量

在水准点之间进行水准测量所经过的路线，称为水准路线。相邻两水准点间的路线称为测段。

为了方便水准测量的成果检核，在一般的工程测量中，水准路线布设形式主要有支水准路线、闭合水准路线、附合水准路线、水准网等形式。

视频
五等支水准路线测量

PPT
支水准路线测量

1. 支水准测量的观测与记录

如图 5-30 所示，从一已知高程的水准点 BM_A 出发，沿待定高程的水准点 1 进行水准测量，这种既不闭合又不附合的水准路线，称为支水准路线。

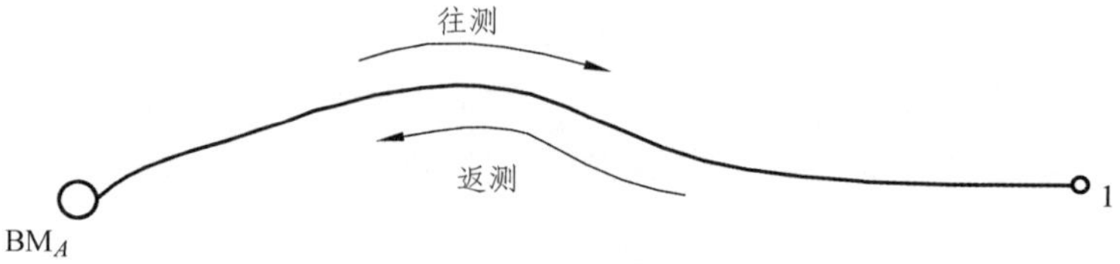

图 5-30　支水准路线

1）支水准路线的高差闭合差

支水准路线由于不能对测量结果自行校核，需进行往返测以达到检核的目的，理论上往返测的高差符号相反，数值相同，所以往返测的高差代数和应等于零，如不等于零，则往返测的高差代数和出现一个不符值，这个不符值就是支水准路线的高差闭合差，用 f_h 表示，即

$$f_h = \sum h_{往测} + \sum h_{返测} \tag{5-6}$$

2）工程的一般精度要求

各种路线形式的水准测量，其高差闭合差均不应超过容许值，否则即认为观测结果不符合要求。根据《工程测量标准》（GB 50026—2020），水准测量的主要技术要求应符合表 5-1 的规定。工程的普通水准测量一般按照规范的五等水准测量要求进行。

3）支水准路线的观测与记录

如图 5-31 所示，已知水准点 BM_A 的高程 $H_A = 380.230$ m，现欲测定 B 点的高程 H_B。测

量时首先从已知点 BM_A 往测到 B 点，再由 B 点返测回 BM_A 点。图中实线"——"表示往测的视线高及读数，虚线"------"表示返测的视线高及读数。

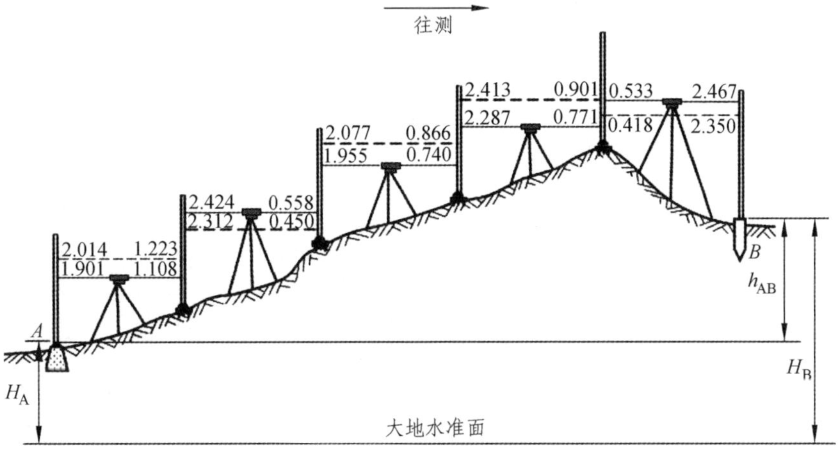

图 5-31　支水准路线观测示意图

将测站、测点编号以及后视读数、前视读数、已知点高程等内容分别填入表 5-6 的第 1、2、5 列对应位置，可在备注列注明水准路线长度。

视频
支水准测量内业计算

2. 检核与高程计算

1）高差计算与检核

第 i 测站高差 $h_i = a_i - b_i$，分别计算往测、返测每测站的高差，填入表 5-6 的第 4 列对应位置。

检核的依据是 $\sum a - \sum b = \sum h = H_B - H_A$，检核的目的是核查是否有计算错误。

将所有的后视读数求和，所有的前视读数求和，分别填入往测或返测检核的求和一行对应位置。

往测检核

$$\sum a = +9.100 \text{ m}$$

$$\sum b = +5.644 \text{ m}$$

$$\sum a - \sum b = +3.456 \text{ m}$$

$$\sum h = +3.456 \text{ m}$$

$$H_B = H_A + h_1 + h_2 + h_3 + h_4 + h_5 = 383.686 \text{ m}$$

$$H_B - H_A = +3.456 \text{ m}$$

因此，往测计算无误。

同理进行返测计算检核，结果见表 5-6，计算无误。

表 5-6 水准测量手簿

测点	水准尺读数/m		高差/m	高程/m	备注
	后视读数	前视读数			
1	2	3	4	5	6
BM_A	1.901			380.230	单程水准路线长 D 为 1 000 m
ZD1	2.424	1.108	0.793		
ZD2	1.955	0.558	1.866		
ZD3	2.287	0.740	1.215		
ZD4	0.533	0.771	1.516		
B		2.467	−1.934	383.686	
$\sum$	9.100	5.644	+3.456		
往测检核	$\sum a-\sum b=+3.456$		$\sum h=+3.456$	$h_{AB}=H_B-H_A=+3.456$	
B	2.350			383.674	
ZD5	0.901	0.418	1.932		
ZD6	0.866	2.413	−1.512		
ZD7	0.450	2.077	−1.211		
ZD8	1.223	2.312	−1.862		
BM_A		2.014	−0.791	380.230	
$\sum$	5.790	9.234	−3.444		
返测检核	$\sum a-\sum b=-3.444$		$\sum h=-3.444$	$h_{AB}=H_B-H_A=-3.444$	

2）检核与闭合差计算

理论情况，$\sum h_{往}+\sum h_{返}=0$；实际上由于不可避免地存在着观测误差，使$\sum h_{往}+\sum h_{返}\neq 0$，存在着高差闭合差。

高差闭合差：$f_h=\sum h_{往测}+\sum h_{返测}=+3.456+(-3.444)=0.012\text{ m}=12\text{ mm}$

根据《工程测量标准》（GB 50026—2020）可知，工程五等水准测量的高差闭合差的容许误差为

$$f_{h容}=\pm 30\sqrt{L}=\pm 30\sqrt{1.0}=\pm 30\text{ mm}$$

式中 L——支水准路线的单程路线长度（km）。

由于满足$|f_h|\leqslant|f_{h容}|$，因此观测精度合格。

3）调整高差闭合差

支水准往返测高差闭合差调整的原则是“反号、均分”，即将高差闭合差以相反符号平均分配到往测和返测高差值上，即高差改正数的计算公式为

$$v_{往}=v_{返}=-\frac{1}{2}f_h \tag{5-7}$$

式中 $v_{往}$、$v_{返}$——往测、返测的高差改正数（mm）。

因此，$v_{往} = v_{返} = -\frac{1}{2} \times 12 = -6\ \text{mm}$

改正后的往测总高差：$h'_{AB} = \sum h_{往} = \sum h_{往测} + v_{往} = 3.456 + (-0.006) = 3.450\ \text{m}$

4）高程计算

B 点高程：$H_B = H_A + h'_{AB} = 380.230 + 3.450 = 383.680\ \text{m}$。

知识拓展

隧道洞内高程控制测量是将洞外高程控制点的高程通过联系测量引测到洞内，作为洞内高程控制和隧道构筑物施工放样的基础，以保证隧道在竖直方向正确贯通。

洞内应每隔 200～500 m 设立一对高程控制点。高程控制点可选在导线点上，也可根据情况埋设在隧道的顶板、底板或边墙上。三等及以上的高程控制测量应采用水准测量，四、五等可采用水准测量或光电测距三角高程测量。

洞内水准测量与洞外水准测量的方法基本相同，但有以下特点：

（1）隧道贯通之前，洞内水准路线一般布设成支水准路线，需往返多次观测进行检核。

（2）洞内三等及以上的高程测量应采用水准测量。

（3）洞内应每隔 200～500 m 设立一对高程控制点以便检核，为了施工便利，应在导坑内拱部边墙至少每 100 m 设立一个临时水准点。

（4）洞内高程点必须定期复测。测设新的水准点前，注意检查前一水准点的稳定性，以免产生错误。

（5）因洞内施工干扰大，应用倒尺法传递高程，如图 5-32 所示，高差的计算公式仍用 $h_{AB} = a - b$，但对于零端在顶上的挂尺，读数应作为负值计算，记录时必须在挂尺读数前冠以负号。

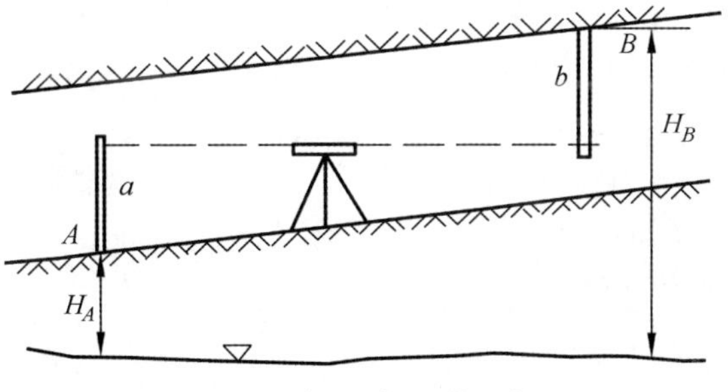

图 5-32　倒尺法观测示意图

复习思考题

图 5-33 是支水准路线五等水准测量（箭头表示往测方向）示意图，其中已知点 BM_A 的高程为 86.258 m，往测观测高差为 2.025 m，返测观测高差为 –2.012 m，由 BM_A 至 1 的单程距离为 2.4 km，试计算待求点 1 的高程。

图 5-33

任务 5.5　闭合水准测量

5.5.1　工作任务

为了方便检核，同时根据测区已知水准点的数量不同，可将水准路线布设成不同的形式。当有一个已知点时，水准路线可布设成闭合水准路线。本任务的学习内容是闭合水准路线的布设特点，记录和计算高程的方法，以及测量中的注意事项。

视频
闭合水准路线测量
（外业观测及精度评定）

5.5.2　相关配套知识

视频　PPT
五等闭合水准路线测量

如图 5-34 所示，从已知高程的水准点 BM_A 出发，沿各待定高程的水准点 1、2、3、4 进行水准测量，最后回到原出发点 BM_A 的环形路线，称为闭合水准路线。

1. 闭合水准路线的观测与记录

如图 5-34 所示，某测区布设了一段五等闭合水准路线，其中 BM_A 为已知高程点，其高程 $H_A=380.230$ m，1、2、3、4 为新布设的水准点，为待求高程点。现测得 $h_1=+1.042$ m，$h_2=-1.424$ m，$h_3=+1.785$ m，$h_4=-1.773$ m，$h_5=+0.411$ m，已知各测段路线长分别为：$L_1=1.2$ km，$L_2=2.0$ km，$L_3=3.0$ km，$L_4=1.0$ km，$L_5=0.8$ km。要求检核观测精度是否合格，并计算 1、2、3、4 点的高程。

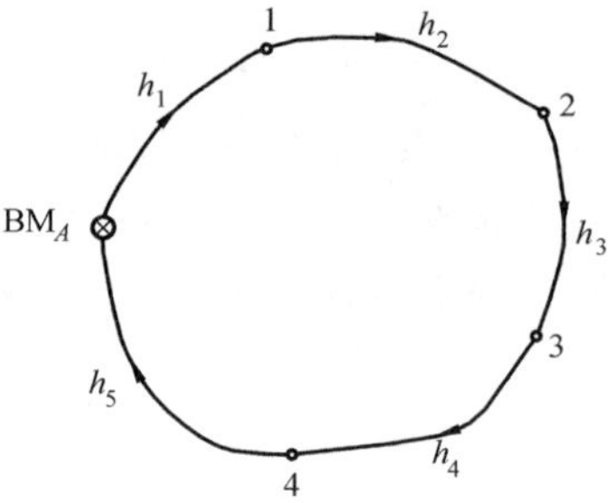

图 5-34　闭合水准路线

表 5-7 为闭合水准路线高程计算表，首先将各水准点按照观测顺序填入表中第 1 列（测点），再将各测段路线长及观测高差分别填入第 2 列（测段长）、第 3 列（观测值），将已知点高程填入表中第 6 列（高程）对应位置。

视频　视频
（填写数据）（高差闭合差计算、检核）
闭合水准路线测量

2. 闭合水准路线高程计算

1）高差闭合差的计算与检核

根据闭合水准路线的布设特点，各测段观测高差之和理论上应等于 0。由于观测中不可避免地存在着观测误差，使得闭合水准路线的高差观测值与理论值之间存在着不符值，这就是闭合水准路线的高差闭合差。即

$$f_h=\sum h_i \tag{5-8}$$

对表 5-7 中的第 3 列（观测值）求和，得到 $\sum h_i=+0.041$ m，填入表中第 3 列求和栏，因此 $f_h=\sum h_i=+0.041\text{ m}=+41\text{ mm}$。

对表 5-7 中的第 2 列（测段长）求和，得到 $\sum L_i=8.0$ km，填入表中第 2 列求和栏。

由表 5-1 可知，工程五等水准测量的高差闭合差的容许误差为

$$f_{h容}=\pm30\sqrt{L}=\pm30\sqrt{8.0}=\pm85\ (\text{mm})$$

由于满足$|f_h|\leqslant|f_{h容}|$，因此观测精度合格。同时将以上高差闭合差计算与检验的过程填入表中辅助计算栏。

表 5-7　闭合水准路线计算表

测点	测段长/km	高差值			高程/m	备注
		观测值/m	改正数/mm	改正后高差/m		
1	2	3	4	5	6	7
BM_A					<u>380.230</u>	
	1.2	+1.042	−6	+1.036		
1					381.266	
	2.0	−1.424	−10	−1.434		
2					379.832	
	3.0	+1.785	−16	+1.769		
3					381.601	
	1.0	−1.773	−5	−1.778		
4					379.823	
	0.8	+0.411	−4	+0.407		
BM_A					<u>380.230</u>	
$\sum$	8.0	+0.041	−41	0		
辅助计算	$f_h=\sum h_i=+41$ mm，$f_{h容}=\pm30\sqrt{L}=\pm30\sqrt{8.0}=\pm85$ mm 由于$|f_h|\leqslant|f_{h容}|$，因此观测精度合格。					

2）调整高差闭合差

闭合水准路线高差闭合差调整的原则是“反号、正比例”，即按与测站数或测段长度成正比例的原则，将高差闭合差反号分配到各相应测段的高差上，得改正后高差。因此高差改正数的计算公式为

$$v_i=-\frac{L_i}{\sum L}\cdot f_h \quad 或者 \quad v_i=-\frac{n_i}{\sum n}\cdot f_h \tag{5-9}$$

式中　v_i——第 i 测段的高差改正数（mm）;

$\sum L$，$\sum n$——水准路线总长度与总测站数;

L_i、n_i——第 i 测段的测段长度与测站数。

因此，本例中各测段的高差改正数分别为

$$v_1=-\frac{1.2}{8}\times41=-6\ (\text{mm}),\quad v_2=-\frac{2}{8}\times41=-10\ (\text{mm}),\quad v_3=-\frac{3}{8}\times41=-15\ (\text{mm}),$$

$$v_4=-\frac{1}{8}\times41=-5\ (\text{mm}),\quad v_5=-\frac{0.8}{8}\times41=-4\ (\text{mm})$$

由于高差闭合差调整时改正数取整，因此应做计算检核：$\sum v_i=-f_h$。检核无误后将计算结果依次填入表 5-7 的第 4 列求和一栏。

3）计算各测段改正后高差

各测段改正后高差等于各测段观测高差加上相应的改正数，即

$$\overline{h}_i = h_i + v_i \tag{5-10}$$

式中 $\overline{h}_i$ —— 第 i 测段改正后的高差（m）。

因此，本例中各测段改正后高差分别为

$$\overline{h}_1 = h_1 + v_1 = 1.042 + (-0.006) = 1.036\ (\mathrm{m})$$
$$\overline{h}_2 = h_2 + v_2 = -1.424 + (-0.010) = -1.434\ (\mathrm{m})$$
$$\overline{h}_3 = h_3 + v_3 = 1.785 + (-0.016) = 1.769\ (\mathrm{m})$$
$$\overline{h}_4 = h_4 + v_4 = -1.773 + (-0.005) = -1.778\ (\mathrm{m})$$
$$\overline{h}_5 = h_5 + v_5 = 0.411 + (-0.004) = 0.407\ (\mathrm{m})$$

计算检核：$\sum \overline{h}_i = 0$。检核无误后将计算结果依次填入表5-7的第5列求和一栏。

4）计算各待求点高程

根据已知水准点 BM_A 的高程和各测段改正后高差，即可依次推算出各待定点的高程，即

$$H_1 = H_A + \overline{h}_1 = 380.230 + 1.036 = 381.266\ (\mathrm{m})$$
$$H_2 = H_1 + \overline{h}_2 = 381.266 + (-1.434) = 379.832\ (\mathrm{m})$$
$$H_3 = H_2 + \overline{h}_3 = 379.832 + 1.769 = 381.601\ (\mathrm{m})$$
$$H_4 = H_3 + \overline{h}_4 = 381.601 + (-1.778) = 379.823\ (\mathrm{m})$$

计算检核：$H_A = H_4 + \overline{h}_5 = H_{A(已知)}$，即闭合水准路线最后推算出的起点高程应与已知的起点高程相等，以此作为计算检核。检核无误后将计算结果依次填入表5-7的第6列。

至此，闭合水准路线计算完毕。计算时要仔细认真，注意数据单位以及每步的计算检核，以保证最终成果的正确。

视频（高差闭合差的调整）	视频（计算改正后高差）	视频（计算未知点高程）

闭合水准路线测量

知识拓展

工程应用时，水准路线以起止地名的简称定为线名，起止地名的顺序为“起西止东”“起北止南”。一、二、三、四等水准路线的等级，各以罗马字Ⅰ、Ⅱ、Ⅲ、Ⅳ在线名之前表示。

支水准路线以所测高程点名称后加“支”字命名。支水准路线上的水准点，从起始水准点到所测高程点方向，以数字1、2、3…顺序编号。

闭合水准路线的命名，取闭合环线内最大的地名后加“环”字命名，点号顺序取顺时针方向，点号书写于线名之后。

附合水准路线上的水准点应自该线起始水准点起，取数字1、2、3…按序编号。

基岩水准点除了按以上规定编号外，并应在名号前加写地名和“基岩点”3 字。基本水准点须在点号后右下角书写“基”字，上、下标分别再书以“上”和“下”字。利用旧水准点时，可使用旧名号。若重新编定时，应在新名号后以括号注明该点埋设时的旧名称。

例如，水准点“Ⅰ郑徐 $19_{基}$”表示该点为郑州至徐州一等水准路线点，从西到东第 19 个基本水准点，该点埋设基本水准标石。

图根点在生产中常采用边选点、边编号的方法进行，一般由作业组按流水线编号，在数字前冠字母（是作业组设定的代码）的形式进行编号，如“A128”“B038”。

视 频
闭合水准路线测量
（课后习题）

复习思考题

（1）调整表 5-8 中五等闭合水准测量观测成果，并计算各点高程。

表 5-8　计算各点高程

测段	测点	测站数	实测高差/m	改正数/mm	改正后高差/m	高程/m	备　注
	BM_A					44.364	
1		10	+1.224				
	A						
2		6	− 2.423				
	B						
3		12	− 2.741				
	C						
4		8	+3.922				
	BM_B					44.364	
$\sum$							
辅助计算							

（2）如图 5-35 所示，已知水准点 BM_A 的高程为 33.012 m，1、2、3 点为待定高程点，水准测量观测的各段高差及路线长度标注在图中，试列表计算各点高程。

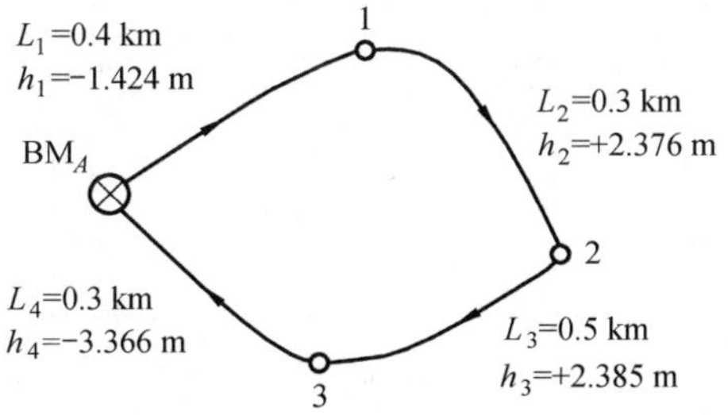

图 5-35　计算各点高程

任务 5.6　附合水准测量

5.6.1　工作任务

PPT
附合水准路线测量

为了方便检核，同时根据测区已知水准点的数量不同，可将水准路线布设成不同的形式。当测区有两个以上已知点时，水准路线可布设成附合水准路线。本任务的学习内容是附合水准路线的布设特点，记录和计算高程的方法，以及测量中的注意事项。

5.6.2 相关配套知识

如图 5-36 所示，从已知高程的水准点 BM_A 出发，沿待定高程的水准点 1、2、3 进行水准测量，最后附合到另一已知高程的水准点 BM_B 所构成的水准路线，称为附合水准路线。

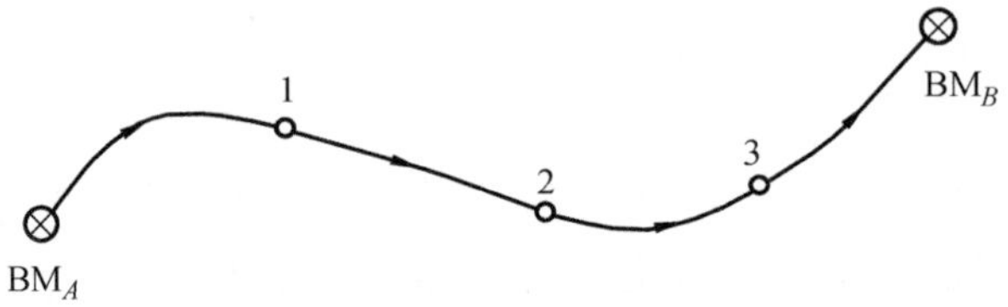

图 5-36 附合水准路线

1. 附合水准路线的观测与记录

如图 5-36 所示，某测区布设了一段五等附合水准路线，其中 BM_A、BM_B 为已知高程点，其高程分别为 $H_A = 310.723$ m，$H_B = 311.730$ m，1、2、3 为新布设的水准点，为待求高程点。现测得各测段高差分别为 $h_1 = +2.432$ m，$h_2 = +1.987$ m，$h_3 = -1.503$ m，$h_4 = -1.866$ m，已知各测段路线长分别为：$L_1 = 1.2$ km，$L_2 = 1.0$ km，$L_3 = 0.8$ km，$L_4 = 1.0$ km。检核观测质量是否合格并计算 1、2、3 点高程。

视频
附合水准路线内业计算
（填写已知数据）

表 5-9 为附合水准路线高程计算表，首先，将各水准点按照观测顺序填入表中第 2 列（测点），再将各测段路线长及观测高差分别填入第 3 列（测段长）、第 4 列（观测值），将已知点高程填入表中第 7 列（高程）对应位置。

表 5-9 附合水准路线计算表

测段	测点	测段长/km	高差值			高程/m
			观测值/m	改正数/mm	改正后高差/m	
1	2	3	4	5	6	7
I	BM_A	1.2	+2.432	−13	+2.419	310.723
	1					313.142
II		1.0	+1.987	−11	+1.976	
	2					315.118
III		0.8	−1.503	−8	−1.511	
	3					313.607
IV		1.0	−1.866	−11	−1.877	
	BM_B					311.730
$\sum$		4.0	+1.050	−43	+1.007	
辅助计算	$f_h = \sum h_i - (H_B - H_A) = 1.050 - 1.007 = 0.043\text{ m} = 43\text{ mm}$ $f_{h容} = \pm 30\sqrt{L} = \pm 30\sqrt{4.0} = \pm 60\text{ mm}$，由于 $\lvert f_h \rvert \leqslant \lvert f_{h容} \rvert$，因此精度合格					

2. 附合水准路线高程计算

1）高差闭合差的计算与检核

视频
附合水准路线内业计算（高差闭合差计算、检核）

根据附合水准路线的布设特点，各测段观测高差之和理论上应等于终点与起点的高差。因此，附合水准路线的高差闭合差为

$$f_h = \sum h_i - (H_{终} - H_{起}) \tag{5-11}$$

对表 5-9 中的第 4 列（观测高差）求和，得到 $\sum h_i = +1.050\ \text{m}$，填入表中第 4 列求和栏，因此 $f_h = \sum h_i - (311.730 - 310.723) = +43\ \text{mm}$。

对表 5-9 中的第 3 列（测段长）求和，得到 $\sum L_i = 4.0\text{k m}$，填入表中第 3 列求和栏。

由于 $f_{h容} = \pm 30\sqrt{L} = \pm 30\sqrt{4.0} = \pm 60\ \text{mm}$，满足 $|f_h| \leqslant |f_{h容}|$，因此观测精度合格。同时将以上高差闭合差计算与检验的过程填入表中辅助计算栏。

2）调整高差闭合差

附合水准路线高差闭合差调整的原则和方法与闭合水准路线相同。因此，本例中各测段的高差改正数分别为：

$$v_1 = -\frac{1.2}{4} \times 43 = -13\ (\text{mm}),\quad v_2 = -\frac{1}{4} \times 43 = -11\ (\text{mm}),$$
$$v_3 = -\frac{0.8}{4} \times 43 = -8\ (\text{mm}),\quad v_4 = -\frac{1}{4} \times 43 = -11\ (\text{mm})$$

计算检核：$\sum v_i = -f_h$。检核无误后将计算结果依次填入表 5-9 的第 5 列求和一栏。

3）计算各测段改正后高差

符合水准路线的计算思路与闭合水准路线相同，本例中各测段改正后高差分别为

$$\bar{h}_1 = h_1 + v_1 = 2.432 + (-0.013) = 2.419\ \text{m},\quad \bar{h}_2 = h_2 + v_2 = 1.987 + (-0.011) = 1.976\ (\text{m}),$$
$$\bar{h}_3 = h_3 + v_3 = -1.503 + (-0.008) = -1.511\ (\text{m}),$$
$$\bar{h}_4 = h_4 + v_4 = -1.866 + (-0.011) = -1.877\ (\text{m})$$

计算检核：$\sum \bar{h}_i = (H_{终} - H_{起}) = 1.007\ \text{m}$。然后将计算结果依次填入表 5-8 的第 6 列。

4）计算各待求点高程

根据已知水准点 BM_A 的高程和各测段改正后高差，即可依次推算各待定点的高程，即

$$H_1 = H_A + \bar{h}_1 = 310.723 + 2.419 = 313.142\ (\text{m})$$
$$H_2 = H_1 + \bar{h}_2 = 313.142 + 1.976 = 315.118\ (\text{m})$$
$$H_3 = H_2 + \bar{h}_3 = 315.118 + (-1.511) = 313.607\ (\text{m})$$

计算检核：$H_B = H_3 + \bar{h}_4$，检核无误后将计算结果依次填入表 5-9 的第 7 列。

知识拓展

高程控制网加密时也可布设成结点水准网，如图 5-37 所示，BM_1、BM_2、BM_3 为已知水

准点，其高程分别为 $H_1 = 97.099$ m，$H_2 = 100.065$ m，$H_3 = 96.475$ m，观测高差和水准路线长度见表5-10，要求计算1点的高程平差值及中误差。

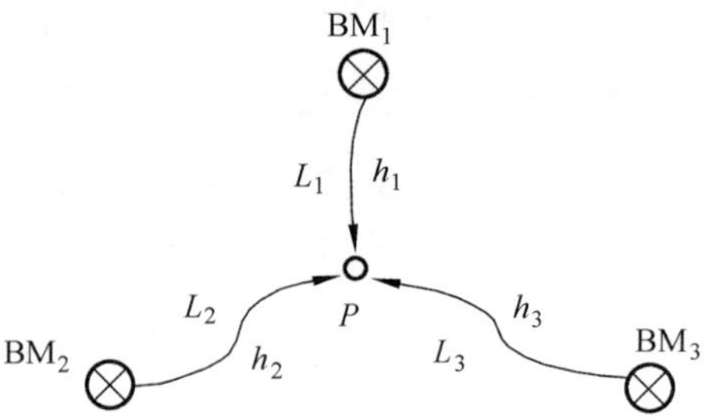

图5-37 结点水准网示意图

由于该水准网是由3段单一支水准路线组合形成的，因此计算时先分别检核和计算每个单一路线，然后再按照水准网的平差原则进行高程计算。

1）每测段往返测高差平均值的计算与检核

每测段都是单一的支水准路线，因此检核与计算方法同支水准路线。计算结果见表5-10中第4、5、6、7列。

表5-10 测段外业计算与检核表

测段	实测高差/m		往返测高差不符值/mm	往返测高差不符值限差/mm	测段路线长度均值/km	往返测高差平均值/m
	往测	返测				
1	2	3	4	5	6	7
$BM_5 \sim P$	−0.178	+0.180	+2	±5	0.240	−0.179
$BM_2 \sim P$	−3.147	+3.147	0	±5	0.175	−3.147
$BM_3 \sim P$	+0.443	−0.442	+1	±4	0.127	+0.442

2）附合水准路线的计算与检核

在该水准网中，每两段支水准路线又构成了 $BM_1 \sim BM_2$，$BM_1 \sim BM_3$，$BM_2 \sim BM_3$ 等3段附合水准路线，因此要再按照附合水准路线进行检核计算，检核结果见表5-11。

表5-11 外业附合路线计算与检核表

附合路线	起点高程/m	实测高差/m		终点高程/m	路线长度/km	闭合差/mm	限差/mm
		h_1	h_2				
1	2	3	4	5	6	7	8
$BM_1 \sim BM_2$	97.099	−0.179	+3.147	100.065	0.415	+2	±7
$BM_1 \sim BM_3$	97.099	−0.179	−0.442	96.475	0.367	+3	±7
$BM_2 \sim BM_3$	100.065	−3.147	−0.442	96.475	0.302	−1	±6

3）结点高程计算

检核合格后，可进行结点高程平差值的计算。由于有3段水准路线测到结点1处，而且测段长度不同，因此在计算结点高程时要给各个测段分配一定的权重，权重的大小与测段长度有关，即

$$P_i = \frac{C}{L_i} \tag{5-12}$$

式中 P_i——该测段的权；

L_i——测段长度。

设 $C = 1$，则可计算出相应的权重，见表5-12第6列。

考虑权重的大小，则 P 点的高程平差值计算公式为

$$H_P = \frac{P_1 H_P^1 + P_2 H_P^2 + P_3 H_P^3}{P_1 + P_2 + P_3} \tag{5-13}$$

式中　H_P——P 点的高程平差值；

P_i——每测段的权；

H_P^i——由第 i 测段推算出 P 点的高程值。

将数据代入公式（5-13），计算结果见表 5-12。

表 5-12　外业附合路线计算与检核表

路线号	起始点高程 /m	实测高差 /m	结点观测高程 /m	测段长度 /km	权	改正数 v /km	pvv
1	2	3	4	5	6	7	8
1	97.099	−0.179	96.920	0.240	4.166 7	−2	16.666 8
2	100.065	−3.147	96.918	0.175	5.714 3	0	0
3	96.475	+0.442	96.917	0.127	7.874 0	+1	7.874 0
$\sum$					17.755		24.540 8
结点高程及中误差计算	高程：$H_P = \frac{P_1 H_{1P} + P_2 H_{2P} + P_3 H_{3P}}{P_1 + P_2 + P_3} = 96.918\ \text{m}$　改正数：$v_i = H_P^i - H_P$ 单位权误差：$\hat{\sigma}_0 = \sqrt{\frac{[pvv]}{n-1}} = \pm 3.50\ \text{mm}$　中误差：$\hat{\sigma}_{H_P} = \frac{\hat{\sigma}_0}{\sqrt{P_1 + P_2 + P_3}} = \pm 0.83\ \text{mm}$						

复习思考题

（1）在水准点 BM_A 和 BM_B 之间进行水准测量，所测得的各测段的高差和水准路线长如图 5-38 所示。已知 BM_A 的高程为 5.612 m，BM_B 的高程为 5.400 m。试绘制附合水准测量高差计算表，计算出水准点 1 和 2 的高程。

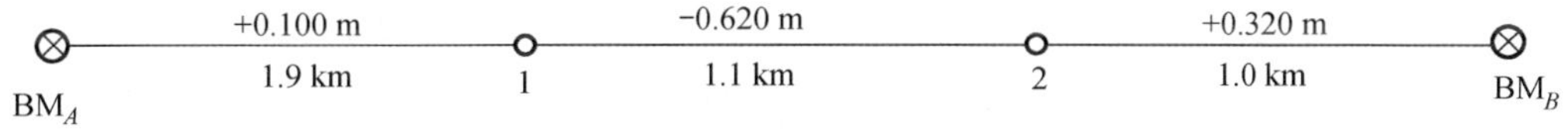

图 5-38　各测段的高差和水准路线长

（2）调整表 5-13 中五等附合水准测量观测成果，并计算各点高程。

表 5-13　观测成果

测点	测站数	实测高差/m	改正数/mm	改正后高差/m	高程/m
BM_1					36.345
	100	+2.785			
A					
	200	−4.369			
B					
	140	+2.980			
BM_2					37.763
$\sum$					
辅助计算					

任务 5.7 四等水准测量

PPT
四等水准测量

5.7.1 工作任务

四等水准网是在国家一、二等水准网的基础上进一步加密而来，能够提供地形测图和各种工程建设的高程控制点，是施工场地高程控制网建立、控制网加密和构筑物沉降观测的重要方法与基础，本任务的学习内容是四等水准测量的观测步骤，记录和计算高程的方法，要求学生能够熟练掌握并能够协作开展。

视频
四等水准测量观测、记录及

5.7.2 相关配套知识

四等水准测量与普通水准测量相比，测量原理相同，而且都需要拟定水准路线、选点、埋石和观测等程序；不同的是四等水准测量必须使用双面尺观测，记录计算、观测顺序、精度要求不同。

四等水准路线一般沿道路布设，尽量避开土质松软地段，水准点间的距离一般为 2～4 km，在城市建筑区为 1～2 km。水准点应选在地基稳固、能长久保存和便于观测的地点。

四等水准测量所使用的水准仪，其精度应不低于 DS_3 型的精度指标。水准仪望远镜放大倍率应大于 30 倍，符合水准器的水准管分划值为 20″/2 mm。

根据《工程测量标准》(GB 50026—2020)，四等水准测量的技术指标及观测要求，应符合表 5-1 的规定。另外，三、四等水准测量的主要技术要求，还应符合表 5-14 的规定。

表 5-14 三、四等水准测量的主要技术要求

等级	水准仪型号	视线长度/m	前后视较差/m	前后视累积差/m	视线离地面最低高度/m	基、辅分划或黑、红面读数较差/mm	基、辅分划或黑、红面所测高差较差/mm
四等	DS_3	100	5	10	0.2	3.0	5.0

注：1. 三、四等水准采用变动仪器高度观测单面水准尺时，所测两次高差较差，应与黑面、红面所测高差之差的要求相同；
2. 数字水准仪观测，不受基、辅分划或黑、红面读数较差指标的限制，但测站两次观测的高差较差，应满足表中相应等级基、辅分划或黑、红面所测高差较差的限值。

1. 四等水准测量的观测方法

四等水准测量的观测应在通视良好、望远镜成像清晰、稳定的情况下进行。如图 5-39 所示，在每一测站上，首先安置仪器，如前后视距差超限，则需移动前视尺或水准仪，以满足要求。然后按“后（黑）—后（红）—前（黑）—前（红）”的顺序观测，记录于四等水准测量手簿，表 5-15 为四等水准测量手簿，括号内的数字表示观测记录和计算校核的顺序：

（1）读取后视尺黑面读数：下丝（1），上丝（2），中丝（3）。

（2）读取后视尺红面读数：中丝（4）。

（3）读取前视尺黑面读数：下丝（5），上丝（6），中丝（7）。

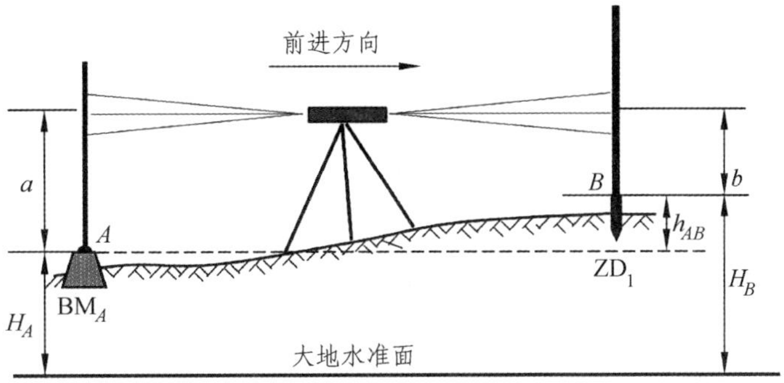

图 5-39　四等水准测量观测示意图

3D 动画　视频

四等水准尺读数

（4）读取前视尺红面读数：中丝（8）。

测得上述 8 个数据后，随即进行计算，如果符合规定要求，可以迁站继续施测；否则应重新观测，直至所测数据符合规定要求后，才能迁到下一站。

视频

视距差调整

2. 四等水准测量的检核与计算

测站上的计算有下面几项，计算数据见表 5-15。

1）视距计算与检核

后视距：$(9)=[(1)-(2)]\times 100$（式中“100”为视距乘常数，下同）

前视距：$(10)=[(5)-(6)]\times 100$

视距差 d：$(11)=(9)-(10)$（检核：绝对值不应超过 5 m）

视距累积差 $\sum$d：（12）= 本站的（11）+ 前站的（12）（检核：绝对值不应超过 10 m）

2）黑、红面高差计算与检核

后视尺黑、红面读数差：$(13)=K_1+(3)-(4)$（检核：绝对值不应超过 3 mm）

前视尺黑、红面读数差：$(14)=K_2+(7)-(8)$（检核：绝对值不应超过 3 mm）

上两式中的 K_1 和 K_2 分别为两水准尺的黑、红面的常数差，被称为尺常数，其作用是检核黑、红面观测读数是否正确。表 5-15 中观测所用黑、红面水准尺的尺常数为：$K_1=4.787$ m、$K_2=4.687$ m。

黑面高差：$(15)=(3)-(7)$

红面高差：$(16)=(4)-(8)$

黑红面高差之差：$(17)=(15)-[(16)\pm 0.100]=(13)-(14)$（检核：绝对值不应超过 5 mm）

由于两水准尺的红面起始读数相差 0.100 m，即 4.787 m 与 4.687 m 之差，因此，红面测得的实际高差应为（16）±0.100。取“+”或取“−”的原则是，若（16）小于（15），则取“+”；若（16）大于（15），则取“−”。

3）高差中数计算

每一测站经过上述计算，符合限差要求后，才能计算高差中数。

高差中数：（18）= 1/2 [（15）+（16）± 0.100]，（18）为该站测得的两点间高差值。

表 5-15 四等水准测量手簿

测段：自 BM_1 至 P 日期：____年____月____日 仪器型号：

观测者：__________ 记录者：__________ 天气：

测站编号	点名	后尺 下丝 / 上丝 / 后视距/m / 视距差 d	前尺 下丝 / 上丝 / 前视距/m / 累计差 $\sum d$	方向及尺号	水准尺读数（m）黑色面	水准尺读数（m）红色面	K+黑－红 /mm	高差中数
		（1）	（5）	后尺号	（3）	（4）	（13）	（18）
		（2）	（6）	前尺号	（7）	（8）	（14）	
		（9）	（10）	后-前	（15）	（16）	（17）	
		（11）	（12）		K_1 =	4.787	K_2 =	4.687
1	BM_1 至 ZD_1	1.614	0.774	后 1	1.384	6.171	0	
		1.156	0.326	前 2	0.551	5.239	－1	
		45.8	44.8	后-前	0.833	0.932	1	0.8325
		1.0	1.0					
2	ZD_1 至 ZD_2	2.188	2.252	后 2	1.934	6.622	－1	
		1.682	1.758	前 1	2.008	6.796	－1	
		50.6	49.4	后-前	－0.074	－0.174	0	－0.0740
		1.2	2.2					
3	ZD_2 至 ZD_3	1.922	2.066	后 1	1.726	6.512	1	
		1.529	1.668	前 2	1.866	6.554	－1	
		39.3	39.8	后-前	－0.140	－0.042	2	－0.140
		－0.5	1.7					
4	ZD_3 至 P	2.041	2.220	后 2	1.832	6.520	－1	
		1.622	1.790	前 1	2.007	6.793	1	
		41.9	43	后-前	－0.175	－0.273	－2	－0.1740
		－1.1	0.6				$\sum$（18）=	0.4435
本页检核		$\sum$（9）=	177.6	后	$\sum$（3）=	6.876	$\sum$（4）=	25.825
		$\sum$（10）=	177.0	前	$\sum$（7）=	6.432	$\sum$（8）=	25.382
		$\sum d$ =（12）$_{末站}$ =0.6		后-前	$\sum$（15）=	0.444	$\sum$（12）=	0.443
		L =	354.6		$[\sum(15)+\sum(16)]/2$ =		0.4435	=$\sum$（18）

当整个水准路线测量完毕，应逐页校核计算有无错误，每页校核的内容和方法是：

首先计算：$\sum$（3）、$\sum$（7）、$\sum$（4）、$\sum$（8）、$\sum$（9）、$\sum$（10）、$\sum$（15）、$\sum$（16）、$\sum$（18）。

则有：

$$\sum(3)-\sum(7)=\sum(15)$$

$$\sum(4)-\sum(8)=\sum(16)$$

$$\sum(9)-\sum(10)=(12)_{末站}$$

当测站总数为奇数时：$1/2[\sum(15)+(\sum(16)\pm0.100)=\sum(18)$

当测站总数为偶数时：$1/2[\sum(15)+\sum(16)]=\sum(18)$

水准路线总长度：$L=\sum(9)+\sum(10)$

4）成果整理

四等水准测量，一般也布设单一水准路线（支水准路线、闭合水准路线和附合水准路线），外业成果经检查合格，且高差闭合差符合表 5-1 的限差要求时，才能进行高差闭合差的调整和高程计算。四等水准测量高差闭合差的调整和高程计算与普通水准测量方法相同。

进行四等水准测量时，有以下注意事项：

（1）每次水准尺翻面以及后视转前视之前，一定要精平，使符合水准器气泡居中。

（2）记录员听到观测员读数后，要回报读数进行数据检验，以免错听、错记。

（3）不允许划改毫米、厘米，不准连环涂改。

（4）高差中数记录 4 位数，四舍六入，五前奇进偶舍。

（5）有正、负意义的量，在记录计算时都应带上“+”“−”号。

（6）每进行一步计算都要对照限差要求，有一项超限视为不合格，须重新测量，并在重测的结果后加注“重测”二字。

知识拓展

三等水准测量与四等水准测量的路线形式、施测仪器、记录表格等大致相同，只是在施测程序上有所不同，三等水准测量的施测程序为：

将水准尺立于已知高程水准点上作为后视，水准仪置于施测路线附近合适的位置，在施测前进方向上，取仪器置后视大致相等的距离放量尺垫，在尺垫上竖立水准尺作为前视，读数顺序如下：

（1）照准后视标尺黑面，读取下、上、中、三丝读数。

（2）照准前视标尺黑面，读取下、上、中、三丝读数。

（3）照准前视标尺红面，读取中丝读数。

（4）照准后视标尺红面，读取中丝读数。

这样的顺序简称：后－前－前－后。

复习思考题

（1）简述四等水准测量一测站的观测步骤。

（2）根据表 5-16 水准路线的观测数据，填写并计算观测记录手簿。

表 5-16　观测记录手簿

测站编号	后尺 下丝	前尺 下丝	方向及尺号	标尺读数		K+黑－红/mm	高差中数/m	备注
	后尺 上丝	前尺 上丝		后视	前视			
	后距/m	前距/m		黑面/m	红面/m			
	视距差 d/m	$\sum d$/m						
1	1.979	0.738	后 K_1	1.718	6.405			K_1 = 4.687 K_2 = 4.787
	1.457	0.214	前 K_2	0.476	5.265			
			后－前					
2	2.739	0.965	后 K_2	2.461	7.247			
	2.183	0.401	前 K_1	0.683	5.370			
			后－前					

任务 5.8　二等水准测量

5.8.1　工作任务

二等水准测量主要用于大城市的高程控制测量、地面沉降观测、精密工程测量等。随着地铁、高铁建设的步伐加快，对高程控制测量的要求越来越高，二等水准测量的应用越来与广泛。本任务的学习内容是二等水准测量的观测步骤，记录和计算高程的方法，要求学生能够熟练掌握并能够协作开展二等水准测量。

5.8.2　相关配套知识

根据《国家一、二等水准测量规范》(GB/T 12897—2016)，二等水准测量的外业观测限差应符合表 5-17 的规定。二等水准测量的测站检核限差及线路闭合差应符合表 5-18 的规定。

表 5-17　一、二等水准测量的主要技术要求

等级	仪器类别	视线长度		前后视距差		任意测站上前后视距差累积		视线高度		数字水准仪重复测量次数
		光学/m	数字/m	光学/m	数字/m	光学/m	数字/m	光学（下丝）/m	数字/m	
一等	DSZ05 DS05	≤30	≥4 且≤30	≤0.5	≤1.0	≤1.5	≤3.0	≥0.5	≤2.80 且≥0.65	≥3 次
二等	DSZ1、DS1	≤50	≥3 且≤50	≤1.0	≤1.5	≤3.0	≤6.0	≥0.3	≤ 2 .80 且≥0.55	≥2 次

注：下丝为近地面的视距丝。几何法数字水准仪视线高度的高端限差一、二等允许到 2.85 m，相位法数字水准仪重复测量次数可以为上表中数值减少一次。所有数字水准仪，在地面震动较大时，应随时增加重复测量次数。

表 5-18　一、二等水准测量的限差要求

等级	上下丝读数平均值与中丝读数的差/mm		基辅分划读数的差/mm	基辅分划所测高差的差/mm	检测间歇点高差的差/mm	往返测高差不符值或环线闭合差/mm
	0.5 cm 刻划标尺	1 cm 刻划标尺				
一等	1.5	3.0	0.3	0.4	0.7	$2\sqrt{L}$
二等	1.5	3.0	0.4	0.6	1.0	$4\sqrt{L}$

1. 精密水准仪与精密水准尺

PPT　　视频

电子水准仪的认识

根据规范的要求，选用水准仪的型号为 DS_1、DSZ_1 或 DS_{05} 型精密水准仪和铟瓦水准尺，也可选用电子水准仪和条形码水准尺。

精密水准仪的基本构造与普通微倾式水准仪相同，也是由望远镜、水准器和基座 3 个主要部分组成，如图 5-40 所示。精密水准仪的主要特征是：望远镜光学性能好、放大率高，使得观测时成像更清晰；管水准器的灵敏度高，使得安平的精度高；装置有光学测微器，可直接读取水准尺一个分划格（1 cm 或 0.5 cm）的百分之一单位，从而使得读数精度高；仪器的整体结构稳定，受外界条件变化的影响小。

另外，精密水准仪配有专用的精密水准尺，三脚架采用直伸式。

精密水准尺通常采用铟瓦尺，这种水准尺的分划漆在铟瓦合金带上，铟瓦合金带以一定的拉力引张在木质尺身的沟槽中，从而不受尺身伸缩变形影响。铟瓦尺的分划为线条式的，如图 5-41 所示。

精密水准仪的操作方法与普通微倾式水准仪基本相同，不同之处是精密水准仪采用光学测微器读数。作业时，粗平、瞄准后，先转动微倾螺旋，使在望远镜视场左侧的水准管气泡两端的影像精确吻合，这时视线水平，如图 5-43 所示，再转动测微轮，使十字丝上楔形丝精确地夹住整分划，厘米以上的数按标尺读取，厘米以下的数在目镜右下方的测微尺读数窗内读取。如图 5-42 所示，在标尺上读数为 1.96 m，测微尺上读数为 1.62 mm，整个读数为 1.961 62 m。

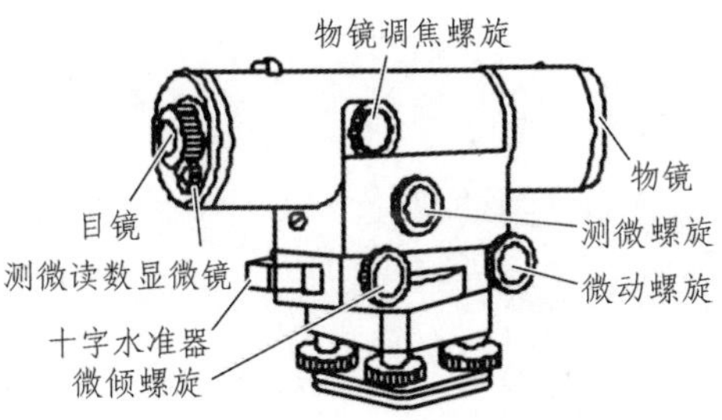

图 5-40　S_1 型精密水准仪

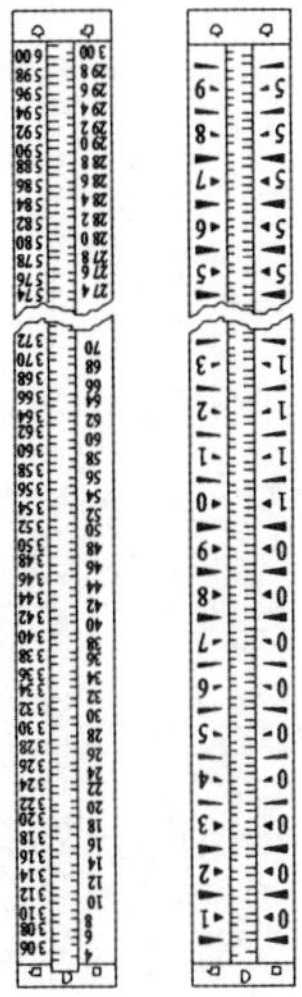

图 5-41　精密水准尺

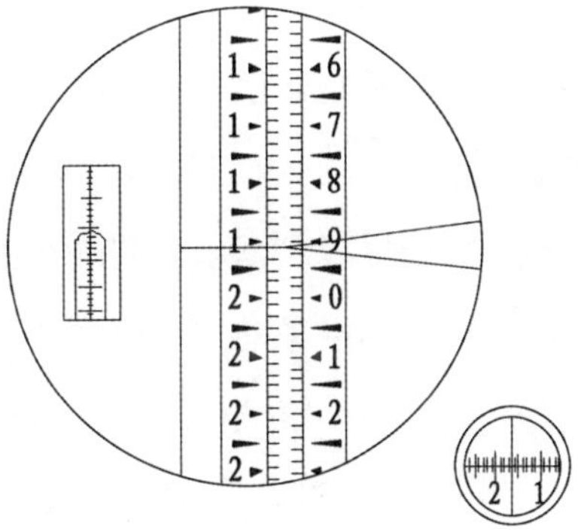

图 5-42　S_1 型水准仪读数

2. 二等水准测量的观测方法

根据已知点和待求点位置间相互关系，水准路线布设成附合水准路线、闭合水准路线或水准网。

1）测站观测程序

（1）往测时，奇数测站照准水准标尺分划的顺序为“后－前－前－后”，即：

后视标尺的基本分划；

前视标尺的基本分划；

前视标尺的辅助分划；

后视标尺的辅助分划。

（2）往测时，偶数测站照准水准标尺分划的顺序为“前－后－后－前”，即：

前视标尺的基本分划；

后视标尺的基本分划；

后视标尺的辅助分划；

前视标尺的辅助分划。

（3）返测时，奇、偶数测站照准标尺的顺序分别与往测奇、偶数测站相反。

2）一测站观测与记录

按光学测微法进行观测，以往测奇数测站为例，一测站的操作程序如下：

（1）安置仪器。

（2）将望远镜照准后视水准标尺，使符合水准气泡两端影像近于符合。然后用上、下丝分别照准标尺基本分划进行视距读数，分别记录于表5-19中①和②栏（视距读至mm，第4位数由测微器直接读得）。然后，使符合水准气泡两端影像精确符合，使用测微螺旋用楔形平分线精确照准标尺的基本分划，并读取标尺基本分划和测微分划的读数，记录于表5-19中③栏，测微分划读数取至测微器最小分划。

（3）旋转望远镜照准前视标尺，并使符合水准气泡两端影像精确符合，用楔形平分线照准标尺基本分划，并读取标尺基本分划和测微分划的读数，记录于表5-19中⑥栏。然后用上、下丝分别照准标尺基本分划进行视距读数，记录于④和⑤栏。

（4）用水平微动螺旋使望远镜照准前视标尺的辅助分划，并使符合气泡两端影像精确符合，用楔形平分线精确照准并进行标尺辅助分划与测微分划读数，记录于⑦栏。

（5）旋转望远镜，照准后视标尺的辅助分划，并使符合水准气泡两端影像精确符合，用楔形平分线精确照准并进行辅助分划与测微分划读数，记录于⑧栏。

表 5-19　二等水准测量手簿

测段：自 BM_1 至 *P*1　　日期：____年____月____日　　仪器型号：

观测者：____________　　记录者：____________　　天气：

测站编号	后尺 上丝 / 下丝；后距/m；视距差 *d*/m	前尺 上丝 / 下丝；前距/m；$\sum d$/m	方向及尺号	标尺读数/m 基本划分（一次）	标尺读数/m 辅助划分（二次）	基加 *K* 减辅（一减二）/mm	备注
	①	④	后	③	⑧	⑬	
	②	⑤	前	⑥	⑦	⑭	
	⑨	⑩	后－前	⑮	⑯	⑰	
	⑪	⑫	*h*	⑱			
1	1.408	1.408	后	1.263 85	4.279 32	3	往测数据
	1.112	1.112	前	1.262 38	4.277 78	0	
	29.6	29.6	后－前	0.001 47	0.001 44	3	
	0	0	*h*	0.001 46			
2	1.241	1.301	后	1.392 58	4.408 07	1	
	1.539	1.599	前	1.450 24	－4.465 73	1	
	29.8	29.0	后－前	－0.057 66	－0.057 66	0	
	0.8	0.8	*h*	－0.057 66			
3	1.273	1.172	后	1.437 52	4.453 02	0	
	1.596	1.495	前	1.336 71	4.352 21	0	
	32.3	32.3	后－前	0.100 81	0.100 81	0	
	0	0.8	*h*	0.100 81			
4	1.250	1.305	后	1.357 53	4.373 01	2	
	1.450	1.495	前	1.403 99	4.419 48	1	
	20	19.5	后－前	－0.046 46	－0.046 47	1	
	1	1.8	*h*	－0.046 46			
测段计算	$D_{往}$＝	222.1	后	$h_{往}$＝－0.001 85			
	$D_{返}$＝	222.9	前	$h_{返}$＝0.002 20			
	$D_{中}$＝	222.5	后－前	$h_{中}$＝－0.002 02			
			h	$W=0.35\ \text{mm}\le\pm4\sqrt{0.222\,5}=1.8\ \text{mm}$			

3. 二等水准测量的检核与计算

二等水准测量的计算项目与四等水准的计算类似，具体计算数据见表 5-19。

1）视距计算与检核

后视距：⑨＝[①－②]×100（式中“100”为视距乘常数，下同）

前视距：⑩ = [④ − ⑤] × 100（检核：⑨、⑩不应超过 50 m）

视距差 d：⑪ = ⑨ − ⑩（检核：绝对值不应超过 1 m）

视距累积差∑d：⑫ = 本站的⑪ + 前站的⑫（检核：绝对值不应超过 3 m）

2）高差计算与检核

后尺基、辅分划读数差：⑬ = K + ③−⑧（检核：绝对值不应超过 0.4 mm）

前尺基、辅分划读数差：⑭ = K + ⑥−⑦（检核：绝对值不应超过 0.4 mm）

上两式中的 K 为两精密水准尺的基、辅分划的常数差，被称为尺常数，对于 N3 型水准标尺，$K = 3.015\ 5$ m。

基本分划所得高差：⑮ = ③ − ⑥

辅助分划所得高差：⑯ = ⑧ − ⑦

基辅分划高差之差：⑰ = ⑮−⑯ = ⑬−⑭（检核：绝对值不应超过 0.6 mm）

3）高差中数计算

每一测站经过上述计算，符合限差要求后，才能计算高差中数。

高差中数：⑱ = 1/2（⑮ + ⑯），⑱为该站测得的两点间高差值。

4）测段计算与检核

二等水准测量需要每测段往返测后，进行测段计算与检核，包括计算往测视距之和 $D_{往}$，返测视距之和 $D_{返}$，往返测平均视距 $D_{中}$；往测观测高差 $h_{往}$，返测观测高差 $h_{返}$。

然后计算往返测高差不符值 $W = h_{往} + h_{返}$，满足表 5-19 要求之后，计算测段平均高差 $h_{中}$。

知识拓展

1. 数字水准仪观测程序

往、返测奇数站照准标尺顺序为：① 后视标尺；② 前视标尺；③ 前视标尺；④ 后视标尺。

往、返测偶数站照准标尺顺序为：① 前视标尺；② 后视标尺；③ 后视标尺；④ 前视标尺。

2. 数字水准仪一测站操作程序（以奇数站为例）

（1）首先将仪器整平（望远镜垂直轴旋转，圆气泡始终位于指标环中央）。

（2）将望远镜对准后视标尺（此时，标尺应按圆水准器整置于垂直位置），用垂直丝照准条码中央，精确调焦至条码影像清晰，按测量键。

（3）显示读数后，旋转望远镜照准前视标尺条码中央，精确调焦至条码影像清晰，按测量键。

（4）显示读数后，重新照准前视标尺，按测量键。

（5）显示读数后，旋转望远镜照准后视标尺条码中央，精确调焦至条码影像清晰，按测量键，显示测站成果。测站检核合格后迁站。

3. 徕卡 DNA03 仪器使用方法

1）仪器安置

主机：DNA03 型数字水准仪只需概略居中圆气泡，仪器有高精度的补偿器，自动完成对照准视线的水平纠正。

标尺：条形码标尺带有圆水准器，测量时可使用撑杆支撑标尺，使水准器居中，确保标尺铅垂，且标尺应立于专用的尺台之上，如图 5-43 所示。

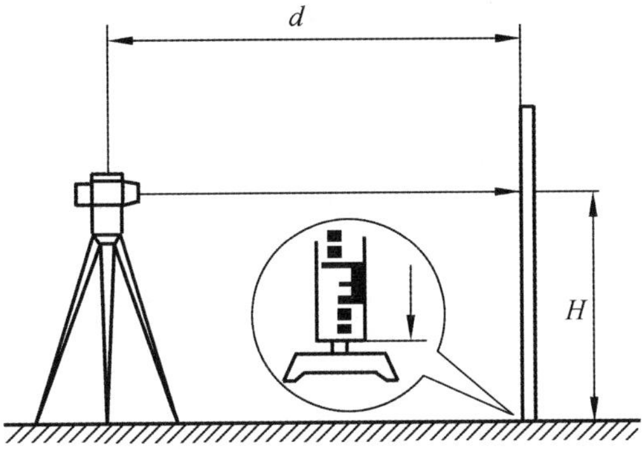

图 5-43　尺台

2）开机

开机后显示基本测量程序“水准测量”，信息如图 5-44 所示。

[水准测量]	1/2　BF
PtBS:	A1 ↑
HO　:	108.9870m
HCol:	109.0438m
Staf:	0.0568m
Dist:	23.50m
作业　记录	简码

· 水准测量，方法 BF（后视 B、前视 F）
· 起始点点号，默认为 A1，可输入
· 起始点高程（标准值 = 0.000），可输入
· 仪器高程（视线高程）
· 当前标尺读数
· 水平距离（视距）
· 输入作业名和线路名，记录测量结果并继续前视

图 5-44　水准测量界面

如果仪器上次是在线路测量作业中关闭的，再次开机，仪器即显示询问信息是否“退出水准测量？”确认信息后，可继续上次的线路测量。

3）程序测量

按压 PROG 键，调出程序菜单，选择程序测量。程序菜单如图 5-45 所示。

[应用程序]
1. 水准测量
2. 线路测量
3. 线路平差
4. 检验调整

· 就是 BF 测量方法（单向测量，测量后视和前视）
· 有 BF，aBF，BFFB，aBFFB 和单程双转点等线路测量方法
· 可进行线路平差计算，得出闭合差和平差结果
· 仪器的检验与调整

图 5-45　程序菜单

4）线路测量

外业测量常选“线路测量”程序。按压 PROG 2，线路测量窗口显示如图 5-46 所示。

[线路测量]	
1. 作业	DEFAULT
2. 线路	LINE00002
3. 设置	限差
4. 开始	↩

· 确定作业名（仪器自动默认 DEFAULT），可选择也可增加
· 确定线路名称、确定观测方法、起始点资料等
· 激活限差功能并设置（输入）限差
· 作业名、线路名和限差设置完成后，开始线路测量

图 5-46　线路测量界面

对于双视线测量方法 BFFB，在完成第四个观测之后，仪器就在屏幕顶端显示本站测量成果。窗口显示如图 5-47 所示。

```
[ 线 路 测 量 ]              BFFB
BFFB
ST.2----BACK--------↑---
PtID:                          4
Rem :                   --------
dH T:                    0.1861m
H   :                    0.1861m
⮌ 测站    闭合差   查看    简码
```

图 5-47 BFFB 测量界面

· 奇数站按 BFFB 顺序测量，偶数站也按 BFFB 顺序测量
· 奇数站 BFFB 完成，下一观测应是偶数站的后视（↑指向 B）
· 点号
· 注释
· 总高差（相对于起点的总高差）
· 测点的高程
· 查测站数据、显示当前线路信息（闭合差），也可退出线路测量

5）线路平差

线路平差程序可进行单一线路平差。按压 PROG 3，线路平差窗口显示如图 5-48 所示。

```
[线路平差]  ⮌              默认 →
Job :                      1236◀ ▶
Line:                 LINE00007◀ ▶
Meth:               by Distance◀ ▶
a   :                   0.0020 m
b   :                   0.0050 m
Adj.:       Line+Interm+SetO◀ ▶
```

图 5-48 线路平差界面

· 按压→可进行已知点数据确定
· 选择作业名
· 确定线路名称
· 确定计算闭合差容许值的方法，按距离计算（或按测站）
· a、b 参数值（按距离平差的闭合差容许值：$a+b\sqrt{L}$）
· 三种不同类型的点可组合进行平差

确定已知点高程后，计算闭合差并查看结果。闭合差窗口显示如图 5-49 所示。

```
[平差结果] ⮌                 平差
Job   :                   1236
Line:                LINE00007
Close:                 0.0000m
Tol. :                 0.0032m
/Sta.:                 0.0000m
Meth.:             by Distance
```

图 5-49 水准测量界面

·按压平差可进行平差计算，并显示平差结果（见图 5-48）
· 选择作业名
· 确定线路名称
· 闭合差
· 限差
· 每站的闭合差
· 平差方法（按距离）

按压平差，平差结果窗口显示如图 5-50 所示。

```
           [平差结果]
Line-Point                 1/2
PtID: :                   A1◀ ▶
H new:               100.0000m
Resid:                 0.0000m
Hori:                100.0000m
                             8
```

图 5-50 平差结果

· 移动查看所有平差点结果
· 平差高程（new）
· 残差（平差高程与原始测量高程之差）
· 原始测量高程（ori）
· 退出线路平差程序（↵）

复习思考题

（1）简述二等水准测量的测站观测程序。

（2）简述二等水准测量中的限差和相应的检核与计算方法。

任务 5.9　水准仪的检验与校正

5.9.1　工作任务

水准仪属于高精度仪器，普通的 DS_3 水准仪，每千米高差往返测的中误差可以达到 3 mm。但是，水准仪在使用中很容易受到损坏，国家规定光学水准仪要每年做定期检定。本任务的学习内容是了解水准仪检验与校正的内容，会进行水准仪 i 角的检验校正。

5.9.2　相关配套知识

水准测量的常见误差主要来源于仪器本身的误差、观测误差以及外界条件影响产生的误差。仪器的常见误差包括：视准轴与水准管轴不平行的误差（i 角误差）、水准尺尺长误差、刻划误差及零点差等。其中，i 角误差是水准测量的主要误差来源之一，是水准测量工作开展之前、之中必须检定的项目。

水准测量规范规定，对于质量情况不明的新出厂的仪器，须按规定项目进行全面检验与校正；仪器经拆修后也应检验有关项目；进行各等级水准测量，在每期作业开始前都应对水准仪进行以下几项检验：

（1）水准仪的检视。

（2）水准器的检验校正。

（3）视准轴与水准管轴相互关系（i 角）的检验校正。

其中，水准仪 i 角的检验校正至关重要。

水准仪在检校前，首先应进行视检，其内容包括：顺时针和逆时针旋转望远镜，看竖轴转动是否灵活、均匀；微动螺旋是否可靠；瞄准目标后，再分别转动微倾螺旋和对光螺旋，看望远镜是否灵敏，有无晃动等现象；望远镜视场中的十字丝及目标能否调节清晰；有无霉斑、灰尘、油迹；脚螺旋或微倾螺旋均匀升降时，圆水准器及管水准器的气泡移动不应有突变现象；仪器的三脚架安放好后，适当用力转动架头时，不应有松动现象。

1. i 角误差产生的原因

由于仪器制造的原因或者水准仪在使用及运输过程中受到震动或触碰导致仪器的视准轴与水准管轴不平行，使得观测时的视线与水平面形成一个夹角，这个夹角称为 i 角，其引起的测量误差称为 i 角误差。自动安平仪的 i 角是自动安平系统形成的水平线与望远镜视准轴之间的夹角。

水准测量前要对水准仪进行 i 角检验，超过限差要求时必须校正后方可使用，而且之后要定期地进行检验校正。不同精度水准仪的 i 角限差不同，例如光学水准仪 DS_3 型 i 角限差为 20″，也就是说对于 DS_3 型水准仪，当 i 角 > 20″ 时，需要进行水准管轴平行于视准轴的校正。

2. 光学水准仪 i 角的检验校正

1）i 角的检验

光学水准仪 i 角的检验一般采用中间距离法，如图 5-51 所示，在平坦的地面上选定相距

60 ~ 100 m 的 A、B 两点，在两点上各放置一个尺垫，然后竖立水准尺。

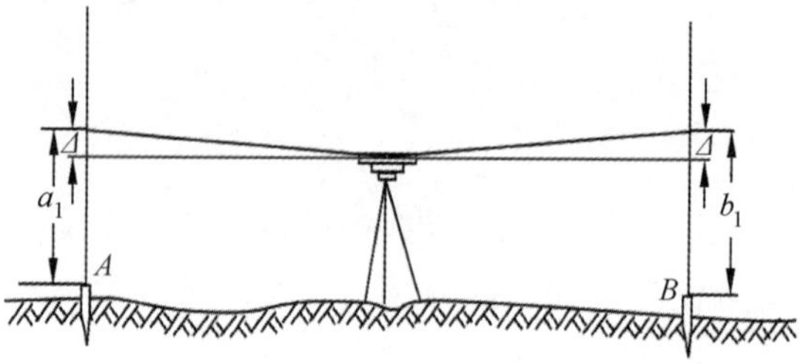

（a）

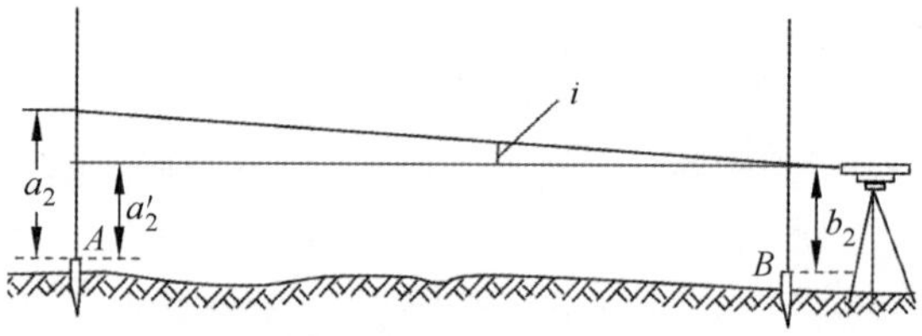

（b）

图 5-51 i 角检验示意图

首先将水准仪安置于 A、B 的中点 C，仪器精平后分别读取 A、B 点上水准尺的读数 a_1、b_1；改变水准仪高度（10 cm 以上）再重读两尺读数 a_1'、b_1'；

改变仪器高前后分别计算高差，高差之差如果不大于 5 mm，则取其平均数，两次视距相等，i 角的影响相互消除，以此平均高差作为 A、B 两点间的正确高差 h_1。

$$h_1 = \frac{(a_1 - b_1) + (a_1' - b_1')}{2}$$

然后，将水准仪搬到与 B 点相距 2 m 处，精平仪器后分别读取 A、B 两点水准尺读数 a_2、b_2，又测得高差 $h_2 = a_2 - b_2$。因为此时距离不相等，所以在测得的高差 h_2 中将可能有 i 角的影响。

若 $h_1 = h_2$，则说明仪器 i 角为零，水准管轴平行于视准轴；

若 $h_1 \neq h_2$，则说明仪器存在 i 角误差。此时，A 点水准尺的正确读数应为 a_2'。

$$a_2' = b_2 + h_{AB} = b_2 + h_1 \quad (5\text{-}14)$$

则按小角公式计算 i 角为

$$i = \frac{\rho |a_2 - a_2'|}{D_{AB}} \quad (5\text{-}15)$$

式中，$\rho = 206\,265''$；D_{AB} 为 A、B 间距离。

2）***i* 角的校正**

如果计算得到的 i 角大于 20″，则应进行 i 角的校正。

校正方法：如图 5-52 所示，转动微倾螺旋使中丝对准 A 点水准尺的正确读数 a_2'，此时视准轴处于水平位置，但管水准器

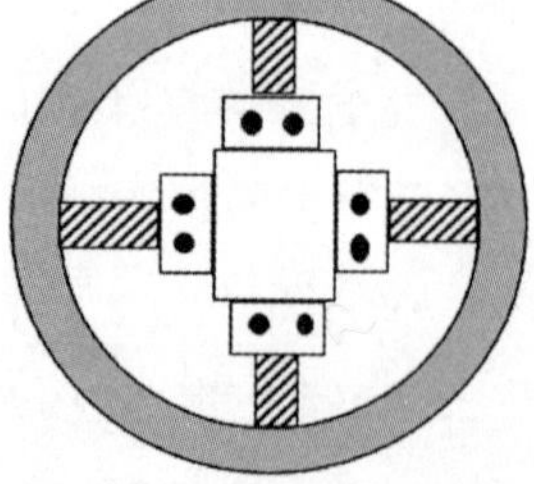

图 5-52 四等水准测量观测

气泡偏离中心。用拨针旋松水准管一端的左右两颗校正螺丝，再拨动水准管一端的上、下两个校正螺丝，使气泡的两个半像符合，校正后再旋紧 4 颗螺丝。此项检验校正也要反复进行，直至 i 角误差小于 20″。

知识拓展

圆水准器的检验与校正：

1. 圆水准器的检验

圆水准器检验的目的是使圆水准器竖轴平行于仪器竖轴，也就是当圆水准器的气泡居中时，仪器的竖轴应处于铅垂状态。

检验的方法是首先转动脚螺旋使气泡居中，然后将仪器旋转 180°。如果气泡仍居中，则说明两轴平行；如果气泡偏离了零点，则说明两轴不平行需校正。

2. 圆水准器的校正

拨动圆水准器的校正螺钉使气泡中点退回距零点偏离量的一半，这时圆水准器竖轴 L_0L_0 将与竖轴 VV 平行。

需要注意的是，在拨动圆水准器的校正螺钉时，有的仪器是首先松开圆水准器的紧固螺钉，如图 5-53 所示。当顺时针拨动时，校正螺钉升高，气泡移向校正螺钉位置，逆时针拨动则气泡离开校正螺钉，然后转动脚螺旋使气泡居中，这时仪器竖轴就处于铅垂位置了。有的仪器是直接拨动校正螺钉的，先松后紧，使气泡居中。

检验和校正应反复进行，直至仪器转到任何位置，圆水准气泡始终居中为止。

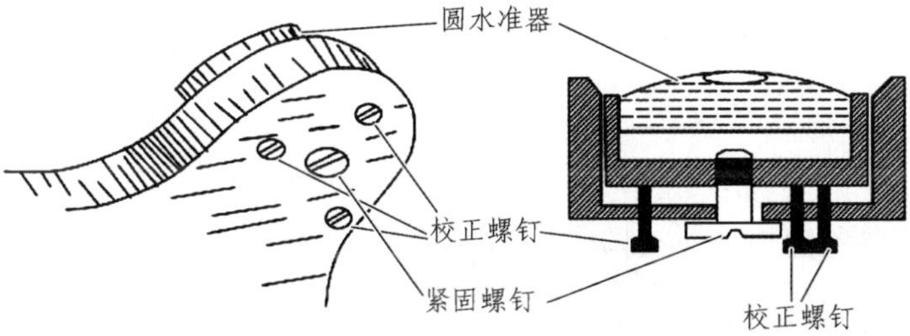

图 5-53　圆水准器检验校正示意图

复习思考题

请检验某台 DS_3 水准仪的 i 角误差。

任务 5.10　全站仪三角高程测量

5.10.1　工作任务

在山区或地形起伏较大的地区布设高程控制网测定高程时，水准测量一般难以进行，故实际工作中常采用全站仪三角高程测量的方法施测。本任务的学习内容是三角高程测量的原理，会进行全站仪三角高程路线测量。

5.10.2 相关配套知识

当地形高低起伏较大而不便于实施水准测量时，可采用三角高程测量的方法测定两点间的高差，从而推算各点的高程。

PPT 三角高程测量　　视频 三角高程测量原理

1. 三角高程测量原理

三角高程测量是根据测量两点间的水平距离和竖直角，计算两点间的高差进而推算高程的方法。

如图 5-54 所示，测量地面上 A、B 两点间的高差 h_{AB}，在 A 点安置全站仪，对中整平后量取仪器高 i（即仪器水平轴至测点 A 的铅垂距离），在 B 点设置单棱镜，量取棱镜高 v（即棱镜中心至地面点 P 的铅垂距离）。用望远镜中的十字丝的横丝照准 B 点棱镜中心，全站仪可测出视线方向与水平线所夹竖直角 α，A、B 的斜距 S、水平距离 D，则 A、B 两点间的高差 h_{AB} 为

$$h_{AB}=D\tan\alpha+i-v \tag{5-16}$$

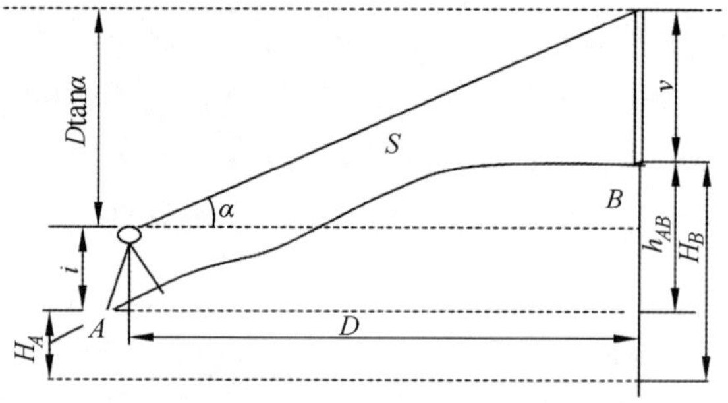

图 5-54　全站仪三角高程测量示意图

若在 A 点的高程已知为 H_A，则 B 点的高程为

$$H_B=H_A+D\tan\alpha+i-v \tag{5-17}$$

2. 球气差的减弱方法

式（5-17）是在假定地球表面为水平面，认为视线为水平线的条件下得到的。当地面两点间距离大于 400 m 时，应考虑地球曲率和大气折光对观测高差的影响。

如图 5-55 所示，A、B 为地面点，用过测站点 A 的水平面来代替过 A 点的水准面弧对高差产生的 f_1，就是由于地球弯曲对高差的影响，称为地球弯曲差，简称球差。

$$f_1=\frac{1}{2R}D^2 \tag{5-18}$$

式中　R——地球平均曲率半径，一般按 6 371 km 计；

　　　D——两点间水平距离。

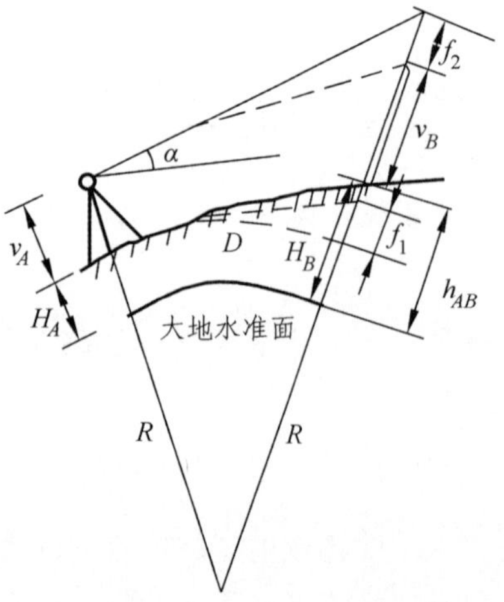

图 5-55　球气差的影响

球差总是使所测高差减小。

当光线通过密度不均匀的大气层时，会产生折射而形成一条凹向地面的连续曲线，所以使观测得到的垂直角α中包含有大气折光的影响，它对高差的影响为 f_2，称为大气折光差，简称气差。

$$f_2 = \frac{k}{2R}D^2 \tag{5-19}$$

式中 R——地球平均半径；

k——大气折光差系数。k 介于 0 与 1 之间，k 值变化比较复杂，只能求出某一地区折光系数平均值，在我国大部分地区折光系数 k 的平均值取 0.11 比较合适。

气差总是使所测高差增大。球差及气差对高差的综合影响称为球气差或两差。

$$f = \frac{D^2}{2R}(1-k) \tag{5-20}$$

则三角高程高差计算公式为

$$h_{AB} = D \cdot \tan\alpha + i - v + f \tag{5-21}$$

为了消除或减弱地球曲率和大气折光的影响，三角高程测量一般应进行对向观测，也称直、反觇观测。在已知高程点上安置仪器，向未知高程点方向进行三角高程测量观测的方法，称为直觇；反之，在未知高程点上安置仪器，向已知高程点方向进行三角高程测量观测的方法，称为反觇观测，简称反觇。

$$\text{直觇：}\ h_{AB} = D_{AB} \cdot \tan\alpha_A + i_A - v_B + f \tag{5-22}$$

$$\text{反觇：}\ h_{BA} = D_{BA} \cdot \tan\alpha_B + i_B - v_A + f \tag{5-23}$$

直、反觇高差平均值为

$$h_{AB\text{均}} = \frac{1}{2}(h_{AB} - h_{BA}) = \frac{1}{2}[(D_{AB} \cdot \tan\alpha_A + i_A - v_B) - (D_{BA} \cdot \tan_B + i_B - v_A)] \tag{5-24}$$

由此可见，直、反觇高差平均值可消减球气差影响。实际上，地球曲率差能够消除，而大气折光差只能有效地减弱，这是因为空气的密度每时每刻都在发生变化。

3. 三角高程路线测量

所谓三角高程路线，是指在已知高程点间形成了由若干条边组成的路线，用三角高程测量的方法，对每条边进行往返测定高差的一种布网形式。

1）三角高程路线的布设形式

三角高程路线包括单一三角高程路线及独立交会高程点的图形。其中，三角高程路线有闭合路线、附合路线、支路线，如图 5-56 所示；独立交会高程点有前方交会、侧方交会、后方交会等，如图 5-57 所示。

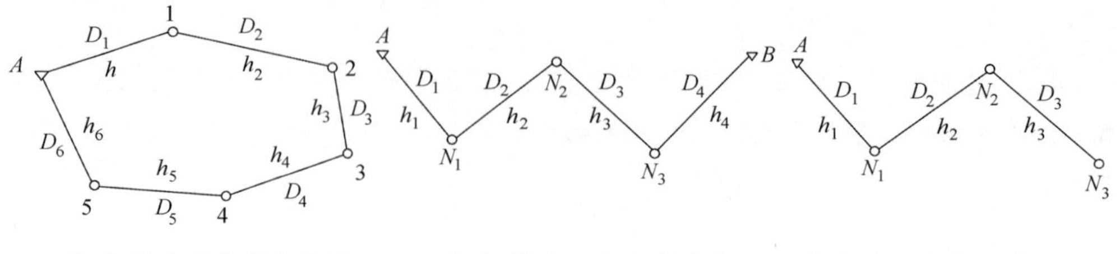

（a）闭合三角高程路线　（b）附合三角高程路线　（c）支三角高程路线

图 5-56　单一三角高程路线形式

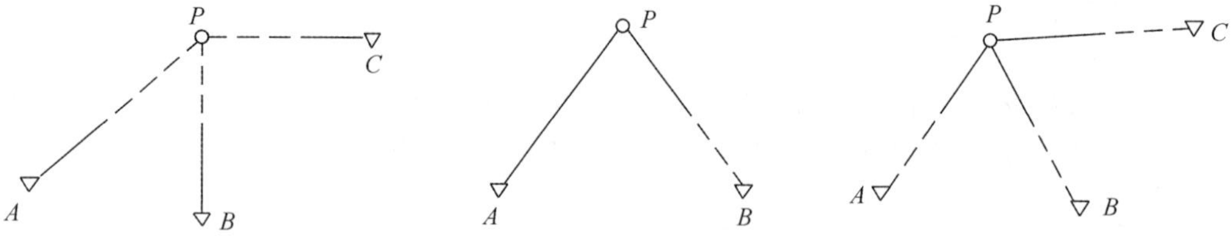

（a）前方交会　（b）侧方交会　（c）后方交会

图 5-57　独立交会高程点示意图

2）施测方法及内业计算

根据规范，电磁波测距三角高程测量的主要技术要求，应符合表 5-20 的规定。

表 5-20　电磁波测距三角高程测量的主要技术要求

等级	每千米高差全中误差/mm	边长/km	观测次数	对向观测高差较差/mm	附合或环形闭合差/mm
四等	10	≤1	对向观测	$40\sqrt{D}$	$20\sqrt{\sum D}$
五等	15	≤1	对向观测	$60\sqrt{D}$	$30\sqrt{\sum D}$

注：1. D 为电磁波测距边长度（km）；

2. 起讫点的精度等级，四等应起讫于不低于三等水准的高程点上，五等应起讫于不低于四等的高程点上；

3. 线路长度不应超过相应等级水准路线的总长度。

三角高程测量的外业工作主要是观测垂直角。对于单一三角高程路线，各边的垂直角均应进行往返观测，而且垂直角的对向观测，应当直觇完成后应即刻进行返觇测量；对于独立交会高程点，前方交会为 3 个直觇，后方交会为 3 个反觇，侧方交会为两个反觇和一个直觇。

内业计算时，首先对各边的直、反觇观测高差进行计算，求出每一条边按同一个方向前进的直、反觇观测高差的平均值以及边长；然后，将路线闭合差按与边长成比例进行分配，具体的分配方法与水准测量中的内业计算相同。

如图 5-58 所示，A 为已知高程点，高程 $H_A = 376.432$，B、C 为待求高程点，在 A、B、C 之间布设了三角高程路线，进行了直、反觇观测，图中箭头所示为直觇方向，观测数据见表 5-21。

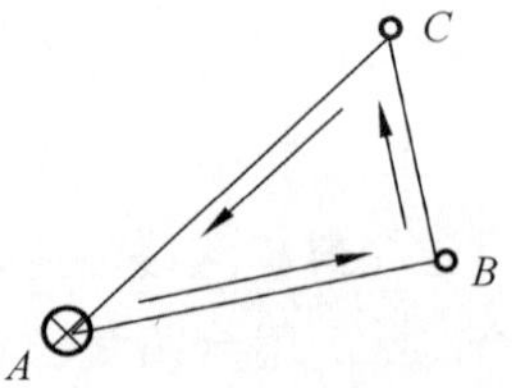

图 5-58　三角高程路线算例

表 5-21　三角高程测量高差计算表

测站点	A	B	B	C	C	A
目标点	B	A	C	B	A	C
觇法	直觇	反觇	直觇	反觇	直觇	反觇
水平距离	9.831	9.831	7.256	7.256	11.772	11.772
竖直角	1°35′23″	− 1°32′59″	2°12′55″	− 2°11′01″	− 3°47′12″	3°47′52″
仪器高	1.677	1.464	1.605	1.512	1.466	1.618
目标高	1.385	1.736	1.462	1.661	1.675	1.413
单向高差	+0.565	− 0.538	+0.424	− 0.426	− 0.988	+0.986
平均高差	+0.554		+0.425		− 0.987	

首先，分别计算每条边直觇、反觇观测高差，计算结果见表 5-21 单项高差一行。检核对向观测高差较差，根据表 5-20 要求，满足小于等于 $40\sqrt{D}$ 后，求平均值，为每条边的平均高差，计算结果见表 5-21 平均高差一行。

然后，按照闭合水准路线高差闭合差计算与调整办法进行计算，计算结果见表 5-22。

表 5-22　闭合差计算与调整表

点号	水平距离 /m	观测高差 /m	高差改正数 /mm	改正后高差 /m	高程 /m
A	109.831	0.552	3	0.555	376.432
B	107.256	0.425	3	0.428	376.987
C	111.772	− 0.987	4	− 0.983	377.415
$\sum$	328.859	− 0.010	10	0.000	376.432
辅助计算	$f_h=\sum h_i=0.003$ m　　$f_{h容}=\pm 30\sqrt{\sum D_i}=\pm 30\sqrt{0.028\ 859}=\pm 5$ (mm) $\lvert f_h\rvert \leqslant \lvert f_{h容}\rvert$，所以精度合格				

三角高程测量适用于大丘陵测区、山区及水网、沼泽测区进行高程控制。一般来说，三角高程测量的施测精度比水准测量的施测精度低一些，这是它的缺点；但是，它施测的速度快，工效高，外业劳动强度低，这是它的优点。因此，在实际工作中，应视具体情况决定采用何种测量方法。

知识拓展

图 5-58 中独立交会高程点可布成 3 种图形，每种图形中的未知点 P 的高程，均可由 3 个单觇高差算得 3 个高程 H_{P1}、H_{P2}、H_{P3}。

独立交会高程点的高程较差，是指 H_{P1}、H_{P2}、H_{P3} 中的最大值与最小值之差，用 ΔH_P 表示。其允许值（限差）为：

《城市测量规范》（CJJ/T 8—2011）要求：　$W_{允}=\pm\frac{1}{5}h$　m

视频
自由设站三角高程测量

式中 h——测图等高距，以米为单位。

独立交会高程点的最后成果：

当由各路线所算得的交会点 P 高程较差 ΔH_P 不超过限差时，即

$$|\Delta H_P| \leqslant |W_{允}|$$

取各路线所算得的交会点高程 H_{P1}、H_{P2}、H_{P3} 的算术平均值作为独立交会高程点的最后成果

$$H_P = \frac{H_{P1} + H_{P2} + H_{P3}}{3} \tag{5-25}$$

若由各路线所算得的交会点 P 高程较差 ΔH_P 超过限差时，应寻找原因，直至重测。

复习思考题

（1）三角高程测量适用于什么条件？它与水准测量相比各有何优缺点？

（2）某三角高程对向观测的数据记录见表 5-23，请完成括号内计算项目？

表 5-23 数据记录表

所求点	B	
起算点	A	
觇法	直	反
全站仪显示 v_D/m	53.28	−50.38
仪器高 i/m	1.52	1.48
棱镜高 t/m	2.76	3.2
单向高差 h/m	（ ）	（ ）
对向观测的高程较差/m	（ ）	
高差较差的允许值/m	0.11	
平均高差/m	（ ）	
起算点高程/m	105.72	
所求点高程/m	（ ）	

小结

（1）按照测区大小不同，高程控制网分为国家高程控制网、城市和工程高程控制网、小区域高程控制网。其中国家高程控制网按水准网布设，分为一、二、三、四等。

（2）小区域高程控制的方法有水准测量和三角高程测量。

（3）水准测量是利用水准仪提供的一条水平视线，分别在后视尺和前视尺上截得的读数

求差来测得两点间高差，进而根据已知点的高程推算待测点的高程。

（4）水准路线的布设形式有支水准路线、闭合水准路线、附合水准路线。

（5）四等水准测量一测站的观测程序是“后（黑）–后（红）–前（黑）–前（红）”。

（6）光学二等水准测量的测站观测程序是：往测时奇数测站后（基）–前（基）–前（辅）–后（辅），偶数测站前（基）–后（基）–后（辅）–前（辅）；返测时奇数、偶数站正好与往测相反。

（7）数字二等水准测量的测站观测程序是：往、返测奇数测站后–前–前–后，偶数测站前–后–后–前。

（8）三角高程测量适用于地势起伏较大的测区，一般要进行对向观测，以消除球气差的影响。

06

项目 6

地形图认识

>>>>>>>>>>

项目描述

地形图的认识是工程测量学习中至关重要的一个环节。为了让学生熟练掌握本环节的知识，并达到能够灵活应用的目的。本项目以地形图相关数据资料为例，要求学生通过所学知识，借助于《国家基本比例尺地图图式》(GB/T 20257.1—2017)，完成以下任务：

（1）地形图的识读；

（2）地形图比例尺的应用；

（3）地物的表示；

（4）地貌的表示。

对标“1+X” 测绘地理信息数据获取与处理证书技能要求
4.1 读图能力 ☑ 4.1.1 熟悉 1∶500、1∶1 000、1∶2 000 图式 ☑4.1.2 具有数字线划图的读图能力。

学习目标

岗位能力目标：

1. 能利用地形图说明其所包含的地物和地貌特征；
2. 能根据应用情况选择合适的比例尺；
3. 能进行地形图的识读。

知识目标：

1. 掌握地形图识读的基本方法；
2. 认识地形图图式中地物、地貌的绘制方法；
3. 掌握测绘中相关资料和数据的整理、归档。

思政点拨

国家基本比例尺地形图必须严格按照国家标准进行绘制，地形图的认识不仅要求学生认识并掌握地形图相关基本知识，要求学生有一定的规范意识和标准意识。

相关案例

图 6-1 所示为一幅 1∶500 比例尺的某城区地形图。主要测量依据：中华人民共和国国家标准《国家基本比例尺地图图式第 1 部分：1∶500　1∶1 000　1∶2 000 地形图图式》（GB/T 20257.1—2017）。

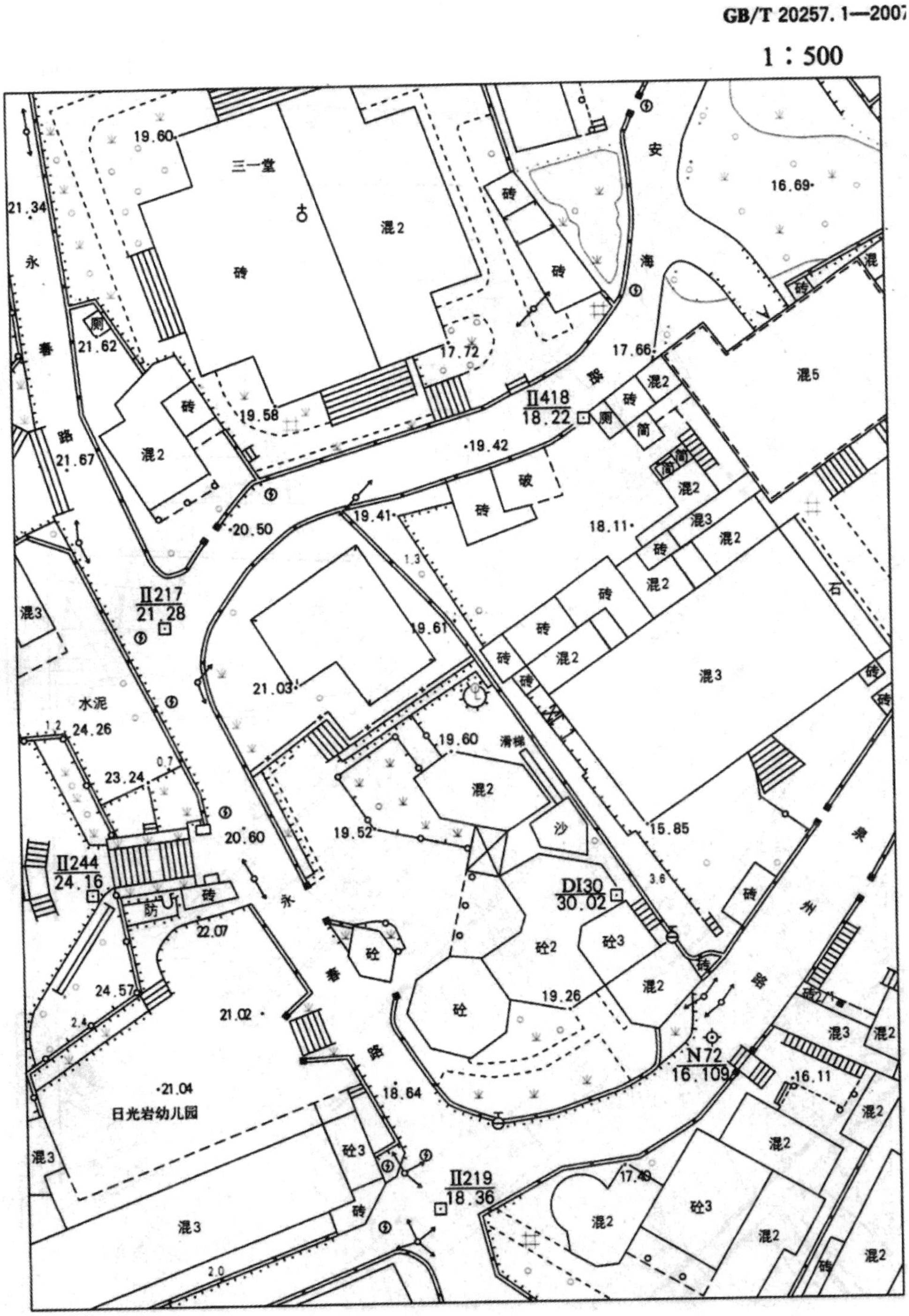

图 6-1　某城区地形图

任务 6.1　地形图基本要素

6.1.1　工作任务

地形图是将测区内采集的各种有关的地物和地貌信息转换为图纸形式，为土地资源开发和利用、工程设计与施工、城乡规划、管理和决策提供相关测绘资料。图 6-2 为一幅地形图，本任务就是应用地形图的识读方法，说明该图中各种符号的含义。

PPT-1　　PPT-2　　视频-1　　视频-2

地形图的基础知识

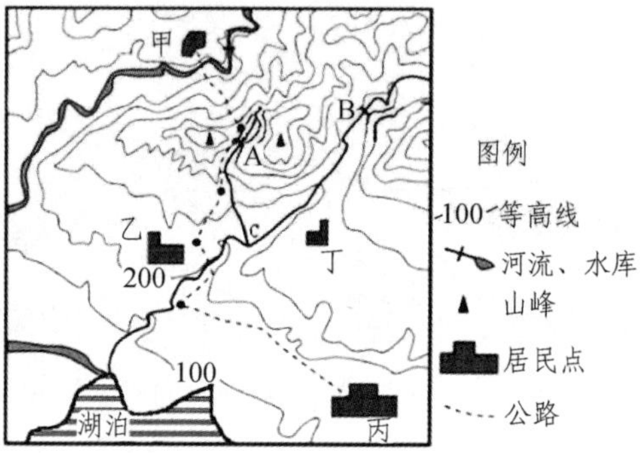

图 6-2　地形图示例

6.1.2　相关配套知识

地形是地球表面地物和地貌的总称。地物是指地面上天然或人工形成的具有明显轮廓的物体，如河流、湖泊、道路、房屋等；地貌是指地表高低起伏的自然形态，如山地、丘陵、平原等。地形图是按一定比例尺，用规定符号表示的地物、地貌平面位置和高程的正射投影图。地形图详实反映了地表各种地物分布、地形起伏等情况，是各项工程建设中必需的资料，人们可以在地形图上获得所需要的地面信息。

本任务主要学习和讨论大比例尺（指 1∶500、1∶1 000、1∶2 000 比例尺）地形图判读和应用的理论基础。

1. 地形图的概念

识读地形图是对地形图内容及知识的综合了解和运用，其目的是正确地使用地形图。每幅地形图是该图幅的地物、地貌的总和，而地物、地貌在图上是用地形图图式规定的各种符号、线划、等高线和各种注记表示的。因此，识读地形图必须以地形图图式为基础，一定要熟悉图式的有关规定；熟悉符号表示地物、地貌的原理及各种地物、地貌的表示方法；熟悉各类要素符号间关系的处理原则；熟悉各种注记的配置及图廓的整饰要求。此外，识读时要讲究方法，要分层次地进行识读，即从图外到图内，从整体到局部，逐步深入到要了解的具体内容；这样，对图幅内的地形有了完整的概念后，才能对可以利用的部分提出恰当、准确的用图方案。

2. 地形图识读的基本内容

1）图名、图式

地形图的图名通常是采用这幅图内最著名或最重要的地名来表示的。

地形图一般是遵照国家规定的统一图式测绘的，不同比例尺的地形图所规定的图式有所不同；此外，有的专业部门还根据具体情况补充规定了一些特殊的图式符号。在使用地形图时，必须熟悉相应比例尺的地形图式和有关专业的特殊图式符号。

2）比例尺

通常在图廓外正中注有地形图的数字比例尺。中、小比例尺图上还绘有一直线比例尺，利用它可以直接测定图上两点间的实地距离。

3）坐标系统与高程系统

我国大比例尺地形图一般采用全国统一规定的高斯平面直角坐标系统，某些工程建设也有采用假定的独立坐标系统。高程系统国家于 1987 年 5 月启用新的“1985 年国家高程基准”，凡仍用旧系统（1956 年黄海高程系）的高程资料，使用时应换算成新的高程系统。

4）图的分幅与编号

测区较大时，地形图都是分幅测绘的，识读时要根据拼接示意图了解每幅图上、下、左、右相邻图幅的编号，以便于拼接使用。

图的编号是本幅图在同一测区内所处位置的顺序编号。编号方法随地形图分幅方法的不同而不同。知道了编号方法及本图幅的图号，就知道了该图幅在测区内的位置。

5）地物的判读

地形图上的所有地物都是按照地形图图式上规定的地物符号和注记符号表示的。因此，对于常用的符号一定要很熟悉，并且对某些符号的定位点也应了解。此外，对于依比例尺符号、非比例尺符号和半依比例尺符号也要能够辨别清楚，以免在用图时产生错误。此外，也可对照实地进行判读。

6）地貌的判读

地貌是地球表面在内外力作用下呈现的高低起伏的相貌。地貌区分为普通地貌（如山地、丘陵、平原、洼地等）和特殊地貌（如石山、冲沟、滑坡、崩崖等）两种类型。普通地貌在地形图上采用等高线表示。要正确地判读地貌，应首先了解表示地貌的等高线的特性，及各种基本地貌的等高线图形规律，在此基础上结合示坡线、高程点和等高线高程注记便可确定山顶、山脊、山谷、山坡、鞍部等具体地貌形态。特殊地貌在地形图上采用专门符号进行表示，熟悉符号的表示方法，不难对特殊地貌做出正确判读。

任务 6.2　地形图比例尺

6.2.1　工作任务

比例尺是指地形图上任意线段长度与地面上相应线段的水平长度之比的数学描述。通过学习，能根据地形图的比例尺，确定地面两点之间的距离，能进行比例尺精度的计算。

6.2.2　相关配套知识

1. 比例尺的表示方法

1）数字比例尺

比例尺是指地形图上任意线段长度 d 与地面上相应线段 D 的水平距离之比，一般化为分子为 1 的整分数形式表示，即

$$\frac{d}{D}=\frac{1}{D/d}=\frac{1}{M} \tag{6-1}$$

式中　M—— 比例尺分母。

2）直线比例尺

在图上绘制一条线段，将其分成若干段，并将其代表的实地长度标注上，可将图上量取的长度与之比较得出实地距离，这种比例尺称为直线比例尺。如图 6-3 所示，在直线上截取若干基本单位（如 2 cm），将左端的基本单位再 10 等分（如 2 mm）。对于某种比例尺，如 1∶10 000 比例尺，直线上每 2 cm 及 2 mm 分别相当于地面 200 m 及 20 m。利用直线比例尺，可以量取图上两点间所代表的实地距离。

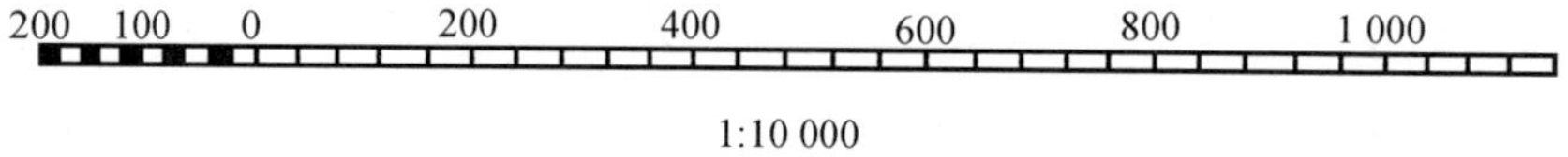

图 6-3　直线比例尺示意图

比例尺的大小是以比例尺的比值来衡量的，分数值越大（M 越小），比例尺越大。根据工程建设的不同需要，可以选择不同的比例尺。通常称 1∶100 万、1∶50 万、1∶20 万为小比例尺；称 1∶10 万、1∶5 万、1∶2.5 万、1∶1 万为中比例尺；称 1∶5 000、1∶2 000、1∶1 000、1∶500 为大比例尺。土木工程建设中通常采用大比例尺地形图。

2. 比例尺精度

视频　比例尺介绍　　视频　比例尺的精度介绍　　PPT　地形图比例尺

地形图上所表示的地物、地貌细微部分与实地有所不同，其精度与详细程度受比例尺的影响。由于人们用肉眼能分辨的图上的最小距离为 0.1 mm，因此我们把地形图上 0.1 mm 所代表的实地水平距离长度，称为地形图比例尺的精度。

根据比例尺精度确定实地测图时的量测精度。例如：在 1∶500 地形图上测绘地物，测

距精度只需达到 ±5 cm 即可，因为量得再精细，在图上也是无法表示出来。比例尺大小不同，比例尺精度就不同。可以根据比例尺精度和用图要求，确定测图比例尺。地形图测绘时采用何种比例尺，应从工程规划、施工实际情况需要的精度出发，不应盲目追求更大比例尺的地形图，因为同一测区范围的大比例尺测图比小比例尺测图更费工费时。地形图的比例尺精度计算方法采用公式 6-2。大比例尺地形图的比例尺精度如表 6-1 所示。

$$\text{比例尺精度} = 0.1\ \text{mm} \times M \tag{6-2}$$

表 6-1　比例尺精度

地形图比例尺	1∶5 000	1∶2 000	1∶1 000	1∶500
比例尺精度/m	0.5	0.2	0.1	0.05

研究比例尺精度的意义：

（1）根据比例尺精度可以确定测图比例尺的大小。

例如：某工程设计要求，在地形图上能显示出相应实地 0.1 m 的线段精度，问测绘地形图时，应采用多大的比例尺？

根据题意：0.1 m 就是比例尺的精度，则比例尺

$$\frac{1}{M} = \frac{0.1\ \text{mm}}{0.1\ \text{m}} = \frac{1}{1\ 000}$$

（2）根据比例尺，可以确定测绘地形图时应准确到什么程度才有意义。

例如：甲方要求测绘 1∶2 000 比例尺地形图，在测绘地形图时，距离测量应精确到什么程度呢？

根据题意，应精确到：

$$\delta = 0.1\ \text{mm} \times 2\ 000 = 200\ \text{mm} = 0.2\ (\text{m})$$

任务 6.3　地物表示

6.3.1　工作任务

地物是指地球表面自然形成或人工修建的有明显轮廓的物体。在地形图上，地物用国家统一的图式符号表示。通过学习，能用正确的符号对典型地物进行表示，为地形图的测绘及判读打好基础。

视 频

地物的表示方法

6.3.2　相关配套知识

1. 地物符号

依比例尺符号是指能够保持物体平面轮廓图形的符号，被人称作轮廓符号或真形符号。

依比例符号所表示的物体在实地占有相当大的面积，在地图上表示森林、海洋、湖泊等符号都是依比例符号。

不依比例尺符号是指不依地图比例尺表示的地图符号。一般为按地图比例尺缩小后显示不出来的重要地物符号，如大比例尺图上的三角点、井、泉、塔等独立地物符号。又如小比例尺图上的小居民点、车站、港口、名胜古迹等。能较精确定位，但不能判明其形状和大小。

半依比例尺符号是指长度依地图比例尺表示，而宽度不依地图比例尺表示的线状符号。一般表示长度大而宽度小的狭长地物，如铁路、公路、河流、堤坝、管道等。这种符号能精确定位和测量长度，但不能显示其宽度。

除以上符号表示外还用文字、数字和特定符号对地物加以说明和补充，称为地物标记，如道路、河流、学校名称、楼房层数、点的高程、水深、坎的比高等。

2. 典型地物符号表示

常见的地形图图式符号及图例如表6-2所示。

表6-2 常见的地形图图式符号及图例

编号	符号名称	图例	编号	符号名称	图例
1	单幢房屋 a. 一般房屋 b. 有地下室的房屋 c. 突出房屋 d. 简易房屋 混、钢：房屋结构 1、3、28：房屋层数 -2：地下房屋层数	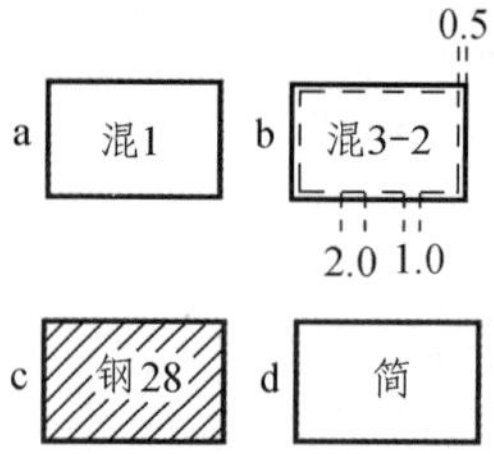	2	棚房 a. 四边有墙的 b. 一边有墙的 c. 无墙的	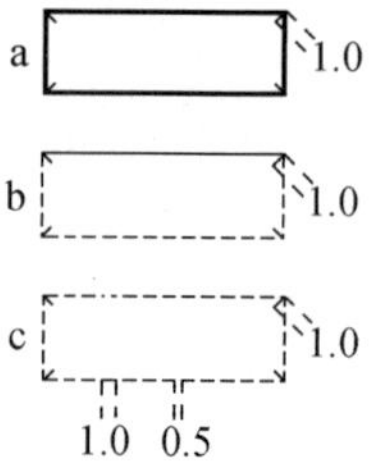
3	建筑中的房屋		4	破坏房屋	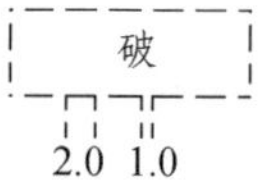
5	地面河流 a. 岸线 b. 高水位岸线 c. 突出房屋 清江：河流名称	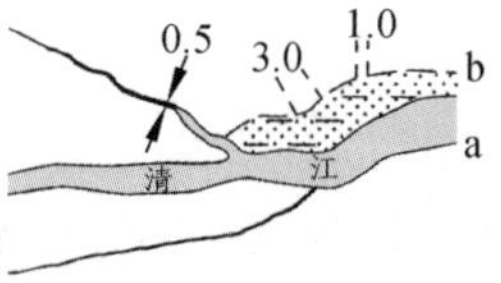	6	沟堑 a. 已加固的 b. 未加固的 -2.6：比高	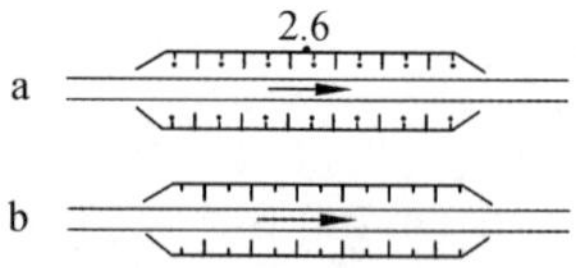
7	古迹、遗址 a. 古迹 b. 遗址	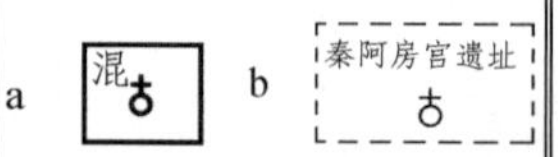	8	亭 a. 依比例的 b. 不依比例的	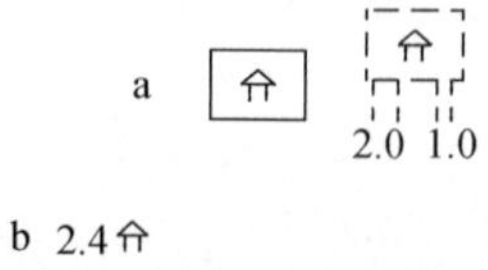
9	围墙 a. 依比例的 b. 不依比例的	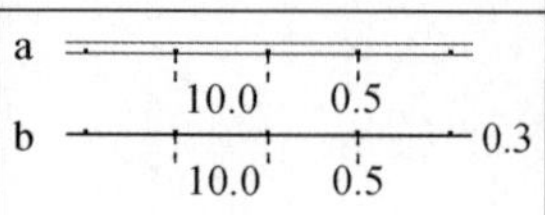	10	栅栏、栏杆	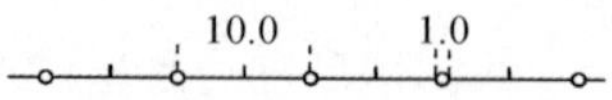

续表

编号	符号名称	图例	编号	符号名称	图例
11	地类界	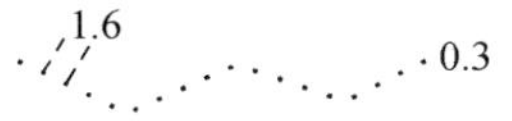	12	阳台	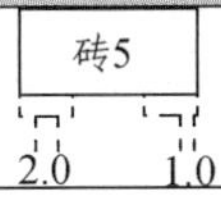
13	台阶	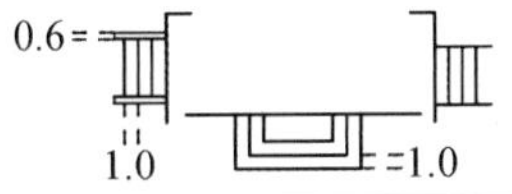	14	室外楼梯	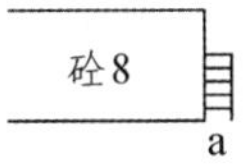
15	院门 a.围墙门 b.有门房的	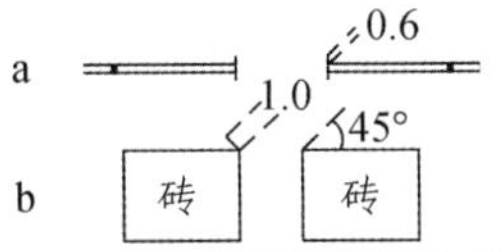	16	门墩 a. 依比例的 b. 不依比例的	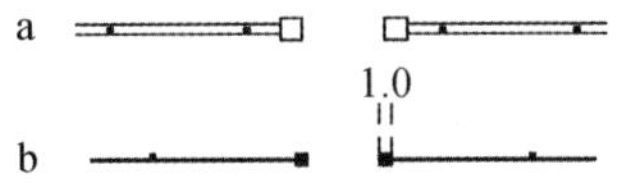
17	路灯、艺术景观灯 a.普通路灯 b.艺术景观灯		18	宣传橱窗、广告牌 a. 双柱或多柱的 b. 单柱的	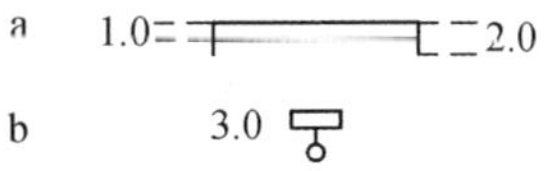
19	假山石		20	避雷针	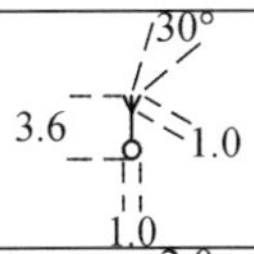
21	阶梯路	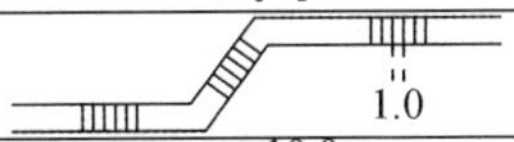	22	机耕路（大路）	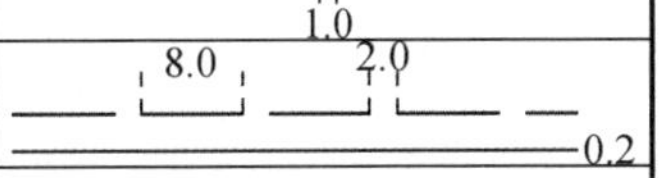
23	标准化铁路 a. 一般的 b. 电气化的 b1. 电杆 c. 建筑中的	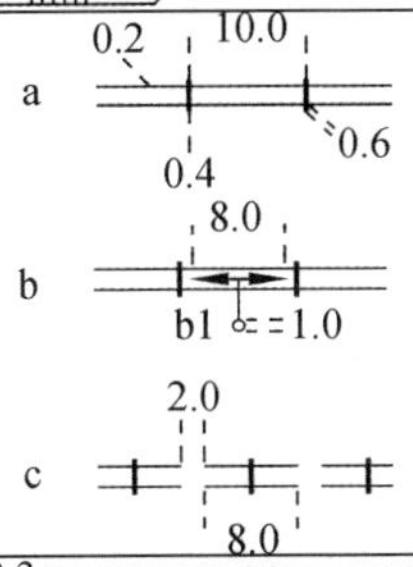	24	高速公路 a. 临时停车点 b. 隔离带 c. 建筑中的	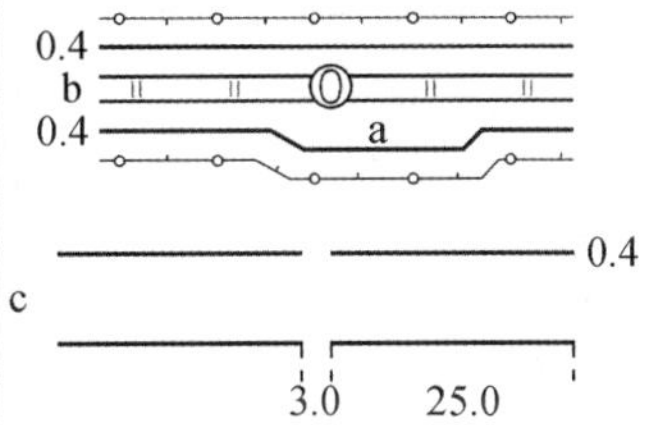
25	国道 a. 一级公路 a1. 隔离设施 a2. 隔离带 b. 二至四级公路 c. 建筑中的	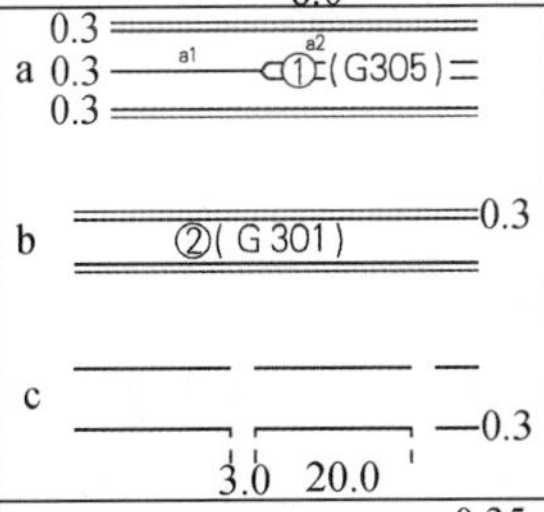	26	省道 a. 一级公路 a1. 隔离设施 a2. 隔离带 b. 二至四级公路 c. 建筑中的	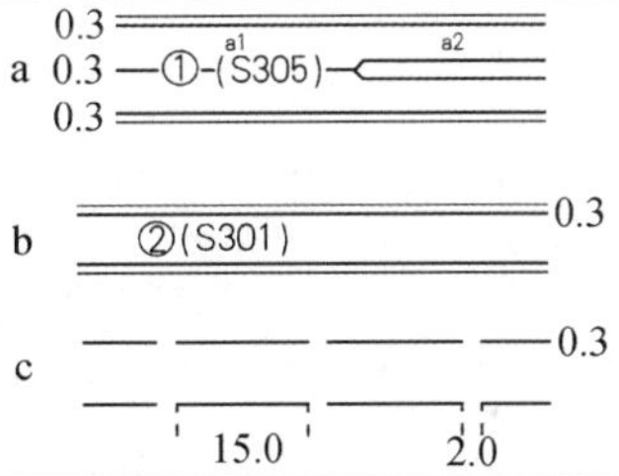
27	街道 a. 主干路 b. 次干路 c. 支路	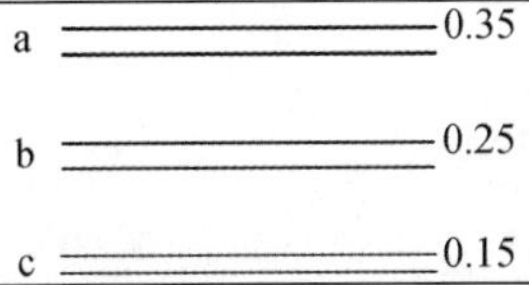	28	内部道路	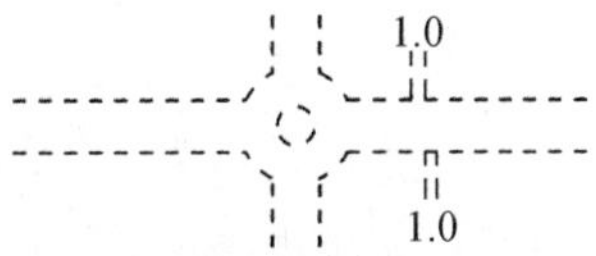
29	冲沟 3.4、4.5：比高	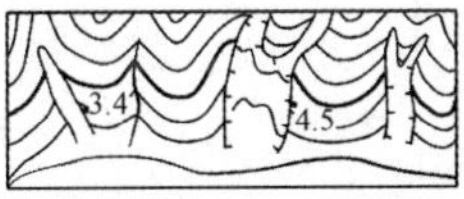	30	人工陡坎 a. 未加固的 b. 已加固的	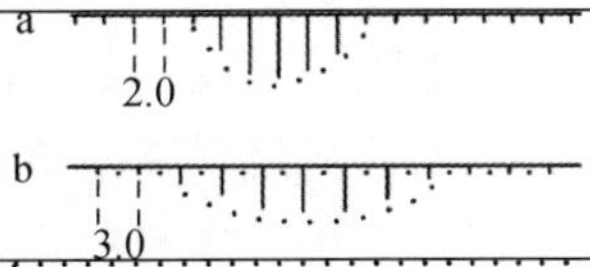
31	荒草地	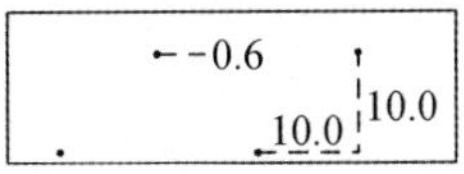	32	花圃、花坛	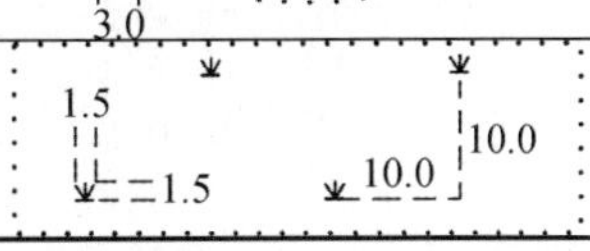

任务 6.4 地貌表示

6.4.1 工作任务

地面上高低起伏变化的地势称为地貌，在地形图上常用等高线表示。通过学习，能用正确的符号对典型地貌进行表示，为地形图的测绘及判读打好基础。

视频
等高线

视频
等高线案例介绍

6.4.2 相关配套知识

1. 等高线

等高线是指地形图上高程相等的相邻各点所连成的闭合曲线。把地面上海拔高度相同的点连成的闭合曲线，并垂直投影到一个水平面上，并按比例缩绘在图纸上，就得到等高线。等高线也可以看作是不同海拔高度的水平面与实际地面的交线，所以等高线是闭合曲线。在等高线上标注的数字为该等高线的海拔。

等高线具有以下特点：

（1）位于同一等高线上的地面点，海拔高度相同。但海拔高度相同的点不一定位于同一条等高线上。

（2）在同一幅图内，除了悬崖以外，不同高程的等高线不能相交。

（3）在图廓内相邻等高线的高差一般是相同的，因此地面坡度与等高线之间的等高线平距成反比，等高线平距越小，等高线排列越密，说明地面坡度越大；等高线平距越大，等高线排列越稀，则说明地面坡度越小。

（4）等高线是一条闭合曲线，如果不能在同一图幅内闭合则必在相邻或者其他图幅内闭合。

（5）等高线经过山脊或山谷时会改变方向，因此，山脊线或者山谷线应垂直于等高线转折点处的切线，即等高线与山脊线或者山谷线正交。

2. 等高线的分类

为了更好地表示地貌特征，便于识图用图，地形图上主要采用以下4种等高线：

（1）基本等高线。按基本等高距绘制的等高线称为基本等高线。

（2）计曲线。在基本等高线中，其高程能被5倍等高距整除的高程的等高线称为计曲线，并将其加粗，同时注记该条等高线的高程值。其目的是为了计算高程更方便。

（3）间曲线。按1/2基本等高距内插描绘的等高线称为间曲线，目的是为了显示基本等高线不能显示的地貌特征。在平地当基本等高线间距过大时，可加绘间曲线。间曲线不一定闭合。

（4）辅助等高线。当间曲线仍不足以显示地貌特征时，还可加绘1/4等高距的等高线，称为辅助等高线。辅助等高线亦不一定闭合。

以上几种等高线如图6-4所示。图中①表示基本等高线；②表示计曲线；③表示间曲线；④表示辅助等高线。

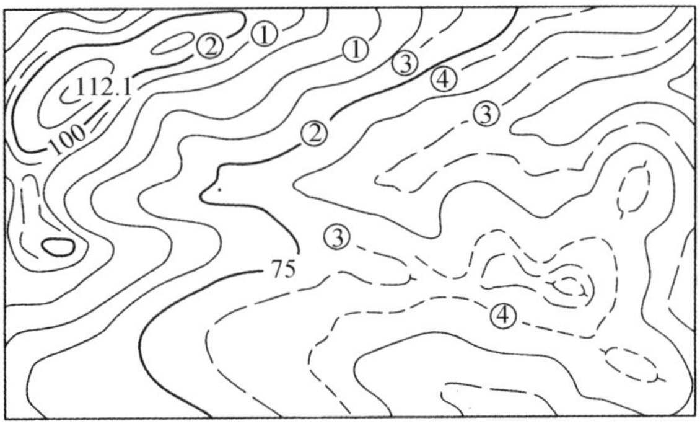

图 6-4　等高线分类示意图

3. 典型地貌符号表示

地貌虽然千姿百态，但归纳起来不外乎有山顶、山脊、山谷、鞍部、盆地等几种基本地形特征，如图 6-5 所示。

视频
地貌的表示方法

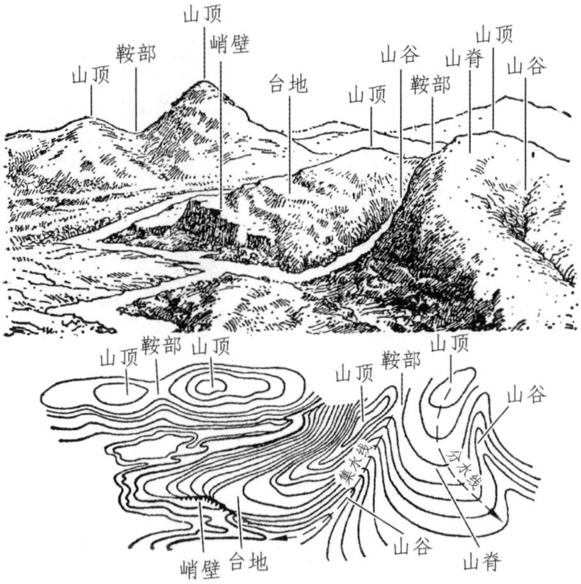

图 6-5　典型地貌表示

（1）山顶。较四周显著凸起的高地称为山地，高大的称为山，矮小的称为丘。山的最高部分为山顶，尖的山顶称为山峰。山侧面斜坡称为山坡。倾斜度在 70° 以上的山坡为陡坡，几乎成竖直形态的称为峭壁（绝壁）。下部凹入的峭壁为悬崖，山坡与平地相交处为山脚。

（2）山脊。两山坡之间呈线状延伸的高地称为山脊。山脊最高处的连线称为分水线（或山脊线）。

（3）山谷。两山脊之间的凹入地带称为山谷。两侧山坡称谷坡。两谷坡相交部分叫谷底。谷底最低点连线称合水线（或山谷线）。谷地与平地相交处称谷口。

（4）鞍部。两个山顶之间的低洼山脊处，形状似马鞍形，称为鞍部。

（5）盆地。四周高中间低的地带叫盆地，最低处称为盆底。

地球表面的形状虽千差万别，但实际上都可以看作是一个不规则的曲面。这些曲面是由不同方向和不同倾斜的平面所组成，两相邻倾斜面的交线称其为棱线，山脊线和山谷线都是棱线，也称为地貌特征线，如果将这些棱线特征点的高程及平面位置测定，则棱线的方向和坡度也就确定了。

山顶点、盆地中心最低点、鞍部最低点、谷口点、山脚点、坡度变换点等，这些都称为地貌特征点。这些特征点和特征线就构成地貌的骨架。在地形图测绘中，立尺点应选择在这些特征点上。

知识拓展

随着现代测绘科学技术的发展，数字化地形图产品正在普及，如影像地图、电子地图等。数字地形图按数据形式分为矢量数字地形图和栅格数字地形图两类产品。

实景三维地图与数字影像图如图 6-6、图 6-7 所示。

图 6-6　实景三维地图

图 6-7　数字影像图

复习思考题

（1）什么是地形图?

（2）地形图在国民生产建设中有什么作用?

（3）什么是比例尺？什么是比例尺精度?

（4）地物符号的表示有哪些?

（5）什么是等高线？等高线分哪几类?

小结

本项目讲述了地形图的基本要素、地形图的比例尺、地物和地貌的表示方法，以及对现代数字地图进行了简单介绍。通过本项目的学习，当我们面对地形复杂、图例繁多、内容丰富的地形图时，可运用所学知识解释地形图上的地势、居民地分布、水系、交通网等。

07 项目 7

大比例尺地形图测绘

>>>>>>>>>>>

项目描述

大比例尺地形图测绘是以图根控制点为基础，按照一定的要求和规则，将地面上各种地物、地貌测绘到图纸上。相对于地形控制而言，大比例尺地形图测绘的是地物和地貌的具体碎部点。大比例尺数字测图野外数据采集按碎部点测量方法，分为全站仪测量方法和GNSS-RTK 测量方法。

该项目设计了 5 个基本任务：图根控制测量，全站仪碎部测量，GNSS-RTK 碎部测量，地形图编辑与整饰、地形图检查与验收。从职业技能与职业素养的全面培养出发，将教与学的过程与测量工作过程对接，使学生掌握大比例地形测绘的现场生产流程、仪器操作方法以及 CASS 软件成图技巧。

对标“1+X” 测绘地理信息数据获取与处理证书技能要求（中级）
1.2 数字测图数据采集 ☑ 1.2.1 掌握全站仪数字测图野外数据采集的作业流程，熟悉使用全站仪进行碎部点数据采集的作业方法； ☑ 1.2.2 掌握丈量法补充采集碎部点； ☑ 1.2.3 掌握全站仪图根测量方法； ☑ 1.2.4 掌握全野外数字测图的要素取舍。 4.2 绘制地形图 ☑ 4.2.1 掌握标准地形图绘制流程； ☑ 4.2.2 掌握快速地形图绘制流程； ☑ 4.2.3 掌握符号绘制、编辑； ☑ 4.2.4 掌握等高线绘制、修剪； ☑ 4.2.5 掌握图形分幅等操作； ☑ 4.2.6 掌握文字注记、图形检查等操作； ☑ 4.2.5 掌握地形图制图规范。

学习目标

岗位能力目标：

1. 能正确使用地形图图式符号表示地物、地貌；
2. 能熟练操作全站仪及 GNSS-RTK；
3. 能熟练操作 CASS 软件大部分功能菜单；
4. 能正确绘制草图；
5. 能野外数据采集、数据传输；
6. 能正确使用 CASS 软件展点、绘制地物、绘制地貌、整饰图幅；
7. 学会数字测图成果的过程检查及最终检查；
8. 学会数字测图成果的验收。

知识目标：

1. 掌握图根控制网布设原则及方法及一步法、辐射法的作业步骤；
2. 掌握全站仪及 GNSS-RTK 的使用与数据传输方法；
3. 掌握草图的绘制方法；
4. 掌握 CASS 成图软件绘制地物、等高线的方法；
5. 掌握数字地形图的分幅及整饰方法；
6. 掌握数字地形图成果检验程序；
7. 掌握数字测图成果的过程检查及最终检查；
8. 掌握数字测图成果的验收。

思政点拨

地形图在国家基础建设中具有广泛的用途，是规划设计施工的重要依据。地形图的测绘工作不仅要求学生严格遵守国家规范、标准以绘制出标准地形图，培养学生的工匠精神、质量意识和规范意识；同时也要求学生了解地形图对国家安全、工程安全的重要性，在测图过程中也要强化学生的数据安全及保密意识。

相关案例

某县城 1∶1 000 数字地形图测绘

根据某县县城总体规划的发展要求，进行该县城 1∶1 000 比例尺的现势数字化地形图测绘，该区域测量范围广，交通不太便利，地形较为复杂，测量工作难度较大。这次测绘项目的野外数据采集采用极坐标法、量距法与交会法等，其高程采用三角高程测量；细部测量与图根测量同时进行；采集数据的现场，实时绘制测站草图。野外数据采集用拓普康系列全站仪 GPS-711 进行。采集完毕将数据采集所生成的数据文件进行处理，生成编辑图形的信息数据文件。测量内容及取舍、数据处理与图形编辑均符合本测区技术设计书及《工程测量标准》（GB 50026—2020）的有关规定。成图依据《国家基本比例尺地图图式第 1 部分：1∶500 1∶1 000 1∶2 000 地形图图式》（GB/T 20257.1—2017）；本测区共测 50 cm × 50 cm 标准分幅地形图 28 幅。

任务 7.1 图根控制测量

7.1.1 工作任务

在大比例尺地形图测绘任务开始前应先进行图根控制测量，图根控制测量的目的是直接为测图服务。通过图根控制测量学习，能在测图区域内进行控制点的布设和测定图根控制点的坐标。

PPT
大比例尺地形图测绘

PPT
全站仪三维导线

视频
全站仪三维导线测量

7.1.2　相关配套知识

1. 图根控制点布设

图根导线点的选择，一般是利用测区内已有地形图，先在图上选点，拟定导线布设方案，然后到实地踏勘，落实点位。当测区不大或无现成的地形图可利用时，可直接到现场，边踏勘，边选点。不论采用什么方法，选点时应注意下列几点：

（1）相邻点间通视要良好，地势平坦，视野开阔，其目的在于方便量边、测角和有较大的控制范围。

（2）点位应设置在土质坚硬且安全的地方，其目的在于能稳固地安置仪器和有利于点位的保存。

（3）导线边长应符合表 7-1 的要求，导线边长应大致相等，相邻边长差不宜过大，点的密度要符合表 7-1 的要求，且均匀分布于整个测区。

表 7-1　导线测量技术要求

等级	测图比例尺	附合导线长度/m	平均边长/m	测距相对中误差/(″)	测角中误差/(″)	角度闭合差	导线全长相对中误差	测回数	
								DJ_2	DJ_6
一级		4 000	500	1/30 000	±5	$\pm 10\sqrt{n}$	1/15 000	2	4
二级		2 400	250	1/14 000	±8	$\pm 16\sqrt{n}$	1/10 000	1	3
三级		1 200	100	1/7 000	±12	$\pm 24\sqrt{n}$	1/5 000	1	2

表 7-2　图根导线测量的主要技术要求

导线长度（m）	相对闭合差	测角中误差/(″)		方位角闭合差/(″)	
		首级控制	加密控制	首级控制	加密控制
$\leqslant \alpha \cdot M$	$\leqslant 1/(2\ 000 \times \alpha)$)	20	30	$40\sqrt{n}$	$60\sqrt{n}$

注：1. α 为比例系数，取值宜为 1，当采用 1∶500/1∶1 000 比例尺测图时，α 值可在 1～2 之间选用；
2. M 为测图比例尺的分母，但对于工矿区现状图测量，不论测图比例尺大小，M 应取值为 500；
3. 施测困难地区导线相对闭合差，不应大于 $1/(1\ 000 \times \alpha)$。

当点位选定后，应马上建立和埋设标志。标志的形式，可以制成临时性标志，如图 7-1 所示，即在选的点位上打入 7 cm × 7 cm × 60 cm 的木桩，在桩顶钉一钉子或刻画“十”字，以示点位。如果需要长期保存点位，可以制成永久性标志，如图 7-2 所示，即埋设混凝土桩，在桩中心的钢筋顶面上刻“十”字，以示点位。

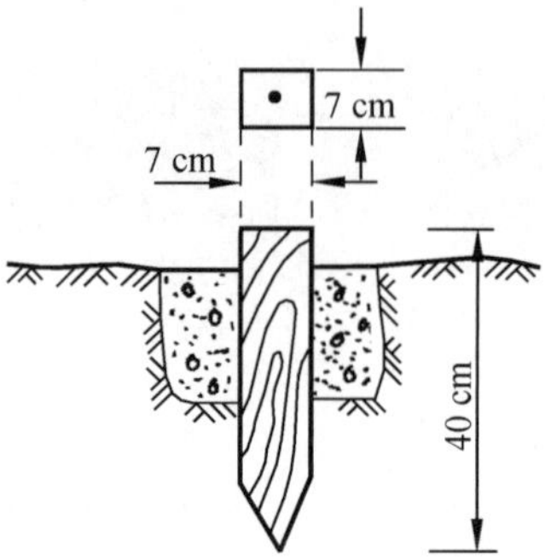

图 7-1 导线桩

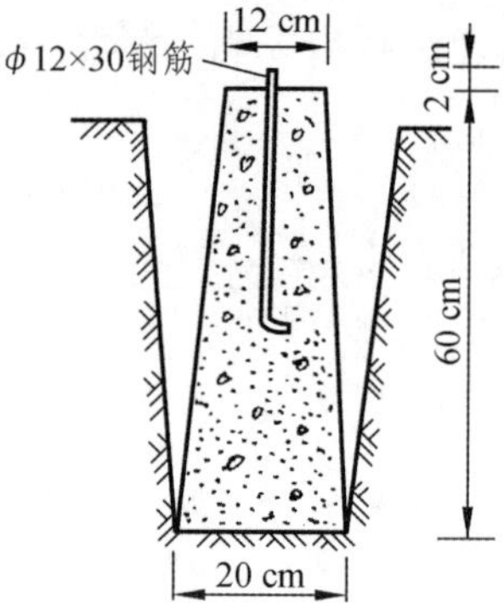

图 7-2 永久性控制桩

标志埋设好后，对作为导线点的标志要进行统一编号，并绘制导线点与周围固定地物的相关位置图，称为点之记，如图 7-3 所示，作为今后找点的依据。

草 图	导 线 点	相关位置	
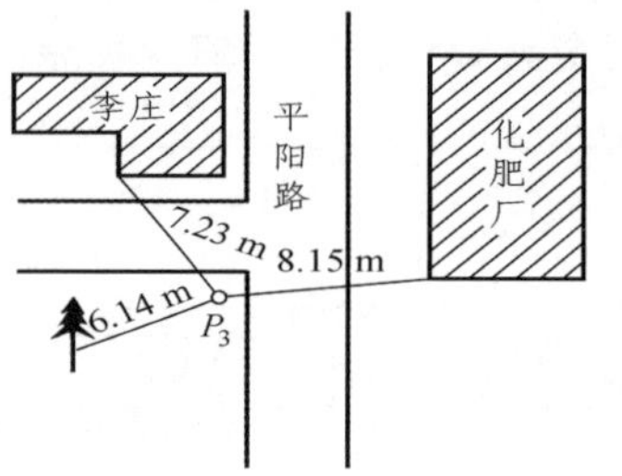	P_3	李 庄	7.23 m
		化肥厂	8.15 m
		独立树	6.14 m

图 7-3 导线点之标记图

近些年，随着手持 GPS（见图 7-4）的出现，外业绘制点之记和找点的工作已大大简化，多数情况下，埋设完控制点后只需使用手持 GPS 在现场记录下埋点的位置和控制点的点名，需要使用该控制点时，再使用手持 GPS 的导航功能寻找该点即可。这种方法在多数情况下可找到控制点且精度在 1～2 m 范围内，在控制点所在的位置没有被遮盖时可取得良好效果。对于被遮盖的控制点，由于手持 GPS 的定位精度有限，作为最后使用的方法，可以在临近的两个控制点上设站和定向，然后使用坐标放样的方法找到控制点的实地位置。

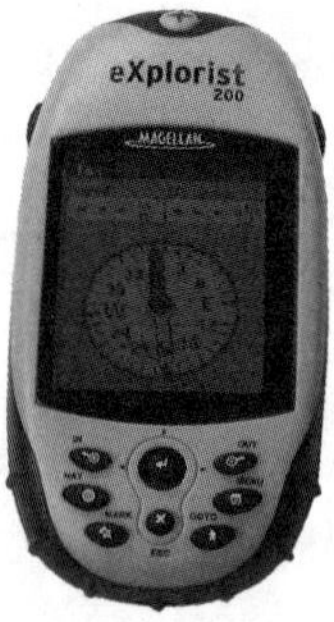

图 7-4 手持 GPS

2. 图根控制点测量

图根控制点布设完成后即开始测量工作，图根控制点的测量除了可采用全站仪导线测量的方法外还可采用“辐射法”和“一步测量法”（见图 7-5）。辐射法就是在某一通视良好的等级控制点上，用极坐标测量方法，按全圆方向观测方式，一次测定周围几个图根点。这种方法无须平差计算，直接测出坐标。为了保证图根点的可靠性，一般要进行两次观测（另选定向点）。

“一步测量法”就是充分利用全站仪精度高，坐标实时解算的特点，在采集碎部点时根据现场测量需要随时布设和测量图根点，然后将全站仪直接搬到新测定的图根点上，图根点的坐标直接从仪器内存读取。

需注意的是，最后图根点一定要与高级点附合，以检核测量图根点的过程中有无粗差，如果最后的不符值小于图根导线的不符值限差，则测量成果可以使用，如果不符值超限，则要仔细找出原因，改正图根点坐标，或返工重测图根点坐标，但这个返工工作量仅限于图根点的返工，而碎部点原始测量的数据仍可利用，闭合后，重算碎部点坐标即可。这种将图根导线与碎部测量同时作业的方法效率非常高，省去了图根导线的单独测量和计算平差过程，适合数字测图，实践表明该种方法能够达到规定精度。

PPT
一步测量法

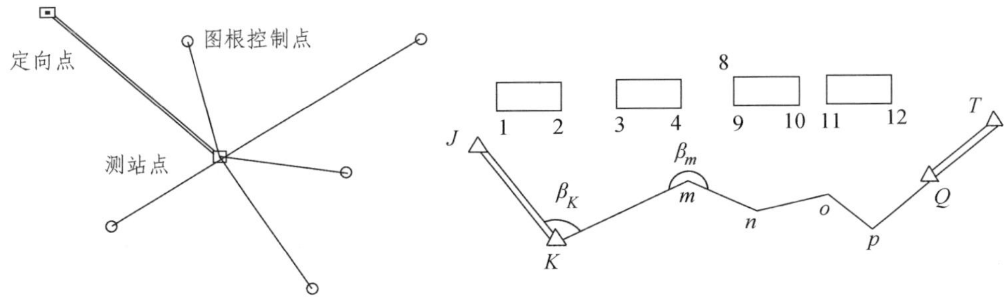

(a) 辐射法　　(b) 一步法

图 7-5　图根控制点测量示意图

知识拓展

坐标系统

坐标系统的选择是任何控制测量不能回避的问题。由于地球表面是个不可展的球面，而现实中人们应用的各种图纸是一个平面，如何用平面表示球面上的内容是人们必须要解决的一个问题。在我国，大多应用高斯投影的方法将球面上的地物投影到平面上，而高斯投影一个必要的条件就是需要知道我们所在的地球的大小形状。一般来说，人们将大地水准面所围成的球体近似地认为是地球体，而这个球体是不规则的，无法用公式表达，所以人们用一个跟本地区的大地水准面最为接近的椭球体来代替这个大地体。椭球体可以用公式来表达，其上的测量数值可以方便地解算。所以，不同地区的人根据本地区的大地水准面对地球体有不同的解读，这就产生了同一个地球因为地区不同而使用不同半径和扁率的椭球体的情况。这些椭球体就称为参考椭球，基于不同的参考椭球投影产生的平面坐标称为不同的坐标系统。在我国，应用广泛的有北京 54 坐标系统和西安 80 坐标系统，这两个坐标系统分别基于苏联的克拉索夫斯基椭球（地球长半径 6 378 245 m，椭球扁率倒数 298.3）和国际测量学大会推荐的 IAG-75 椭球（椭球长半径 6 378 140 m，椭球扁率倒数 298.3）。

国际主要椭球参数见表 7-3。

表 7-3　国际主要椭球参数表

椭球名称	建立年份	椭球长半径	扁率	建立国家
德兰勃	1800	6 375 653	1：334.0	法国
瓦尔别克	1819	6 376 896	1：302.8	俄国
埃弗瑞斯特	1830	6 377 276	1：300.801	英国
克拉索夫斯基	1940	6 378 245	1：298.3	苏联
贝塞尔	1841	6 377 397	1：299.152	德国
克拉克	1856	6 377 862	1：298.1	英国
1975 年大地坐标系	1975	6 378 140	1：298.257	1975 年国际第三个推荐值
日丹诺夫	1893	6 377 717	1：299.7	俄国
赫尔默特	1906	6 378 140	1：298.3	德国
海福特	1906	6 378 283	1：297.8	美国

1. 北京 54 坐标系

新中国成立以后，我国大地测量进入了全面发展时期，在全国范围内开展了正规、全面的大地测量和测图工作，迫切需要建立一个参心大地坐标系。首先采用了苏联的克拉索夫斯基椭球参数，并与苏联 1942 年坐标系进行联测，通过计算建立了我国的大地坐标系，定名为 1954 年北京坐标系。因此，1954 年北京坐标系可以认为是苏联 1942 年坐标系的延伸，它的原点不在北京而是在苏联的普尔科沃。

它是将我国一等锁与苏联远东一等锁相连接，然后以连接处呼玛、吉拉宁、东宁基线网扩大边端点的苏联 1942 年普尔科沃坐标系的坐标为起算数据，平差我国东北及东部区一等锁，这样传算过来的坐标系就定名为 1954 年北京坐标系。

北京 54 坐标系在新中国成立后很长的一段时间内在测绘工作中发挥了巨大的作用，但由于该坐标系采用的苏联地区的参考椭球，所以在我国境内存在着由西向东的明显倾斜。为此 1978 年在西安召开了“全国天文大地网整体平差会议”，提出了建立属于我国自己的大地坐标系，即后来的 1980 西安坐标系。但时至今日，北京 54 坐标系仍然是我国使用最为广泛的坐标系。

2. 西安 80 坐标系

1978 年 4 月，我国测绘学者在西安召开了“全国天文大地网平差会议”，确定重新定位，建立我国新的坐标系。为此有了 1980 年国家大地坐标系。1980 年国家大地坐标系采用地球椭球基本参数为 1975 年国际大地测量与地球物理联合会第十六届大会推荐的数据。该坐标系的大地原点设在我国中部的陕西省泾阳县永乐镇，位于西安市西北方向约 60 公里，故称 1980 年西安坐标系，又简称西安大地原点。

3. 2000 坐标系

这是我国当前最新的国家大地坐标系，英文名称为 China Geodetic Coordinate Syste m 2000，英文缩写为 CGCS2000。

新中国成立以来，利用 20 世纪 50 年代和 80 年代分别建立的 1954 年北京坐标系和 1980

西安坐标系，测制了各种比例尺地形图，在国民经济、社会发展和科学研究中发挥了重要作用，限于当时的技术条件，中国大地坐标系基本上是依赖于传统技术手段实现的。随着社会的进步，国民经济建设、国防建设和社会发展、科学研究等对国家大地坐标系提出了新的要求，迫切需要采用原点位于地球质量中心的坐标系统（以下简称地心坐标系）作为国家大地坐标系。采用地心坐标系，有利于采用现代空间技术对坐标系进行维护和快速更新，测定高精度大地控制点三维坐标，并提高测图工作效率。

国家大地坐标系的定义包括坐标系的原点、3 个坐标轴的指向、尺度以及地球椭球的 4 个基本参数的定义。2000 国家大地坐标系的原点为包括海洋和大气的整个地球的质量中心；2000 国家大地坐标系的 Z 轴由原点指向历元 2000 的地球参考极的方向，该历元的指向由国际时间局给定的历元为 1984 的初始指向推算，定向的时间演化保证相对于地壳不产生残余的全球旋转。X 轴由原点指向格林尼治参考子午线与地球赤道面（历元 2000）的交点，Y 轴与 Z 轴、X 轴构成右手正交坐标系。采用广义相对论意义下的尺度。2000 国家大地坐标系采用的地球椭球参数的数值为：长半轴 a = 6 378 137 m，扁率 f= 1/298.257。

复习思考题

（1）辐射法适用于哪些情况？

（2）如果直接使用 RTK 测图是否需要先测设图根控制点？为什么？

（3）什么是北京 54 坐标系统？什么是西安 80 坐标系统？

任务 7.2　全站仪碎部测量

7.2.1　工作任务

碎部测量就是测定地物、地貌特征点在图上的平面位置和高程。通过本任务的学习，能进行地物、地貌特征点的选择，完成测区范围内碎部点的测量。

PPT　视频

全站仪碎步测量

7.2.2　相关配套知识

1. 地形点的分类

地形点主要包括地物点和地貌点。地物点又可分为居民点、独立地物点、交通设施点、管线设施点、水系设施点、境界线点、土质坎类点、植被园林点等。

2. 全站仪测图方法与技术要求

（1）全站仪测图的仪器安置及测站检核，应符合下列要求：

① 仪器的对中偏差不应大于 5 mm，仪器高和反光镜高的量取应精确至 1 mm。

② 应选择较远的图根点作为测站定向点，并施测另一图根点的坐标和高程，作为测站检核。检核点的平面位置较差不应大于图上 0.2 mm，高程较差不应大于基本等高距的 1/5。

③ 作业过程中和作业结束前，应对定向方位进行检查。

（2）全站仪测图的测距长度规定，不应超过表7-4的规定。

表7-4 全站仪测图的最大测距长度

比例尺	最大测距长度/m	
	地物点	地形点
1：1 000	300	500

当布设的图根点不能满足测图需要时，采用极坐标法增设少量测站点。

（3）数字地形图测绘，应符合下列要求：

① 当采用草图法作业时，应按测站绘制草图，并对测点进行编号。测点编号应与仪器的记录点号相一致。草图的绘制，宜简化标示地形要素的位置、属性和相互关系等。

② 当采用编码法作业时，宜采用通用编码格式，也可使用软件的自定义功能和扩展功能建立用户的编码系统进行作业。

③ 当采用内外业一体化的实时成图法作业时，应实时确立测点的属性、连接关系和逻辑关系等。

④ 在建筑密集的地区作业时，对于全站仪无法直接测量的点位，可采用支距法、线交会法等几何作图方法进行测量，并记录相关数据。

（4）全站仪测图，可按图幅施测，也可分区施测，按图幅施测时，每幅图应测出图廓线外5 mm，分区施测时，应测出区域界线外图上5 mm。最后对采集的数据应进行检查处理，删除或标注作废数据、重测超限数据、补漏错漏数据，对检查修改后的数据，应及时与计算机联机通信，生成原始数据文件并做备份。

3. 数据采集准备工作

1）仪器器材与资料准备

实施野外数据采集作业前，应准备好仪器、器材、控制成果和技术资料。仪器、器材主要包括：全站仪、脚架、对讲机、绘制草图所需的图纸与画板、备用电池、通信电缆、花杆、反光棱镜、皮尺或钢尺等。作业前除先要认真准备以外，还要将已知点数据录入全站仪或电子手簿中，并对全站仪进行必要的检验和校正。

2）作业组组织

（1）测区较广时，为了便于多个作业组作业，在野外采集数据之前，通常要对测区进行“作业区”划分。一般以沟渠、道路等明显线状地物将测区划分为若干个作业区域。对于地籍测量来说，一般以街坊为单位划分作业区域。分区的原则是各区之间的数据（地物）尽可能地独立。

（2）为切实保证野外作业的顺利进行，出测前必须对作业组及作业组成员进行合理分工，根据各成员的业务水平、特点，选好观测员，记录（绘制草图或记录点号及编码）员、立镜员等。合理的分工组织，可大大提高野外作业效率。

（3）人员配备根据作业模式不同略有差异，测记法施测时作业人员一般配置为：观测员1人，记录（绘制草图或记录点号及编码）员1～3人，立镜员1～3人，立伞员1人。

4. 草图法数字测图碎部点采集流程

草图法数字测图碎部点采集是指外业使用全站仪测量碎部点三维坐标的同时，绘图员绘制碎部点构成的地物形状和类型并记录下碎部点点号（必须与全站仪自动记录的点号一致）。内业将全站仪或电子手簿记录的碎部点三维坐标，通过测图软件传输到计算机、转换成软件能识别的坐标格式文件并展点，根据野外绘制的草图在成图软件中绘制地物，如图 7-6 所示。

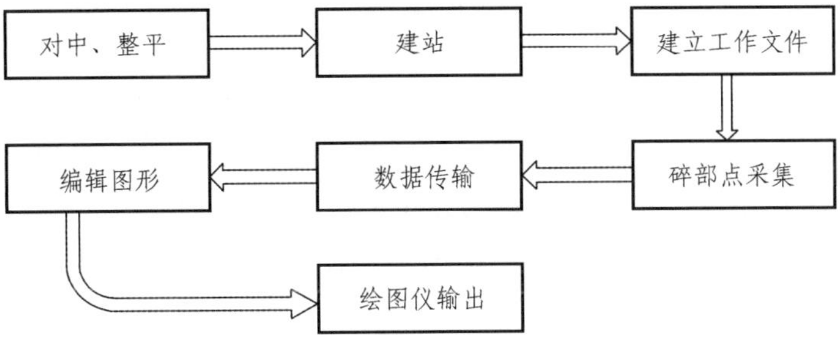

PPT
碎步点采集

图 7-6　草图法数字测图的流程

5. 全站仪野外数据采集步骤

（1）安置仪器：在控制点上安置全站仪，检查中心连接螺旋是否旋紧，对中、整平、量取仪器高、开机。

（2）创建文件：在全站仪的内存或电子记录手簿中选择或创建一个文件用于存储即将测量的碎部点数据。在创建文件时最好将文件名改为自己容易记录或识别的文件名，并做好记录，便于后续数据传输时容易找出数据所在文件。

（3）测站定向：先输入测站点信息，按提示输入测站点点号及标识符、坐标、仪高，后视点点号及标识符、坐标、镜高，仪器瞄准后视点，进行定向。

（4）测量碎部点坐标：仪器定向后，即可进入“测量”状态，采点开始，观测员照准反射棱镜，输入棱镜高度，在全站仪或电子手簿上按操作键完成测量及记录工作，同时向棱镜处的记录员报告全站仪或电子手簿按测点顺序自行生成的测点号，进入下一点的采集。记录员在棱镜处记录测点点号及属性信息编码，或通过绘制草图的方法把所测点的属性及它所测点之间的相互关系在草图上显示出来，以供内业处理、编辑图形时使用。在野外采集时，能采集到的点要尽量测，实在测不到的点可利用皮尺或钢尺量距。当记录员确定已全部测完当前测站所能采集的点后，通知观测员迁站，一个测站的工作结束。然后搬站到下一测站，重新按上述采集方法、步骤进行数据采集。

（5）临时测站点的测量：在数据采集过程中，有些碎部点用已有的控制点无法测到，这时需临时增加一个测站点，也就是我们常说的支导线点。临时测站点的测量是根据前述的碎部点测量中的前视测量方法进行，只是在测量之前要输入临时测站点的测站名而已，方法不变。其所得到的坐标数据同样被保存在文件中。为提高临时测站点的测量精度，可以通过重复观测取平均值或者对向观测等方法提高测量精度。

6. 外业数据采集注意事项

和传统方法一样，大比例尺数字测图野外数据采集也是采集测区的地形、地物的特征点，也就是正确描述地形、地物所必需的定位点。数字化测图技术的成果精度，是以地物点相对于邻近图根点的位置中误差和等高线（地形点）相对于邻近图根点的位置中误差来衡量的。因而在野外数据采集时点位的选取与立镜员立镜的好坏，就显得至关重要。

（1）描述测点间关系和地形、地物属性的记录是非常重要的，没有正确的、清晰的记录，所测的定位信息仅仅是一群离散的、关系不清的点而已，没有办法编辑成图。所以，与传统测图方法不同的是，数字化测图工作实际上主要是在棱镜处进行的，测点记录人员（绘草图人员）不仅要熟悉地形、地物的表示方法，迅速地确定特征点采集的位置，还要能做出清晰、明了的关系及属性记录。以确保成果质量。

（2）数字化测绘是采用野外采集数据，计算机编辑成图的作业模式。计算机编辑成图软件具有移动、旋转、缩放、复制、镜像、直角转弯、隔点正交、闭合等多种图形编辑功能，因而在野外采集数据中记录员应指导立镜员正确地选择地物的特征点，结合地物分布情况，灵活利用这些方法，处理具有相同形状或对称性的地形、地物，有效地减少野外采集工作量，提高工作效率。尽量做到不漏测、不多测。

① 任何依比例的矩形地物，只要测出一条边上的两个角点，量出其宽度或测出 3 个角点的点位，就可在内业由计算机编辑成图软件完成矩形地物的绘制。

② 房屋的附属建筑（如台阶、门廊、阳台等）和房屋轮廓线的交点可不在野外实地采集，可利用计算机编辑成图软件相关功能绘制。

③ 依比例的平行双线地物，如道路、沟渠等，采集其一边特征点，丈量其宽度或采集对边一点位坐标。依比例不平行的地物，如河流等，须采集两侧边线特征点。铁路采集中心点的坐标。

④ 圆形地物应在圆周上采集均匀分布的 3 点坐标，较小的圆也可采集直径方向的两个点的坐标。

（3）地物数据采集的采点方法。

① 地物较多时，最好采取分类立镜采点，以免绘图员连错，不应单纯为立镜员方便而随意立镜采点。例如立镜员可沿道路立镜，测完道路后，再按房屋立镜。当一类地物尚未测完，不应转到另一类地物上去立镜。

② 当地物较少时，可从测站附近开始，由近到远，采用螺旋形线路立镜采点。待迁测站后，立镜员再由远到近以螺旋形立镜路线回到测站。

③ 若有多人立镜，可以测站为中心，划成几个区，采取分区专人包干的方法立镜，还可按地物类别分工立镜采点。

（4）地貌数据采集中的采点方法。

由于绘图软件自动绘制等高线所采用的算法是：a. 在尽可能构成锐角三角形的前提下，将相距最近的3个碎部点作为顶点构成三角形；b. 若等值点通过三角形的某一条边，则按线性内插的方法确定其在该三角形边上的位置。所以，当在需要勾绘等高线的区域内的地貌进行数据采集时，应特别注意的是：

① 陡坎、陡坡数据采集法。有陡坎或陡坡时，除坎（坡）顶要采集高程点外，坎（坡）底也要采集高程点，或者量取坎（坡）高，在内业数据处理时输入。否则，坎（坡）顶的点会和远离坎（坡）相对较为平缓处的点构成三角形边，使得等高线反映不出陡坡、陡坎处较为密集，其余地方较为稀疏的特征。

② 沿山脊线和山谷线数据采集法。当地貌比较复杂，立镜员从第一个山脊的山脚开始，沿山脊线往上跑尺。到山顶后，又沿相邻的山谷线往下跑镜直至山脚。然后又跑紧邻的第二个山脊线和山谷线，直至跑完为止。这种跑镜方法，立镜员的体力消耗较大。

③ 沿等高线跑尺法。当地貌不太复杂，坡度平缓且变化均匀时，立镜员按“之”字形沿等高线方向一排排立尺。遇到山脊线或山谷线时顺便立尺。这种跑镜方法既便于内业绘等高线的生成。同时，立尺员的体力消耗较小。但内业成图时，容易判断错地性线上的点位。故内业绘图时要特别注意对于地性线的连接。在内业建立 DTM 时应点选“建模过程考虑陡坎”和“建模过程考虑地性线”。

知识拓展

碎部点测算原理与方法

1.“测算法”的基本思想

在野外数据采集时，使用全站仪（主要是极坐标法）测定一些“基本碎部点”，再用勘丈法（只丈量距离）测定一部分碎部点的位置，最后充分利用直线、直角、平行、对称、全等等几何特征，在室内计算出所有碎部点的坐标。

“基本碎部点”指用仪器法测定的，能满足其他测定碎部点方法的必要起算点。测算法主要分为仪器法、勘丈法、计算法。

2. 仪器法

仪器法主要包括极坐标法、直线延长偏心法、距离偏心法、角度偏心法、方向直线交会法等 5 种方法。

1）极坐标法

极坐标法测量精度高，是测量碎部点坐标最普遍的方法。如图 7-7 中，O、Z 为已知点，P_i 为待测点。其计算原理如下：

$$X_i=X_Z+D_i\cdot\cos\alpha_{Zi}，\quad Y_i=Y_Z+D_i\cdot\sin\alpha_{Zi} \tag{7-1}$$

$$H_i=H_Z+D_i\cdot\tan A_i+I-R_i$$

视频

创建一个新的作业

式中　$\alpha_{Zi}=\alpha_{ZO}-\angle P_iZO$（$\alpha_{Zi}$ 为 ZP_i 的坐标方位角）。

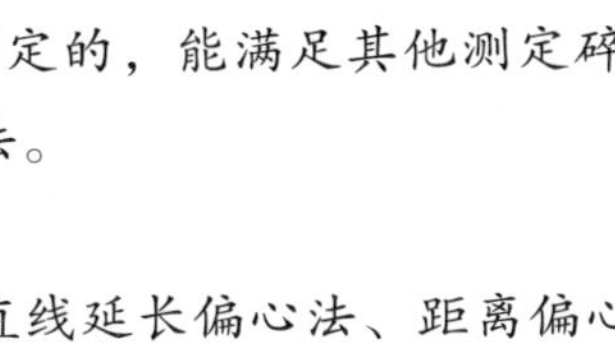

图 7-7　极坐标法原理图

2）直线延长偏心法

如图7-8所示，Z为已知点，B为待测点，但Z、B之间被障碍物阻挡，无法通视，A、B、B'在同一直线上，可先测量A、B'的坐标，然后计算出B点坐标。计算公式如下

$$X_B=X_{B'}+d.\cos\alpha_{AB'}\ ;\quad Y_B=Y_{B'}+d.\sin\alpha_{AB'} \tag{7-2}$$

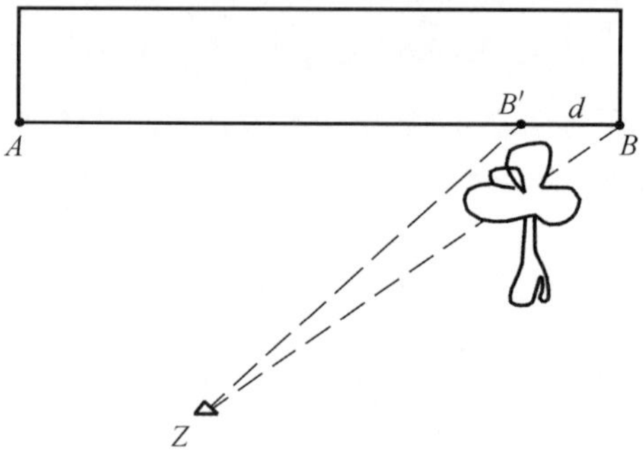

图7-8　直线延长偏心法原理图

3）距离偏心法

如图7-9所示：Z点为已知点，B点位待测点，但由于各种原因B点上无法安置棱镜，导致不能直接观测B点，这时可在B点前后或左右选取两个点观测，进而求得B点的坐标。

（1）偏心点位于目标前方或后方（B_1、B_2）时

$$X_B=X_Z+(D_{ZBi}\pm\Delta D_i)\cos\alpha_{ZB}\ ,\qquad Y_B=Y_Z+(D_{ZBi}\pm\Delta D_i)\sin\alpha_{ZB} \tag{7-3}$$

当$i=1$时，取“+”，当$i=2$时，取“−”。式中，$\alpha_{ZB}=\alpha_{ZO}+L_B$，$\alpha_{ZO}$为定向线坐标方位角，$L_B$为直线$ZB$与直线$ZO$之间的夹角。

（2）当偏心点位于目标点B的左或右边（B_3、B_4）时，偏心点至目标点的方向和偏心点至测站点Z的方向应成直角。当偏心距大于0.5 m时，直角必须用直角棱镜设定。

$$X_B=X_{Bi}+\Delta_{Di}\cdot\cos\alpha_{BiB}\ ,\qquad Y_B=Y_{Bi}+\Delta D_i\cdot\sin\alpha_{BiB} \tag{7-4}$$

式中，$\alpha_{BiB}=\alpha_{ZO}+L_i\pm 90°$，当$i=3$时，取“+”，当$i=4$时，取“−”。

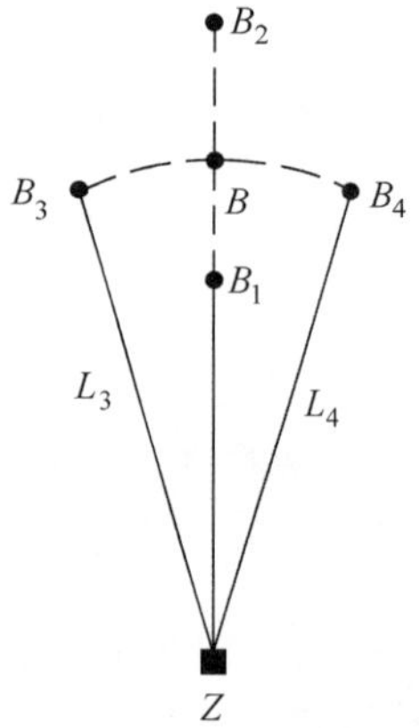

图7-9　距离偏心法1、2

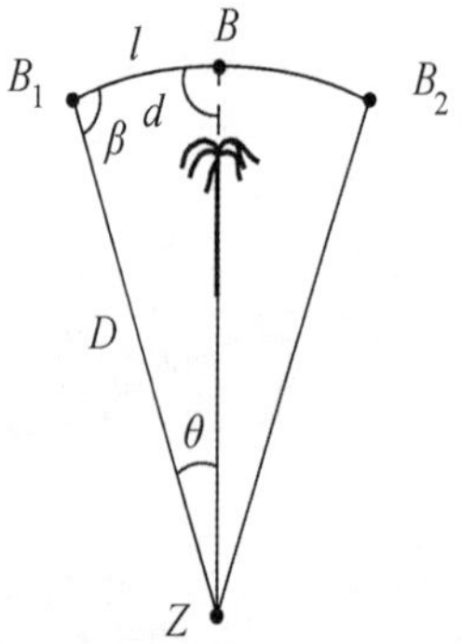

图7-10　距离偏心法3

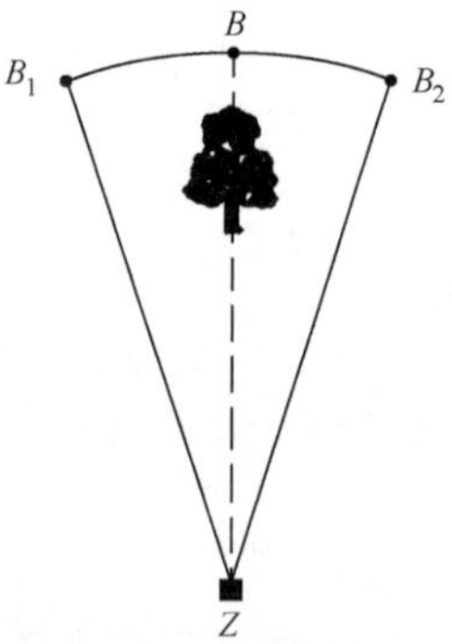

图7-11　角度偏心法

（3）在条件允许的情况下，如图7-10所示，当偏心点位于目标点B的左或右边（B_1、

B_2）时，选择偏心点至测站点的距离与目标点 B 至测站点的距离相等处（等腰偏心测量法），可先测得 B_i 的坐标和 B_iB 之间的距离，B 点的坐标可按式（7-5）求得

$$\begin{cases} X_B = X_{B_i} + d \times \cos\alpha_{B_iB} \\ Y_B = Y_{B_i} + d \times \sin\alpha_{B_iB} \end{cases} \tag{7-5}$$

式中，$\alpha_{B_iB} = \alpha_{B_iZ} \pm \beta$；$\beta = 90° - \dfrac{\theta}{2}$；$\theta = \dfrac{d \times 180°}{\pi D}$。

4）角度偏心法

如图7-11所示，Z 点为已知点，B 点为待测点，Z、B 由于障碍物阻挡无法通视，可在 B 点左右两侧附近选取两对称点 B_1 和 B_2（B_1、B_2 到 Z 点的距离与 B 到 Z 的距离相等）两点进行角度观测，测出 $\angle B_1ZB_2$，则 $\angle BZB_2 = 1/2\angle B_1ZB_2$，再根据测量所得的直线 ZB_2 和起始方向 ZO 之间的夹角，可求出 α_{ZB}。由于各种原因 B 点上无法安置棱镜，导致不能直接观测 B 点，这时，可以在 B 点前后或左右选取两个点观测，进而求得 B 点的坐标。

$$\begin{aligned} X_B &= X_Z + D_{ZB} \cdot \cos\alpha_{ZB} \\ Y_B &= Y_Z + D_{ZB} \cdot \sin\alpha_{ZB} \end{aligned} \tag{7-6}$$

5）方向直线交会法

如图7-12所示，Z 为测站点，A、B 为可直接测量点，i 为直线 AB 上无法直接观测的一点。可通过 Z、A、B 3点的坐标计算出 i 点的坐标，公式如下

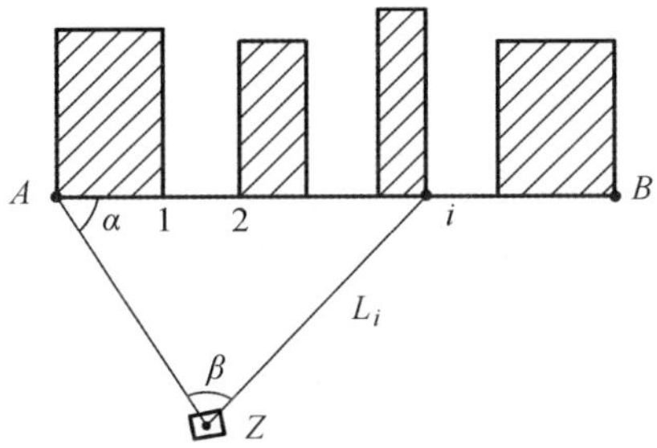

图7-12　方向直线交会法

$$\begin{cases} X_i = \dfrac{X_A \times \cot\beta + X_Z \times \cot\alpha - Y_A + Y_Z}{\cot\alpha + \cot\beta} \\ Y_i = \dfrac{Y_A \times \cot\beta + Y_Z \times \cot\alpha + X_A - X_Z}{\cot\alpha + \cot\beta} \end{cases} \tag{7-7}$$

式中，$\alpha = \alpha_{AZ} - \alpha_{AB}$，$\beta = \alpha_{Zi} - \alpha_{ZA}$，$L_i = \alpha_{Zi}$，$\beta = L_i - \alpha_{ZA}$。

3. 勘丈法

勘丈法指利用勘丈的距离及直线、直角的特性测算出待定点的坐标，主要包括直角坐标法、距离交会法、直线内插法、微导线法等4种方法。勘丈法对高程无效。

1）直角坐标法

如图7-13所示，A、B 两点为已知碎部点，1、2、3点为欲求的未知碎部点，先用钢尺丈量出各垂足点到 A 点距离，则可根据 A、B 两点坐标计算1、2、3点坐标，计算方法如下

$$X_i=X_A+D_i\cdot\cos\alpha_i;\quad Y_i=Y_A+D_i\cdot\sin\alpha_i \tag{7-8}$$

式中 $D_i=\sqrt{a_i^2+b_i^2}$ ，$\alpha_i=\alpha_{AB}\pm\arctan\dfrac{b_i}{a_i}$ 。

当碎部点位于轴线（AB 方向）左侧时，取"－"，右侧时，取"＋"。

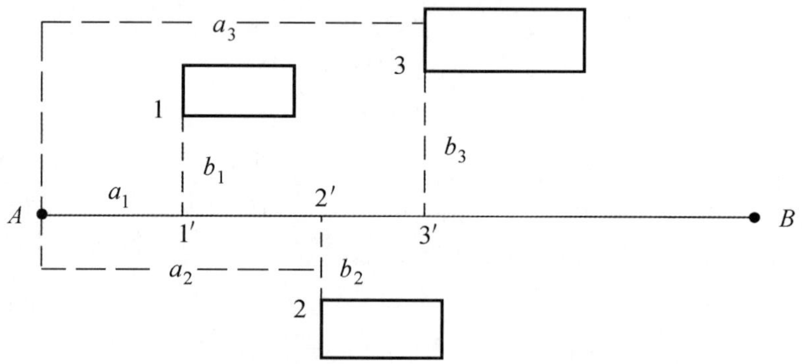

图 7-13　直角坐标法示意图

2）距离交会法

如图 7-14 所示，A、B 两点为已知碎部点，现欲测量未知碎部点 i 的坐标，则可用钢尺丈量 i 点至 A、B 两点的距离 D_1、D_2，再计算 i 点的坐标。

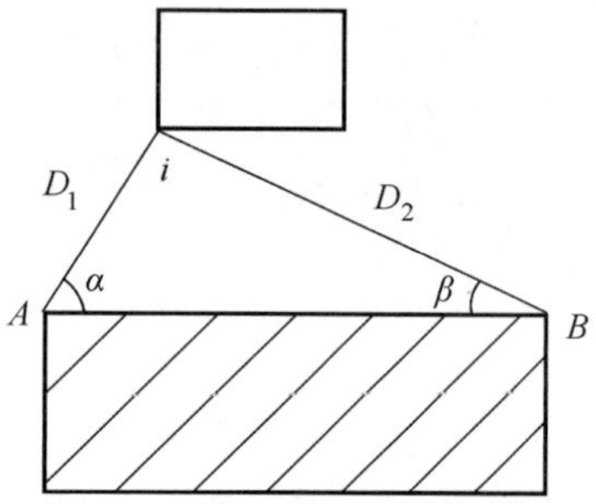

图 7-14　距离交会法示意图

先根据余弦定理求出夹角 α、β：

$$\begin{aligned}\alpha&=\arccos\frac{D_{AB}^2+D_1^2-D_2^2}{2D_{AB}\cdot D_1}\\ \beta&=\arccos\frac{D_{AB}^2+D_2^2-D_1^2}{2D_{AB}\cdot D_2}\end{aligned} \tag{7-9}$$

再根据戎格公式求得 i 点的坐标：

$$\begin{aligned}X_i&=\frac{X_A\cdot\cot\beta+X_B\cdot\cot\alpha-Y_A+Y_B}{\cot\alpha+\cot\beta}\\ Y_i&=\frac{Y_A\cdot\cot\beta+Y_B\cdot\cot\alpha+X_A-X_B}{\cot\alpha+\cot\beta}\end{aligned} \tag{7-10}$$

3）直线内插法

如图 7-15 所示，A、B 两点为已知碎部点，1、2、3…是在直线 AB 上的待求点，先用钢尺丈量出各点至 A 点的距离 D_i，则可求出各点的坐标。

$$\begin{aligned}X_i&=X_A+D_{Ai}\cos\alpha_{AB}\\ Y_i&=Y_A+D_{Ai}\sin\alpha_{AB}\end{aligned} \tag{7-11}$$

式中，$D_{Ai}=D_{A1}+D_{12}+\cdots+D_{i-1,i}$ 。

4）定向微导线法

如图 7-16 所示，A、B 两点为已知碎部点，1、2、3、4 为待求点，先用钢尺丈量出相邻两点的距离 D_i，则可求出各点的坐标。

$$X_i = X_{i-1} + D_i \cos\alpha_i$$
$$Y_i = Y_{i-1} + D_i \sin\alpha_i \qquad (7\text{-}12)$$
$$\alpha_i = \alpha_{i-2,i-1} \pm 90°$$

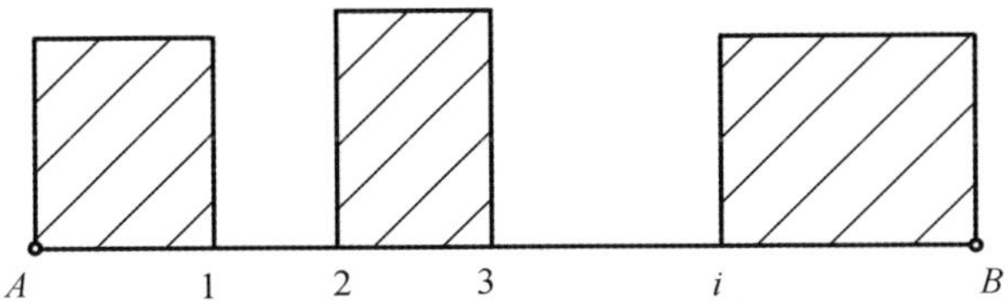

图 7-15 直线内插法示意图

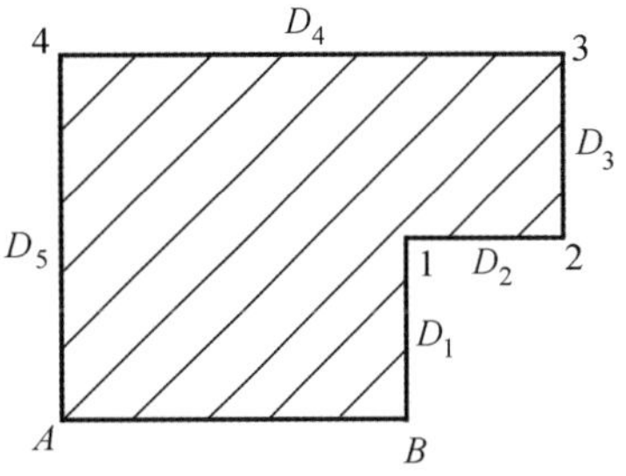

图 7-16 定向微导线法

当 i 为左折点时取"−"，右折点时取"+"，例如图 7-16 所示 1 点位于 AB 方向的左侧，称为左折点；2 点位于 B_1 方向的右侧，称为右折点。当推求点数超过 3 个时，最好计算一下闭合差，闭合差计算公式如下

$$f_x = X'_A - X_A$$
$$f_y = Y'_A - Y_A \qquad (7\text{-}13)$$

4. 计算法

计算法不需要外业观测数据，仅利用图形的几何特性计算碎部点的坐标。计算法主要包括矩形计算法、垂足计算法、直线相交法、平行曲线定点法、对称点法、平移图形法等 6 种方法。

1）矩形计算法

如图 7-17 所示，A、B、C 3 点为已知碎部点，4 点位待求碎部点，根据 A、B、C 3 点的坐标可计算出 4 点的坐标，计算公式如下

$$\begin{cases} X_4 = X_A - X_B + X_C \\ Y_4 = Y_A - Y_B + Y_C \end{cases} \qquad (7\text{-}14)$$

2）垂足计算法

如图 7-18 所示，A、B、1、2、3、4 点均为已知碎部点，1′、2′、3′、4′为待求碎部点，计算公式如下

$$X_{i'} = X_A + D_{Ai} \cos\gamma_i \cos\alpha_{AB}$$
$$Y_{i'} = Y_A + D_{Ai} \cos\gamma_i \sin\alpha_{AB} \qquad (7\text{-}15)$$

式中，$\gamma_i = \alpha_{AB} - \alpha_{Ai}$；平距 D_{Ai} 和坐标方位角 α_{Ai} 由 i、A 点坐标反算得到。

使用此法确定规则建筑群内楼道口点、道路折点十分有利。

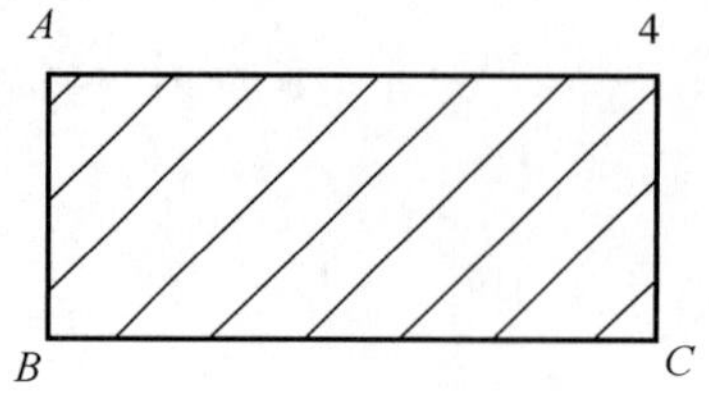

图 7-17　矩形计算法

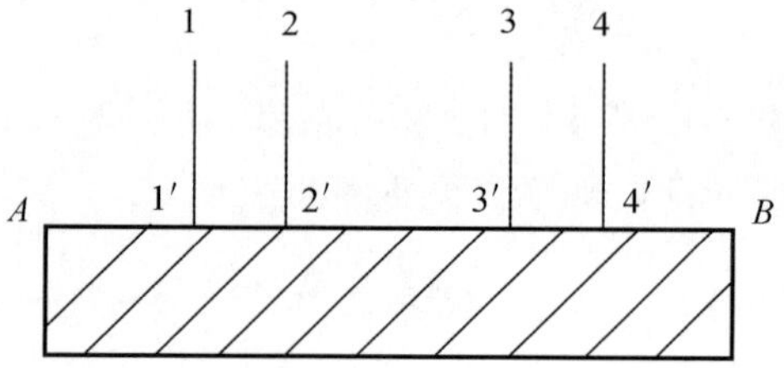

图 7-18　垂足计算法

3）直线相交法

如图 7-19 所示，A、B、C、D 为已知碎部点，且直线 AB 与 CD 相交于 i 点，则交点 i 的坐标为

$$
\begin{aligned}
X_i &= \frac{X_A \cdot \cot\beta + X_D \cdot \cot\alpha - Y_A + Y_D}{\cot\alpha + \cot\beta} \\
Y_i &= \frac{Y_A \cdot \cot\beta + Y_D \cdot \cot\alpha + X_A - X_D}{\cot\alpha + \cot\beta}
\end{aligned}
\tag{7-16}
$$

式中，$\alpha = |\alpha_{AD} - \alpha_{AB}|$，$\beta = |\alpha_{CD} - \alpha_{AD}|$。

4）平行曲线定点法

如图 7-20 所示，1、2、3、4、5 为某线路上的已知碎部点，其中 12 为直线部分，2345 为曲线部分，求与该线间距为 R 的另一线路上的未知碎部点 1′、2′、3′、4′、5′的坐标。

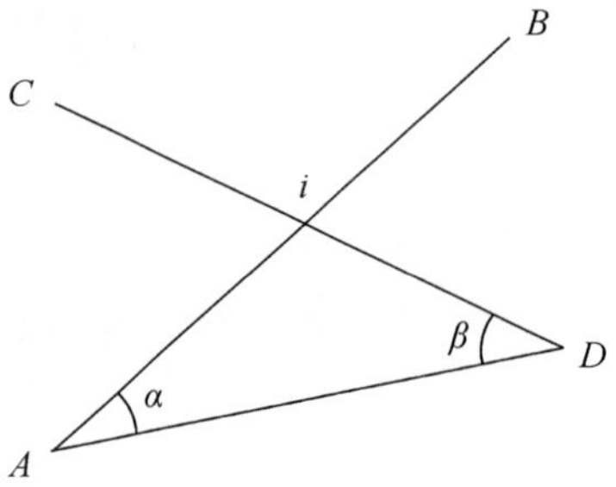

图 7-19　直线相交法

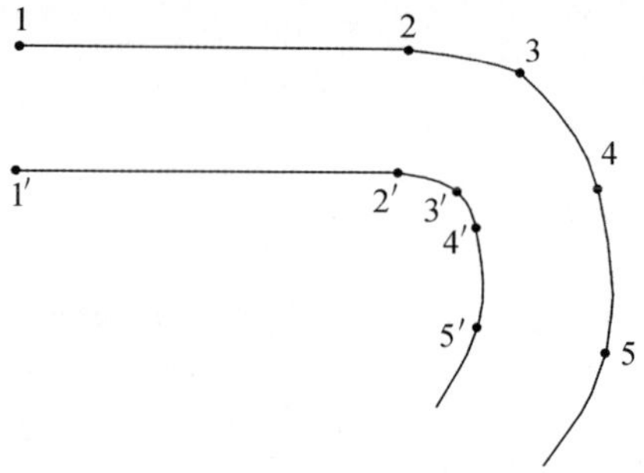

图 7-20　平行曲线定点法

（1）对于直线部分，其坐标公式为

$$
\begin{cases}
x_{2'} = x_2 + R \cdot \cos\alpha_2 \\
y_{2'} = y_2 + R \cdot \sin\alpha_2
\end{cases}
\tag{7-17}
$$

式中，$\alpha_2 = \alpha_{12} \pm 90°$。

当所求点位于已知边的左侧时取“−”；当所求点位于已知边的右侧时取“+”。

（2）对于曲线部分，其坐标公式为

$$
\begin{cases}
x_{i'} = x_i + R \cdot \cos(\alpha_i + c) \\
y_{i'} = y_i + R \cdot \sin(\alpha_i + c)
\end{cases}
\tag{7-18}
$$

式中，$\alpha_i = \dfrac{1}{2}(\alpha_{i,i+1} + \alpha_{i,i-1})$。

当所求曲线点位于已知边的左侧，且 $\alpha_{i,i+1} > \alpha_{i,i-1}$ 时，或当所求点位于右侧，且 $\alpha_{i,i+1} < \alpha_{i,i-1}$ 时，$c = 0$；

当所求曲线点位于已知边的右侧，且 $\alpha_{i,i+1} > \alpha_{i,i-1}$ 时，或当所求点位于左侧，且 $\alpha_{i,i+1} < \alpha_{i,i-1}$ 时，$c = 180°$。

5）对称点法

如图 7-21 所示，改图为某个对称地物，在测定出 A、1、2、3、4、5 点后，再测定地物上与 A 对称的 B 点，即可求出其他各对称点 1′、2′、3′、4′、5′的坐标。

$$\begin{aligned} X_{i'} &= X_B + D_i \cdot \cos\alpha_i \\ Y_{i'} &= Y_B + D_i \cdot \sin\alpha_i \end{aligned} \tag{7-19}$$

式中，$D_i = \sqrt{\Delta X_{Ai}^2 + \Delta Y_{Ai}^2}$；$\alpha_i = 2\alpha_{AB} - \alpha_{Ai} + 180°$。

许多人工地物的平面图形是轴对称图形，运用该法可大量减少实测点。

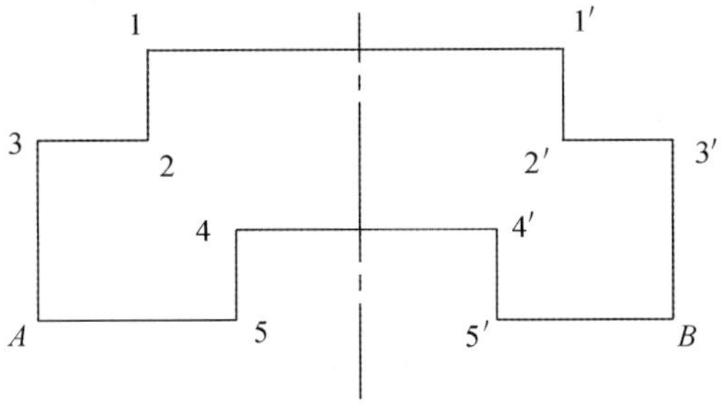

图 7-21　对称点法

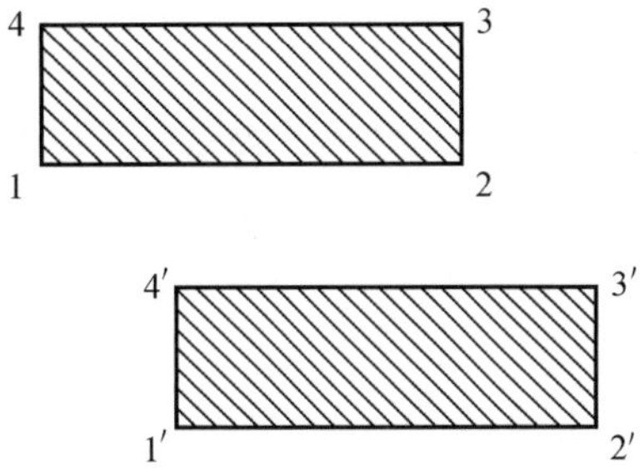

图 7-22　平移图法

6）平移图形法

如图 7-22 所示，地物 A 与地物 B 全等且方位一致。若地物 A 中 1、2、3、4 四点和地物 B 中的一个点（如 1′点）的坐标均为已知，则可计算出另外 3 个点 2′、3′、4′的坐标，计算公式如下

$$\begin{aligned} X_{i'} &= X_{1'} - X_1 + X_i \\ Y_{i'} &= Y_{1'} - Y_1 + Y_i \end{aligned} \tag{7-20}$$

该方法用于确定规则建筑群位置是非常有利。

复习思考题

（1）简述数据采集的绘图信息类型及内涵。

（2）论述数据采集过程中所要采集的绘图信息。

任务 7.3　GNSS-RTK 碎部测量

7.3.1　工作任务

RTK（Real Time Kinematic）实时动态测量系统主要由参考站（基准站）、移动站及无线电通信设备 3 个部分组成。GNSS-RTK（以下简称 RTK）定位技术具有精度高、速度快、施测灵活、点间不必通视等优点。本任务主要完成利用 RTK 进行地形点野外数据采集，得出测量成果，分析测量过程中存在的问题及解决措施，形成电子文件并上交。

7.3.2 相关配套知识

RTK（Real Time Kinematic）是 GNSS 载波相位实时动态差分定位技术的简称。RTK 测量在合适的观测条件下，能够实时进行厘米级精度的定位测量，在控制测量、地形测量、工程测量等诸多测量领域得到广泛应用，可完成水准仪、经纬仪、全站仪等常规测量仪器承担的工作，并显著的提高作业效率和精度。

1. GNSS-RTK 系统的组成

GNSS-RTK 系统由基准站、若干个流动站及无线电通信系统 3 部分组成。基准站包括 GNSS 接收机、GNSS 天线、无线电通信发射系统、供 GNSS 接收机和无线电台使用的电源（12 V 蓄电瓶）及基准站控制器等部分。流动站由以下几个部分组成：GNSS 接收机、GNSS 天线、无线电通信接收系统、供 GNSS 接收机和无线电使用的电源及流动站控制器等部分，如图 7-23 所示。

PPT
GPS-RTK 碎步测量参数设置

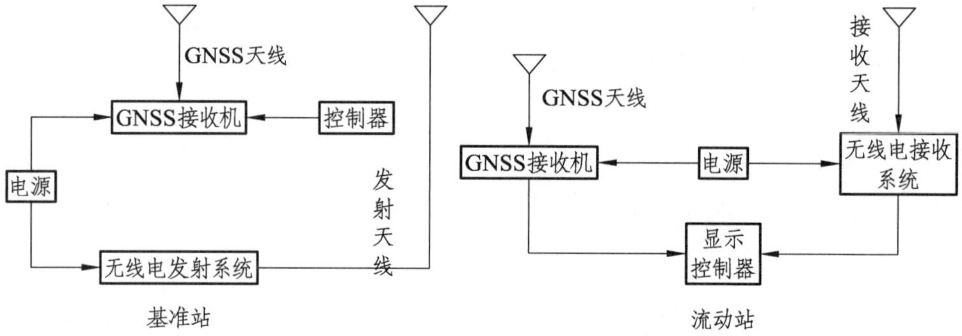

图 7-23 GPS-RTK 系统结构图

2. GNSS-RTK 工作原理

GNSS 系统包括三大部分：地面监控部分、空间卫星部分、用户接收部分，各部分均有各自独立的功能和作用，同时又相互配合形成一个有机整体系统。对于静态 GNSS 测量系统，GNSS 系统需要 2 台或 2 台以上接收机进行同步观测，采集的数据用 GNSS 数据处理软件进行事后处理可得到两测站间的精密 WGS-84 坐标系统的基线向量，经过平差、坐标转换等工作，才能求得未知的三维坐标。现场无法求得结果，不具备实时性。因此，静态测量型 GNSS 接收机很难直接应用于具体的测绘工程，特别是地形图测绘。

RTK 实时相对定位原理如图 7-24 所示：在

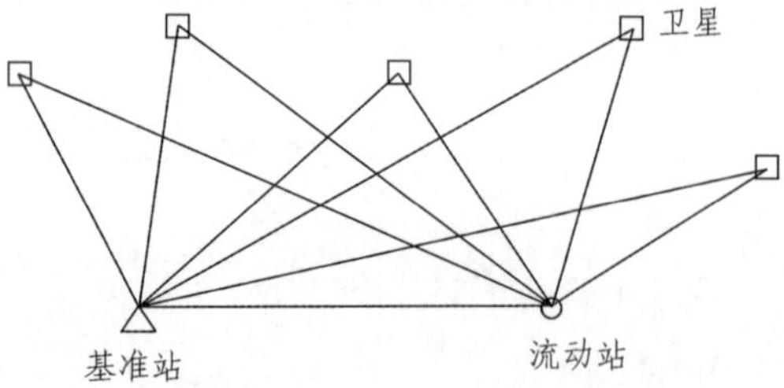

图 7-24 RTK 实时相对定位示意图

RTK 作业模式下，基准站和移动站同步接收 GNSS 卫星信号，基准站通过数据链，将基准站的 WGS-84 坐标和接收到的载波相位信号（或载波相位差分信号）发射出去，移动站在接收卫星信号的同时，也通过数据链接收基准站发射的信号，移动站根据两路信号，利用随机软件进行解算，精确计算出基准站和移动站的空间位置关系，移动站实时得到高精度的相对于基准站的 WGS-84 三维坐标，然后通过坐标转换和高程拟合，计算出工作中使用的坐标和高程。数据流程如图 7-25 所示。

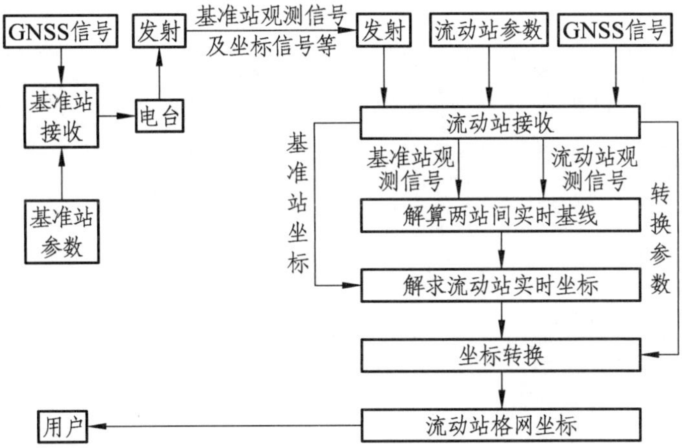

图 7-25　RTK 数据流程

RTK 测量技术的关键在于数据的实时传输。早期数据传输一般通过数据传输电台来实现，随着无线网络的兴起，GNSS 技术应用日益广泛和不断发展，数据传输由原先的电台，发展到现在的 GPRS、CDMA 等无线网络，大大提高了数据的传输效率和传输距离，RTK 测量由传统的基准站加移动站模式，发展到了广域差分系统模式。由多基站构成网络式的 GNSS 服务体系，已成为 GNSS 技术发展的目标。网络 RTK 技术提供了高精度的统一的空间参考框架和一个高效率的空间定位数据采集手段，在实时动态定位领域取得了革命性的进步。

从 2000 年起，部分城市连续运行参考站系统（CORS）陆续建成，RTK 测量实现了无须架设基准站，定位的可靠性和精度相对较高，作业范围更大，可全天候地获得厘米级实时定位精度。

3. RTK 测绘地形图的作业过程

利用 RTK 对地形图野外数据采集过程主要包括基准站设置、电台设置、数据采集等，本任务以华测 X900 GNSS 为例，叙述 GNSS 野外数据采集操作过程。

视频
GPS-RTK 仪器的连接

1）电台模式移动站、基站设置

作业前，首先要对基准站进行设置。基准站可架设在已知点上，也可架设在未知点上。然后根据仪器说明书设置基准站参数。

基准站的架设包括电台天线的安装，电台天线、基准站接收机、DL3 电台、蓄电池之间的电缆连线。基准站应当架设在视野开阔区域，这样有利于卫星信号的接收及基准站无线电信号发射。首先将基准站架设在未知点上，将基准站接收机与手薄连接好，进行基准站设置，设置完成后段开连接，基准站接收机与电台主机连接，电台主机与电台天线连接好；基准站接收机与无线电发射天线最好相距 3m 开外，最后用电缆将电台和电瓶连接起来，但应注意正负极。注意事项：无线电发射天线，不是架设的越高越好，根据实际情况调整天线高度。风大时天线尽量架低以免发生意外。

实际操作过程如下：

（1）仪器蓝牙连接：首先进行基准站蓝牙连接，点击【配置】→【连接】，弹出蓝牙设备连接界面，如图 7-26 所示。

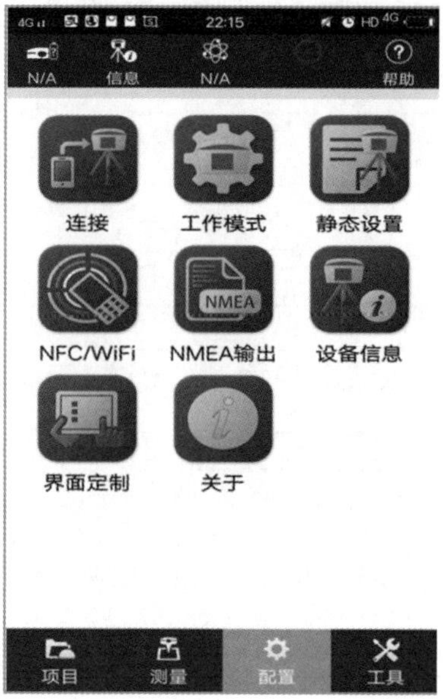

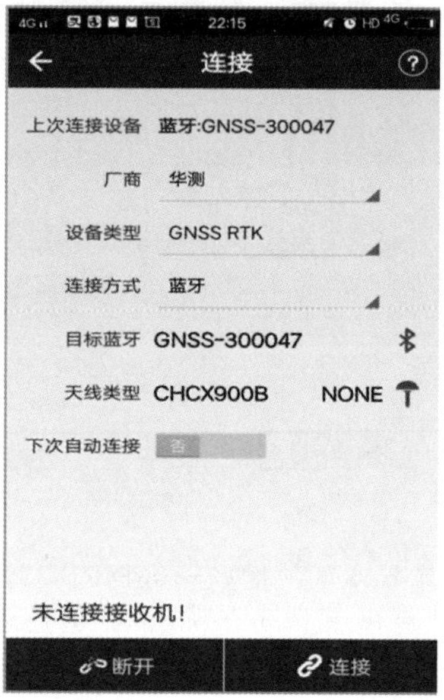

图 7-26　蓝牙设备连接界面

设备类型可选择 GNSS RTK 或智能 RTK，连接方式为蓝牙，目标蓝牙为基准站 GNSS 接收机的 SN 号，若蓝牙管理列表中无基准站蓝牙设备，可通过搜索蓝牙设备，完成蓝牙配对与连接。

（2）基准站设置：

点击【配置】→【工作模式】，主机工作模式可选择默认的自启动基准站，此时基准站使用默认参数，该工作模式下，基准站参数不可编辑。也可通过新建工作模式的方式完成基准站设置，将仪器模式设置为自启动基准站，并按照实际情况对基准站主机数据链、差分数据格式、功率以及电台通道进行设置，如图 7-27 所示。设置完成后基准站观察电台通讯灯（TX 灯）是否红色闪烁，若是，表示基准站设置完成。

将移动站电台设置如图 7-28 所示：

移动站设置与基准站设置类似，首先将手簿与移动站接收机蓝牙连接，操作过程与基准站蓝牙连接相同。然后进行移动站工作模式设置，工作方式选择自启动移动站，接收方式可为电台、手簿差分、网络。

电台模式下设置参数主要包括信道、频率及波特率等；

手簿网络模式下设置参数包括通信协议、IP 地址与端口等；

网络模式下设置参数主要包括通信协议，域名/IP 地址，端口，APN 等；

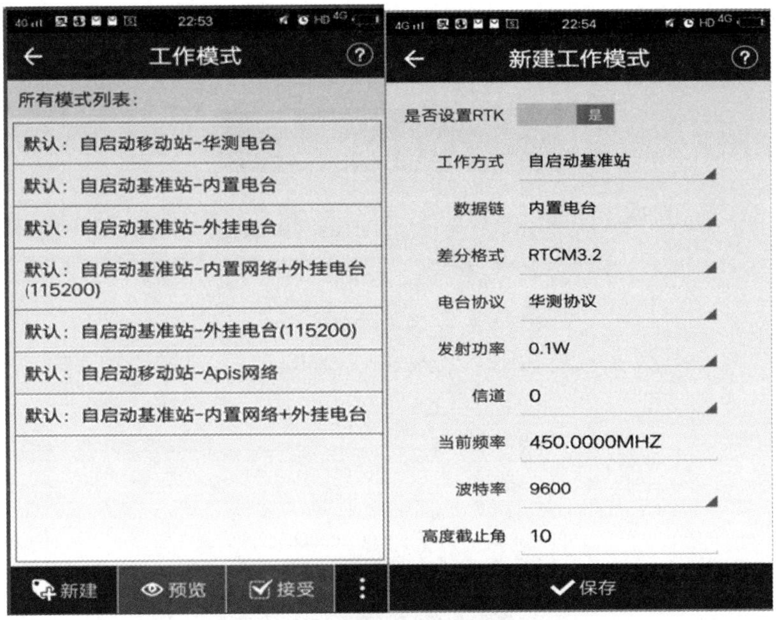

图 7-27　基准站设置界面

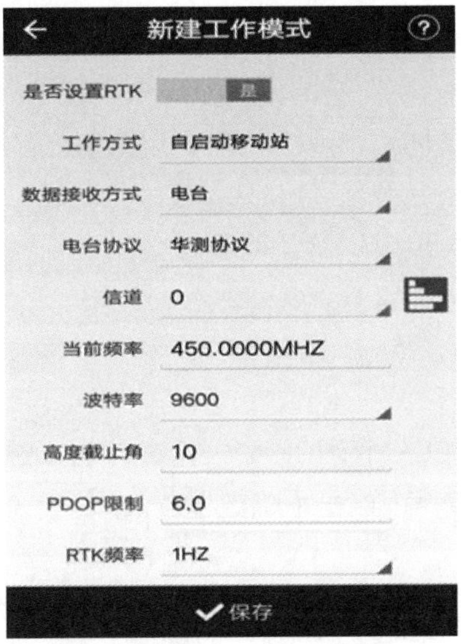

图 7-28　移动电台模式设置界面

2）流动站数据采集

移动站在固定状态下就可以进行测量了，打开测地通，【测量】→【点测量】，在实际作业过程中，一般都采用当地坐标，在移动站得到固定解进行测量时，手簿“测地通”里所显示的点位坐标值是 GNSS 坐标系下坐标。若要得到和已有成果相符的坐标，则需要做“点校正”，获取转换参数。

（1）确定坐标系统：

打开测地通，【工程管理】→【新建工程】→【常用坐标系】→【坐标系管理】，如图 7-29 所示，根据已知点选取所需要的坐标系，一般来说坐标系选择为地方坐标系，主要修改椭球参数及中央子午线（可根据当地经度或者已知点坐标计算出 3 度带或 6 度带的中央子午线），而【基准转换】、【平面校正】、【高程拟合】、【校正参数】都无须设置，点校正后参数将自动保存到此处。

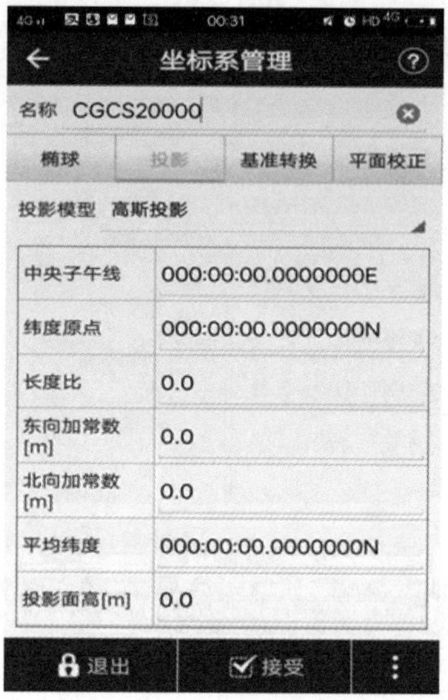

图 7-29 坐标系管理界面

假设测区内有 K4、K5、K7 3 个已知点具有地方坐标，但不具有 WGS84 坐标，已知条件如下：坐标系统：北京 54 坐标；中央子午线：120 度；投影高度：0；已知点 K4、K5、K7 坐标值如下：

K4 X:3846323.456 Y:71415.201 H:116.345

K5 X:3839868.970 Y:474397.852 H:109.932

K7 X:3840713.658 Y:473917.956 H:108.419

（2）新建保存任务：

打开测地通，【项目】→【工程管理】，命一个文件名，选择跟已知点相匹配的"坐标系统"，如"国家 2000 大地坐标系"，点击【确定】。

（3）输入已知点：

【点管理】→【添加】，输入已知点点名为 K4，坐标系统选择本地 NEH，角色选择控制点，依次输入本地 N(北坐标)、本地 E(东坐标)、本地 H(高程)，点击【确定】，再继续输入 K5、K7 已知点，【确定】。

（4）点校正：

测量已知点，找到 K4、K5、K7 的实地位置，选择【测量】→【测量点】，测量出 3 个点的坐标，分别命名为 K4-1、K5-1、K7-1 3 个点必须在同一个 BASE 下，测量后开始进行点校正。

校正方法：【测量】→【点校正】

点击【添加】，在 GNSS 点名称和已知点名称两项控件里分别选择实测的 WGS84 坐标 K4-1 和已知当地平面坐标 K4，校正方法选中"水平和垂直"，如图 7-30 所示。重复点击【添加】，加入校正点 K5-1、K7-1 和 K5、K7，点击【计算】得出校正参数，再点击【应用】完成校正。

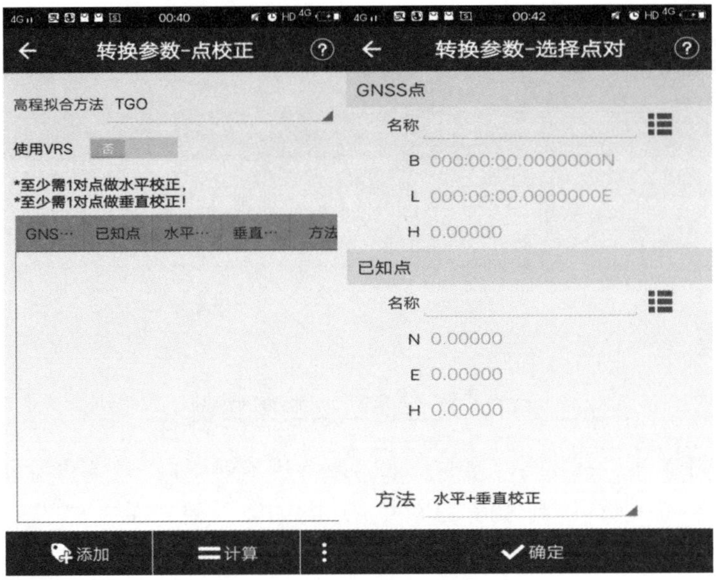

图 7-30　点校正界面

（5）重设当地坐标：

在每个测区进行测量和放样的工作有时需要几天甚至更长的时间，为了避免每天都重复进行点校正工作或者每次都有把基站架在已知点上的麻烦，可以在每天开始测量工作以前先做一下“基站平移”的工作，如图 7-31 所示（此时就是基准站为任意架设或设置成自启动基站，移动站找一个控制点做一下平移的过程）。

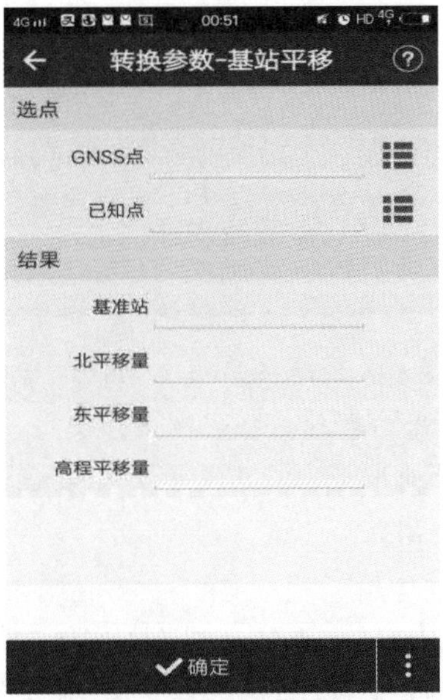

图 7-31　基站平移界面

方法：首先测量已知点，找到 K4 的实地位置，选择【测量】→【测量点】，测量出一个已知点的 GNSS 坐标，命名为 K4-1。【点管理】→【添加】，输入已知点点名为 K4，坐标系统选择本地 NEH，角色选择控制点，依次输入本地 N、本地 E、本地 H，点击【确定】。【测量】→【基站平移】，在 GNSS 点名称和已知点名称两项控件里分别选择实测的 WGS84 坐标

K4-1 和已知当地平面坐标 K4，查看计算结果中基准站北平移量，东平移量及高程平移量，【确定】后即完成坐标改正操作。

（6）数据导出：

打开测地通，【项目】→【导出】，可设置导出数据内容，主要包括测量点、输入点及基站点以及测量时间；导出点坐标类型（平面坐标或经纬度）；导出数据格式及文件格式。利用蓝牙或 WIFI 将数据传输至计算机进行地形图绘制。

知识拓展

RTK 联合全站仪测图实例

RTK 在城市测量中，一般流动站和基准站距离达不到 RTK 设备中所标述的最大值（一般为 20 km）。城市中一般能达到 500～3 000 m，且 RTK 的缺点在城市测量中能够完全体现，如多路径效应、电磁波干扰、高大建筑物对接收机视野的限制等。这些缺点给城市测量带来了巨大的影响，使得测量无法快速进行并且定位精度也受到一定的影响。

为能够满足城市测量的需求，以及在短时间内完成作业任务，使用全站仪与 RTK 联合可以满足这些需求，并且能够保持更好的精度。城市中高等级控制点距离远、不通视，普通等级点城市中破坏大、测量过程中通视不方便（车、人容易阻挡视线）。完全利用全站仪耗时间、耗人力，无法快速测量。利用 RTK+全站仪的方法可以很好地解决这些问题。在测区范围内利用 RTK 布设控制点，在 RTK 不容易到达或局限性较大的地方可在附近布设控制点，再利用全站仪进行测量，这样可以快速完成各种测量任务且精度也可保证。

下面列举一个 RTK 联合全站仪测图实例。

1. 测区概况

某单位承担了某测区的测量任务，总面积约为 1.5 km^2，成图比例尺为 1∶2 000。该测区位于丘陵地带，地形条件复杂，测区内部有两个主要的山体，山上以荒草和灌木为主。两个建筑物密集区（一村庄，一矿山集中区）。

综合测区以上情况，通过认真讨论、试验和分析，决定对于接收卫星信号较好的山坡和平坦地区采用 RTK 进行碎部测量；其余地区采用全站仪进行碎部测量；全站仪所需图根控制点采用 RTK 进行测定。测图方式为野外数字化测图，使用一套徕卡 1200（1+3）动态 GPS 接收机、两台徕卡全站仪进行外业采集，应用南方公司 CASS 地形地籍软件成图。为便于规划设计，地形图不进行分幅，等高距为 1 m。

2. 人员配置

在人员分工上，RTK 分为 3 组（每个流动站为 1 组），每组 2 人，一人操作 RTK，一人画草图；另有一人留守基准站，负责基准站的安全；每组画草图的人员将野外采集的数据导入计算机，根据野外草图进行数字化成图。全站仪组为 3 人，1 人施仪，1 人跑尺，1 人画草图。人员配置共 7 人，所以 RTK 与全站仪分开时段测图。

3. 已有资料分析

测区附近有 GPS 四等点 3 个，保存完好，精度满足要求。1 个点在测区外，2 个点在测区内，用这 3 个点做 RTK 的点校正。

4. 数据采集

在本次地形图测绘中，利用 RTK 随时为全站仪测图测量图根点。按照《城市测量规范》中地形测量的要求进行地形图的碎部测量。测量方法是全站仪与 RTK 联合进行地形要素的自动采集和存储，并绘成图。对于开阔地段（主要是田野、公路、河流、沟、渠、塘等）直接采用 RTK 进行全数字野外数据采集。实地绘制地形草图，对于树木较多或房屋密集的村庄等采用 RTK 给定图根点位，利用全站仪采集地形地物等特征点，实地绘制草图。回到室内将野外采集的坐标数据通过数据传输线传输到计算机，根据实地绘制的草图，在计算机上利用 CASS6.0 成图软件进行制图。

RTK 作业的具体操作：

（1）采用 RTK 技术进行碎部点采集，所采集的数据为当地平面坐标。

（2）应用 RTK 采集碎部点时，遇到一些对卫星信号有遮蔽的地带，这时可采用 RTK 给出图根点的点位坐标，然后采用全站仪测碎部点坐标。

全站仪作业的具体操作：

（1）整平对中，对中偏差不得超过 1 mm。

（2）启动全站仪，进入文件管理界面，建立文件名，并选择该文件在文件下存储。

（3）以后视点为检核点进行检核，偏差在限差范围内方可进行点收集，否则查明原因，符合限差要求方可采集数据。

（4）采集碎部点数据信息。

全站仪注意事项：

（1）一个测站应一个方向观测，切勿盘左盘右不分。

（2）一个测站仪器如有碰动需重新对中整平检核。

5. RTK 成果的质量检验

为了检验 RTK 图根点实际精度，RTK 测量结束后，应用徕卡全站仪对部分通视图根点间的相对位置关系进行实测检查。检查工作共布设了两条附合导线，导线起算点为已知 GPS 点，共联测检查了 20 个图根点。根据导线测量成果与 RTK 结果的较差，可算出图根点相对于相邻点点位中误差和高程中误差，见表 7-4。根据表 7-4 的数据可算出图根点点位中误差 $m_p = \pm 4.3$ cm，高程中误差 $m_h = \pm 6.3$ cm，分别小于预设精度±10 cm，也小于《城市测量规范》规定值±20 cm，完全符合图根控制和碎部点精度要求。

由于 RTK 测设的相邻图根点之间并没有直接联系，因此，其“相邻点”与导线测量中所讲的相邻点意义不同，它仅仅是地理位置的相邻，彼此之间没有误差传递，相邻点之间的点位误差只与卫星信号的质量以及卫星的分布质量有关。因此，不能以导线测量的相对误差、角度中误差等指标作为衡量 RTK 相邻点精度的指标。

表 7-5　图根点与导线点精度对比分析表

点号	坐标较差/cm		点位较差	高程较差
	dx	dy	dp/cm	dH/cm
T1	+3.1	−2.3	3.9	+7.1
T2	−0.9	+3.5	3.6	+5.0

续表

点号	坐标较差/cm		点位较差	高程较差
	dx	dy	dp/cm	dH/cm
T3	+4.3	+4.0	5.9	+8.0
T4	+3.7	+5.1	6.3	+7.8
T5	+1.1	+3.9	4.1	+6.5
T6	+2.7	−2.2	3.5	−4.3
T7	+4.8	−3.7	6.1	−9.7
T8	−1.1	+0.8	1.4	+6.0
T9	+0.7	+1.8	1.9	−0.8
T10	+3.5	+4.7	5.9	+9.3
T11	+5.0	+3.7	6.3	+10.1
T12	−0.9	+1.1	1.4	+4.3
T13	+0.2	+1.8	1.8	−0.2
T14	−0.1	+1.5	1.5	+0.6
T15	+3.4	+2.1	4.0	−3.7
T16	+5.8	+3.1	6.6	+7.0
T17	+1.2	+0.8	1.4	+4.6
T18	+4.7	+3.4	5.8	+6.1
T19	+4.3	−0.9	4.4	−40.7
T20	−0.9	+6.3	6.4	+5.7

6. 应注意的问题

通过此次实验表明，全站仪联合RTK测图，能大大加快工作进度，节省工程成本。与常规测量相比，RTK测量需要的测量人员少、作业时间短，能够极大地提高工作效率。但是在实施时，也可能会出现一些问题，影响工作进度，主要有以下几个方面：

（1）各作业小组要注意协作分工，不要漏测重测。在RTK测量困难地区，应利用全站仪测图。尽量保证当天成图，以便对漏测地区进行及时补测。

（2）选择基准站时要考虑数据链能否正常工作，因为电台的功率一般比较低，又是“近直线”方式传播，所以要考虑距离和“视场”。一般基准站选择在靠近测区中央、位置较高的地方。

复习思考题

（1）GPS RTK系统由哪几部分组成？

（2）简述GPS RTK操作的基本内容。

（3）何为RTK技术？RTK的作业模式有哪些？

任务 7.4　地形图编辑与整饰

7.4.1　工作任务

地形图的编辑与整饰是在保证精度情况下消除相互矛盾的地形、地物，对于漏测或错测的部分，及时进行外业补测或重测。通过本任务的学习，能利用编辑系统，对给定的地形图进行编辑与整饰。

PPT　视频　视频

地形图编辑　等高线绘制

7.4.2　相关配套知识

对于图形的编辑，CASS 提供“编辑”和“地物编辑”两种下拉菜单。其中，“编辑”是由 AutoCAD 提供的编辑功能：图元编辑、删除、断开、延伸、修剪、移动、旋转、比例缩放、复制、偏移拷贝等，“地物编辑”是由南方 CASS 系统提供的对地物编辑功能：线型换向、植被填充、土质填充、批量删剪、批量缩放、窗口内的图形存盘、多边形内图形存盘等。下面举例说明。

1. 图形重构

通过右侧屏幕菜单绘出一个自然斜坡、一块菜地，如图 7-32 所示。

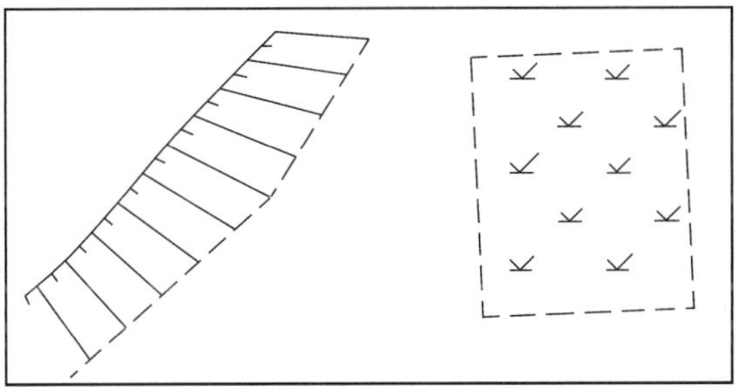

图 7-32　做出几种地物

用鼠标左键点取骨架线，再点取显示蓝色方框的节点使其变红，移动到其他位置，或者将骨架线移动位置，效果如图 7-33 所示。

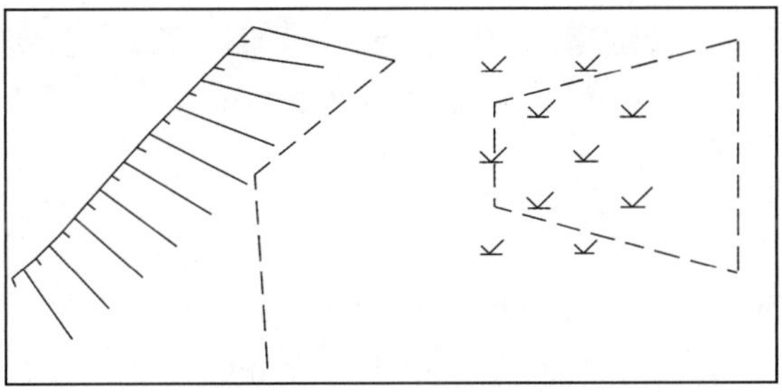

图 7-33　改变原图骨架线

将鼠标移至“地物编辑”菜单项，按左键，选择“重新生成”功能（也可选择左侧工具条的“重新生成”按钮），命令区提示：

选择需重构的实体：<重构所有实体>回车表示对所有实体进行重构功能。

此时，原图转化为图 7-34。

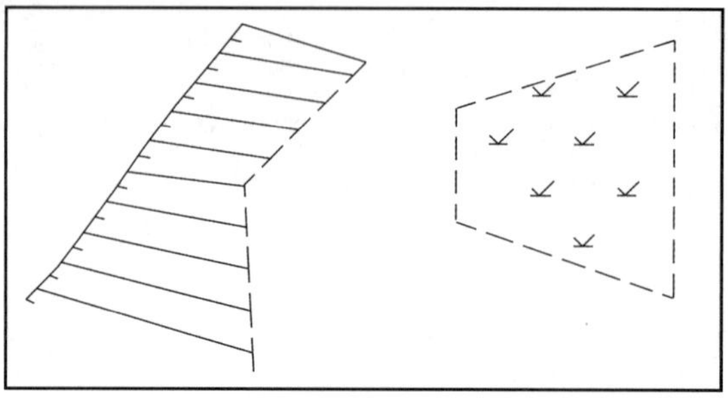

图 7-34　对改变骨架线的实体进行图形重构

视频

展碎部点

2. 改变比例尺

将鼠标移至“文件”菜单项，按左键，选择“打开已有图形”功能，在弹出的窗口中“输入 C：\CASS\DEMO\STUDY.DWG”，将鼠标移至“打开”按钮，按左键，屏幕上将显示例图 STUDY.DWG，如图 7-35 所示。

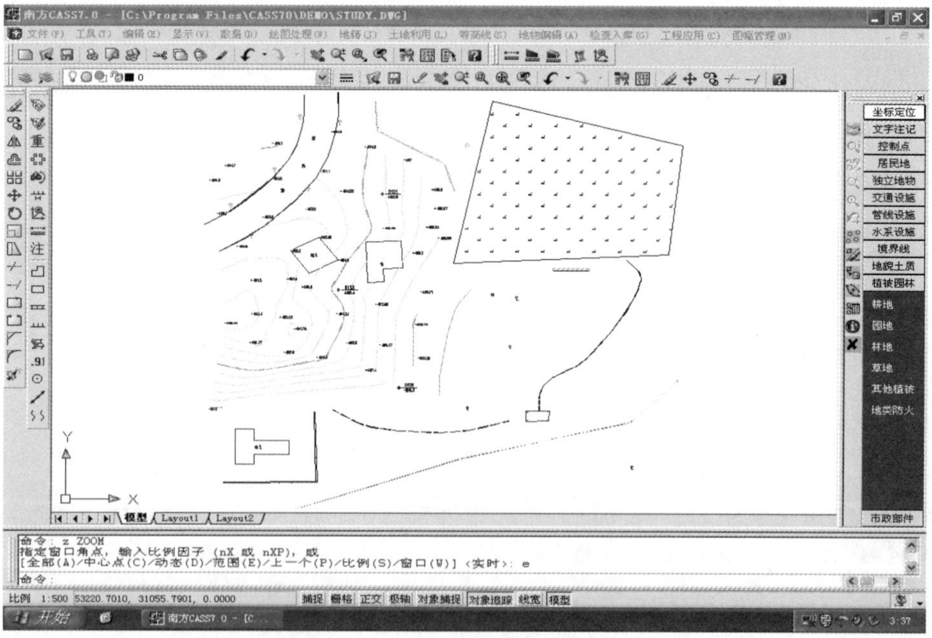

图 7-35　例图 STUDY.DWG

将鼠标移至“绘图处理”菜单项，按左键，选择“改变当前图形比例尺”功能，命令区提示：当前比例尺为 1∶500

输入新比例尺<1∶500>1∶输入要求转换的比例尺，例如输入 1 000。

这时屏幕显示的 STUDY.DWG 图就转变为 1∶1 000 的比例尺，各种地物包括注记、填充符号都已按 1∶1 000 的图示要求进行转变。

3. 查看及加入实体编码

将鼠标移至“数据处理”菜单项，点击左键，弹出下拉菜单，选择“查看实体编码”项，命令区提示：选择图形实体，鼠标变成一个方框，选择图形，则屏幕弹出如图 7-36 所示属性信息，或直接将鼠标其移至多点房屋的线上，则屏幕自动出现该地物属性，如图 7-37 所示。

图 7-36　查看实体编码

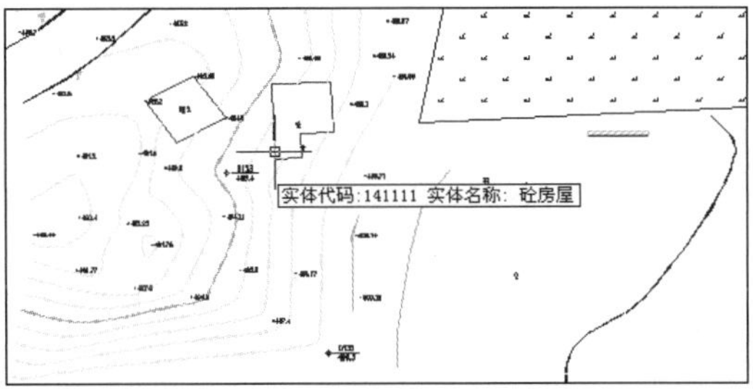

图 7-37　自动显示实体属性

PPT　视频

大比例尺地形图的分幅

将鼠标移至“数据处理”菜单项，点击左键，弹出下拉菜单，选择“加入实体编码”项，命令区提示：输入代码（C）/<选择已有地物>鼠标变成一个方框，这时选择下侧的陡坎。

选择要加属性的实体：

选择对象：用鼠标的方框选择多点房屋。

这时多点房屋变陡坎。

在第一步提示时，也可以直接输入编码（此例中输入未加固陡坎的编码 204201），这样在下一步中选择的实体将转换成编码为 204201 的未加固陡坎。

4. 线型换向

通过右侧屏幕菜单绘出未加固陡坎、加固斜坡、依比例围墙、栅栏各一个，如图 7-38 所示。

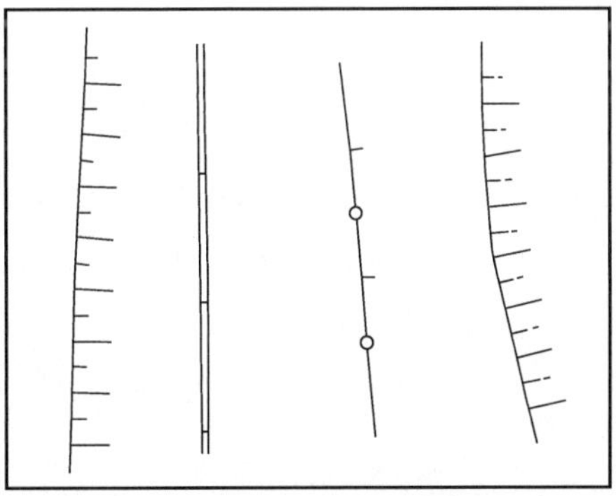

图 7-38　线型换向前

将鼠标移至“地物编辑”菜单项，点击左键，弹出下拉菜单，选择“线型换向”，命令区提示：

请选择实体将转换为小方框的鼠标光标移至未加固陡坎的母线，点击左键。

这样，该条未加固陡坎即转变了坎的方向。以同样的方法选择“线型换向”命令（或在工作区点击鼠标右键重复上一条命令），点击栅栏、加固陡坎的母线，以及依比例围墙的骨架线（显示黑色的线），完成换向功能，结果如图 7-39 所示。

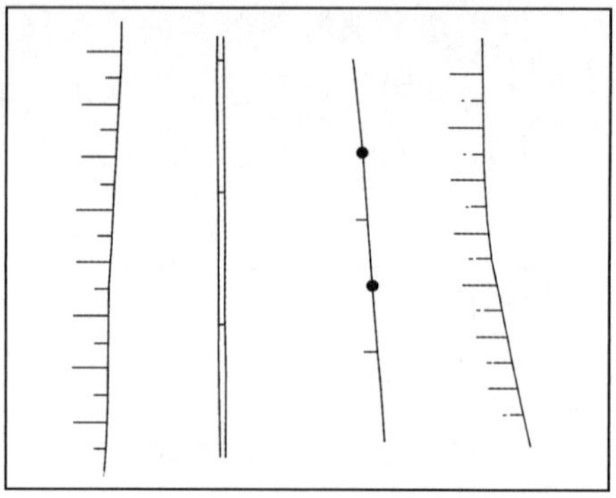

图 7-39　线型换向后

5. 坎高的编辑

通过右侧屏幕菜单的“地貌土质”项绘一条未加固陡坎，在命令区提示输入坎高：（米）<1.000>时，回车默认 1 m。

将鼠标移至“地物编辑”菜单项，点击左键，弹出下拉菜单，选择“修改坎高”，则在陡坎的第一个节点处出现一个十字丝，命令区提示：选择陡坎线。

请选择修改坎高方式：① 逐个修改；② 统一修改<1>。

当前坎高 = 1.000 m，输入新坎高<默认当前值>：输入新值，回车（或直接回车默认 1 m）。

十字丝跳至下一个节点，命令区提示：

当前坎高 = 1.000 m，输入新坎高<默认当前值>：输入新值，回车（或直接回车默认 1 m）。

如此重复，直至最后一个节点结束。这样便将坎上每个测量点的坎高进行了更改。

若选择修改坎高方式中选择 2，则提示：

请输入修改后的统一坎高：<1.000>输入要修改的目标坎高则将该陡坎的高程改为同一个值。

6. 图形分幅

在图形分幅前，应做好分幅的准备工作，了解图形数据文件中的最小坐标和最大坐标。

注意：在 CASS7.0 下侧信息栏显示的数学坐标和测量坐标是相反的，即 CASS7.0 系统中前面的数为 Y 坐标（东方向），后面的数为 X 坐标（北方向）。

将鼠标移至“绘图处理”菜单项，点击左键，弹出下拉菜单，选择“批量分幅/建方格网”，命令区提示：

请选择图幅尺寸：① 50 × 50；② 50 × 40；③ 自定义尺寸<1>按要求选择。此处直接回车默认选 1。

输入测区一角：在图形左下角点击左键。

输入测区另一角：在图形右上角点击左键。

这样在所设目录下就产生了各个分幅图，自动以各个分幅图的左下角的东坐标和北坐标结合起来命名，如：“29.50-39.50”、“29.50-40.00”等。如果要求输入分幅图目录名时直接回车，则各个分幅图自动保存在安装了 CASS 的驱动器的根目录下。

选择“绘图处理/批量分幅/批量输出”，在弹出的对话框中确定输出的图幅的存储目录名，然后确定即可批量输出图形到指定的目录。

7. 图幅整饰

把图形分幅时所保存的图形打开，选择“文件”的“打开已有图形…”项，在对话框中输入 STUDY.DWG 文件名，确认后 STUDY.DWG 图形即被打开，如图 7-40 所示。

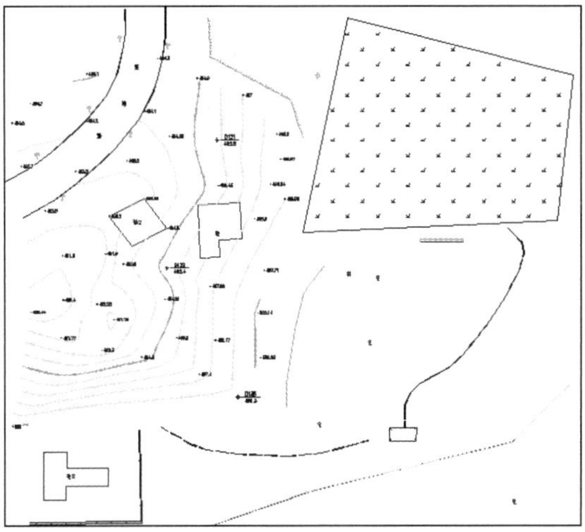

图 7-40　打开 STUDY.DWG 的平面图

选择“文件”中的“加入 CASS 环境”项。

选择“绘图处理”中“标准图幅（50 cm × 50 cm）”项显示如图 7-41 所示的对话框。输入图幅的名字、邻近图名、测量员、制图员、审核员，在左下角坐标的“东”“北”栏内输入相应坐标回车。或右边点击拾取图标在图上点击。在“删除图框外实体”前打钩则可删除图框外实体，按实际要求选择，例如此处选择打钩。最后用鼠标单击“确定”按钮即可。

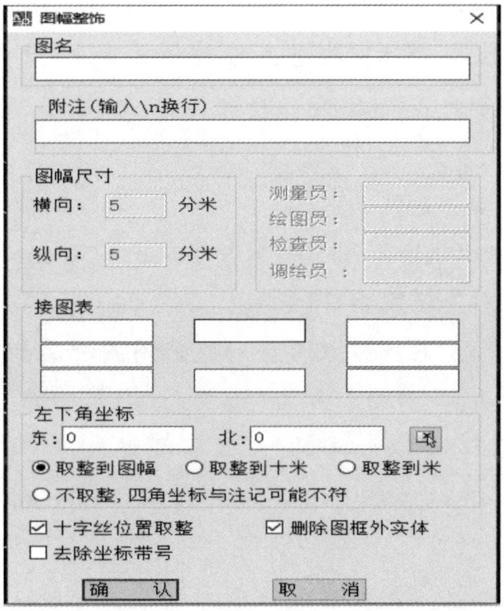

图 7-41　输入图幅信息对话框

因为 CASS 系统所采用的坐标系统是测量坐标，即 1∶1 的真坐标，加入 50 cm×50 cm 图廓后如图 7-42 所示。

图 7-42 加入图廓的平面图

知识拓展

数字地形图分幅

为了适应各种工程设计和施工的需要，对于 1∶500、1∶1 000、1∶2 000 比例尺地形图，一般可采用正方形或矩形按纵横坐标网线整齐行列分幅。这几种比例尺地形图的正方形分幅是，一幅 1∶5 000 图幅范围分为 4 幅 1∶2 000 地形图。一幅 1∶2 000 图幅范围分为 4 幅 1∶1 000 地形图。

地形图分幅和编号

1∶500、1∶1 000、1∶2 000 地形图一般采用 50 cm×50 cm 正方形分幅和 40 cm×50 cm 矩形分幅，根据需要也可采用其他规格分幅。

正方形或矩形分幅的地形图的图幅编号，一般采用图廓西南角坐标公里数编号法，也可选用流水编号法和行列编号法。

（1）采用图廓西南角坐标公里数编号时，x 坐标公里数在前，y 坐标公里数在后；1∶500 地形图取至 0.01 km（如 10.40～27.75），1∶1 000、1∶2 000 地形图取至 0.1 km（如 10.0～21.0）。

（2）带状测区或小面积测区可按测区统一顺序编号，一般从左到右，从上到下用阿拉伯数字 1、2、3、4…编定，如图 7-43 中的××-8（××为测区代号）。

（3）行列编号法一般以字母（如 ABCD）为代号的横行由上到下排列，以阿拉伯数字为代号的纵列从左到右排列来编定的。先行后列如图 7-44 中的 A-4。

1∶2 000 地形图可以 1∶5000 地形图为基础，按经差 37.5、纬差 25 进行分幅（见图 7-45）。其图幅编号以 1∶5 000 地形图图幅编号分别加短线，再加顺序号 1、2、3、4、5、6、7、8、9 表示，如 H49H192097-5。

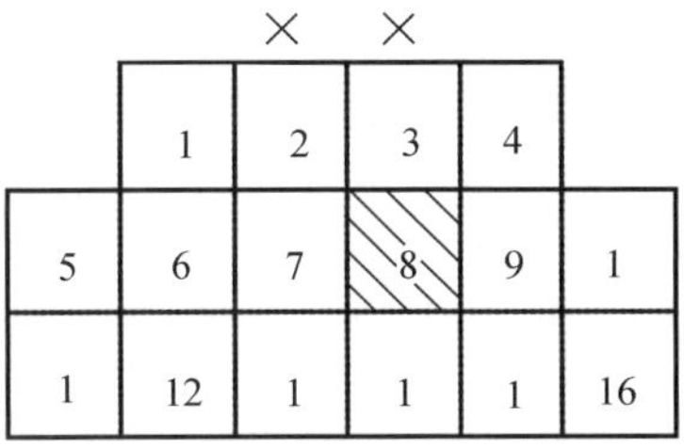

图 7-43

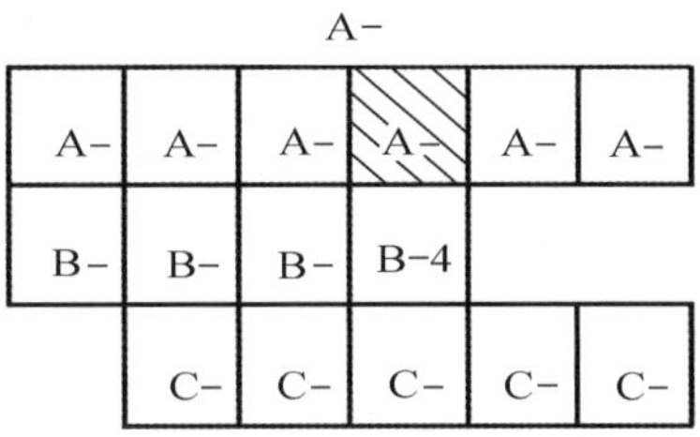

图 7-44

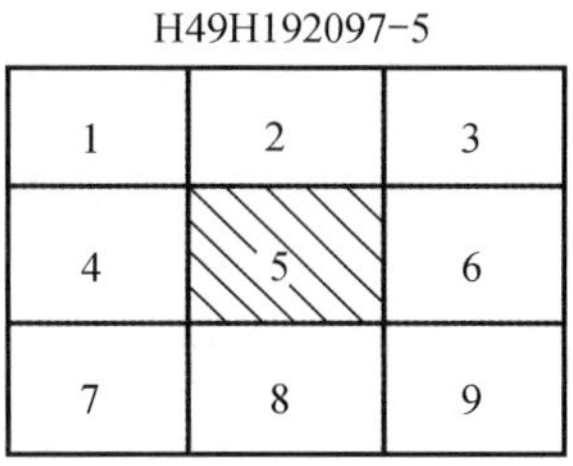

图 7-45

复习思考题

（1）地形图的分幅和编号，应满足哪些要求？

（2）简述图廓的定义、分类。

（3）地形图图外注记有哪些内容？

任务 7.5　地形图检查与验收

7.5.1　工作任务

检查验收就是对前面工作得出的数字地形图进行质量评价，是保证测图产品满足国家规范和用户需求的重要保证。通过本任务的学习，能对给定的地形图进行平面和高程、接边精度等内容的检查，确保地形图的规范性和正确性。

PPT
检查验收的依据

视频
检查验收工作的实施

7.5.2　相关配套知识

1. 数字测图成果过程检查的目的

数字测图成果过程检查是对成果中的单位成果进行全数检查，不做单位成果质量评定。其目的是预防和及时消除数字测绘产品各生产过程中不合格品的发生，一旦发现问题应及时合理地处置，确保数字测图成果的质量。

数字测图成果必须通过作业人员自查、互查之后，才能进行过程检查。过程检查应逐单位成果详查，检查出的问题、错误要记录在检查记录中，并让相关部门对照问题和错误进行修正。对于检查出的错误修改后应进行复查，直至最后一次检查无误后，方可提交最终检查。

2. 过程检查内容及方法

过程检查只检查不评定等级，应进行逐单位成果详查，数据格式可以不按最终成果的格式提供。检查的程序和步骤，可根据组织形式、软件情况、工序情况，采用分幅、分层或以工序进行检查。经过程检查修改的数据应转为最终成果的数据格式方可上交进行最终检查和验收。

1）文件名及数据格式检查

（1）检查文件名命名格式与名称的正确性。

（2）检查数据格式、数据组织是否符合规定。

2）数学基础的检查

（1）检查采纳的空间定位系统的正确性。

（2）将图廓点、首末公里网、经纬网交点、控制点等的坐标按检索条件在屏幕上显示，并与理论值和控制点的已知坐标值进行核对。

PPT 高程精度评定

PPT 平面精度评定

3）平面和高程精度的检查

（1）选择检测点的一般规定。

数字地形图平面检测点应是均匀分布、随机选取的明显地物点。平面和高程检测点的数量视地物复杂程度、比例尺等具体情况确定，每幅图一般各选取 20 ~ 50 个点。

（2）检测方法。

① 野外测量采集数据的数字地形图，当比例尺大于 1∶5 000 时，检测点的平面坐标和高程采用外业散点法按测站点精度施测。用钢尺或测距仪量测相邻地物点间距离，量测边数每幅一般不少于 20 处。

② 摄影测量采集数据的数字地形图按成图比例尺选择不同的检测方法。比例尺大于 1∶5 000 时，检测点的平面坐标和高程采用外业散点法按测站点精度施测，若用内业加密能达到控制点平面与高程精度，也可用加密点来检测，而不必外业；比例尺小于 1∶5 000（包括 1∶5 000）且有不低于成图精度的控制资料时，采用内业加密保密点的方法检测；用高精度资料或高精度仪器进行检测。

③ 手扶跟踪数字化仪采集的数字地形图。其平面精度的检测可将数字地形图由绘图机回放到薄膜上，并按图廓点、公里网与数字化原图套合后，量测被检测的点状目标和线状目标位移误差，分别统计、计算两种目标的位移中误差。

④ 扫描生成的数字地形图，其平面精度利用计算机在屏幕上套合检查。

③、④两种情况高程精度的检测是对照数字化原图检查高程点和等高线高程赋值的正确性。

4）接边精度的检测

通过量取两相邻图幅接边处要素端点的距离 Δd 是否等于 0 来检查接边精度，未连接的记录其偏差值；检查接边要素几何上自然连接情况，避免生硬，检查面域属性、线划属性的一致情况，记录属性不一致的要素实体个数。

5）属性精度的检测

（1）检查各个层的名称是否正确，是否有漏层。

（2）逐层位检查各属性表中的属性项类型、长度、顺序等是否正确，有无遗漏。

（3）按照地理实体的分类、分级等语义属性检索，在屏幕上将检测要素逐一显示或绘出要素全要素图（或分要素图）与地图要素分类代码表，和数字化原图对照，目视检查各要素分层、代码、属性值是否正确或遗漏。

（4）检查公共边的属性值是否正确。

（5）采用调绘片、原图等方式检查注记的正确性。

6）逻辑一致性检测

（1）用相应软件检查各层是否建立了拓扑关系及拓扑关系的正确性。

（2）检查各图层是否有重复的要素。

（3）检查有向符号，有向线状要素的方向是否正确。

（4）检查多边形的闭合情况，标识码是否正确。

（5）检查线状要素的节点匹配情况。

（6）检查各要素的关系表示是否合理，有无地理适应性矛盾，是否能正确反映各要素的分布特点和密度特征。

（7）检查双线表示的要素（如双线铁路、公路）是否沿中心线数字化。

（8）检查水系、道路等要素数字化是否连续。

对于用于制作地图的数字产品，其 5）与 6）中的检测项可根据需要做相应调整。

7）完备性及现势性的检测

（1）检查数据派生产日期是否满足要求，检查数据采集时是否使用了最新的资料。

（2）采用调绘片、原图、回放图，必要时通过立体模型观察检查各要素及注记是否有遗漏。

PPT　视频

质量检查验收的标准

8）整饰质量检查

对于地图制图产品，应检查以下内容：

（1）检查各要素符号是否正确，尺寸是否符合图式规定。

（2）检查图形线划是否连续光滑、清晰，粗细是否符合规定。

（3）检查各要素关系是否合理，是否有重登、压盖现象。

（4）检查各名称注记是否正确，位置是否合理，指向是否明确，字体、字号、字向是否符合规定。

（5）检查注记是否压盖重要地物或点状符号。

（6）检查图面配准、图廓内外整饰是否符合规定。

9）附件质量检查

（1）检查所上交的文档资料填写是否正确、完整。

（2）逐项检查元数据文件内容是否正确、完整。

3. 过程检查的注意事项

判定为合格产品，对存在问题由作业人员进行修改，做好检查质量记录，明确结论并签名予以标识，并向单位质管部门提出测绘产品最终检查申请。当发现不合格品时，按《不合格品的控制程序》进行评价、评审及处置并做好检验质量记录，产品不予签名并隔离存放。

知识拓展

野外数据检查的难点分析

野外检查时需将图纸与实地进行比较，进行现场踏勘和设站检查点位精度。在野外设站打点采集检查数据，然后与地形测图成果进行对比分析，统计数学精度是检查验收的重要内容之一。将检查数据导入计算机并附着到地形图上，逐点进行误差量测并记录，最后进行点位误差分析、精度统计。提取野外检查点对应的地形图上之点位数据，然后进行野外检查数据与提取地形图数据的自动计算、分析比较、统计制表是相对简单有效的精度检查方法。一般情况下，在过程检查中，控制测量观测、平差计算资料、点位说明等应100%地检查；各类控制点的埋石、点位说明实地检查不小于20%；大比例尺成图室内外100%检查；中、小比例尺成图室内全面检查，实地检查每幅图面不少于30%。检查出的问题、错误，复查的结果应在检查记录中记录，填写检查记录表。如：《地物点间距误差测定记录表》《地物点高程误差检查统计表》《地物点平面误差检查统计表》，地图数字化采用计算机屏幕对照和回放图套合检查。过程检查需要进行野外检查和内业检查。

在过程检查中，要把生产的关键环节、重点工序等作为平时的质量监控点，严密组织生产和加强生产技术指导。对测量标志的选、埋情况进行检查，是否满足测量标志的埋设质量和规定；控制测量观测各项限差和条件检验是否满足规定要求，平差计算是否合理，计算方法是否正确，结果是否可靠等。地形图产品检查除采用室内检查和实地核对外，还应采用布测高程路线测定高程注记点、量取地物点间距、测定地物点坐标等检查方法，取得衡量精度的数据。

复习思考题

（1）简述二级检查一级验收制度。

（2）提交检查验收的资料有哪些?

（3）简述属性精度的检测内容。

（4）简述整饰质量检查的内容。

小结

野外数据采集是数字化测图的基础和最关键的一环。随着计算机技术在测量中应用的迅速发展以及测绘仪器的更新换代，数字化测图技术日趋成熟，野外数据采集方法多种多样。

草图法由有平板测图知识的绘图员现场记录全站仪所测得的点的连接信息并绘出草图，室内根据全站仪或电子手簿记录的点位信息和草图整理成图。这种方法弥补了编码法的不足，观测效率较高，外业观测时间较短，硬件配置要求低，但内业工作量大，而且每个镜站需配一名绘图员，容易造成人力的浪费，特别是进行多镜作业时，这种情况尤为严重。

GPS-RTK 法测量时测站间无须通视，测量数度快，但多路径效应、电磁波干扰、高大建筑物对接收机视野的限制较大，在高楼林立的城市或在森林茂密的山区卫星信号都很弱，难以观测。

随着当代高新技术在测绘领域的不断渗透，测绘仪器也不断有新产品问世。如近来无反射镜全站仪的测程和精度有所提高，GPS 接收机和全站仪相结合的新型全站仪的问世，以至能够自动照准天然目标的新一代测量机器人的设计思想的成熟，所有这些必将使野外数据采集的方法越来越多样，越来越完善。但无论如何，测量人员应根据自身的实际选择最适合自己的作业模式，以节省测绘产品成本，提高工作效率，增强测绘市场的竞争力。

地形图编辑是把地图中各元素的定位点、线坐标按地形图图式要求以相应的符号表示出来，并经过整饰形成标准的地形图，以供用户随时绘制和调用。地形图整饰是对绘制好的地图根据需要添加图面元素内容，包括图名、图廓、图例、比例尺、坐标格网和必要的文字说明等。地形图整饰的目的就在于以色彩、符号等形式为手段，将地图内容的特征及其层次关系等显示得既符合实际情形又清晰易读。

大比例尺数字地形图在现阶段更新频率已经越来越快，质量检验应把握关键要点，提高检验工作效率。本项目从大比例尺数字地形图检验的几个关键点进行了较为详细的讨论，对大比例尺数字地形图的质量把关起到了较好的控制作用。

08

项目 8

地形图的应用

>>>>>>>>>>>

项目描述

地形图是线路、桥梁、隧道等工程构筑物设计和施工阶段需要用到的基本图件，工程技术人员利用地形图可以完成查询指定点坐标、查询两点间坐标方位角和距离、查询线长、查询面积、计算土石方量、绘制断面图等工作。

通过项目的学习，掌握南方 CASS 数字化成图软件中的基本功能，能够提取坐标、方位角、距离等几何要素，计算指定区域面积，绘制纵横断面，计算土石方量等。

对标“1+X” 测绘地理信息数据获取与处理证书技能要求
4.1 读图能力 ☑4.1.1 熟悉 1∶500、1∶1000、1∶2000 图式； ☑4.1.2 具有数字线画图的读图能力。

学习目标

岗位能力目标：

1. 能提取常见几何要素；
2. 能量算指定区域面积；
3. 能绘制纵横断面；
4. 能计算指定区域的土石方量。

知识目标：

1. 了解大比例尺地形图图式；
2. 掌握地形图常见几何要素的获取及面积量算的方法；
3. 掌握纵横断面图的绘制方法；
4. 掌握使用 DTM 法进行土石方量计算的方法

思政点拨

依据地形图提取或计算出的各类数据对后续施工影响巨大，工作过程中必须态度端正、严谨认真、实事求是，确保数据的正确性。同时要养成利用信息化手段，借助各类工具、软件完成任务，提高工作效率的习惯。

相关案例

某厂区建设土石方量计算

某汽车生产企业扩大生产规模，要进行新厂房建设，现已由测绘单位完成拟建区域的地形图测绘工作，提供的成果为该测区的线划地形图（dwg 格式），为后续厂房建设工作顺利进行现需要从图形上查询指定区域的面积，并计算按照设计标高平整场地时的填挖土石方量。

任务 8.1　地形图的一般应用

8.1.1　工作任务

依据给定的数字地形图，利用“工程应用”菜单下的相关功能求取指定点坐标、两点间的距离和方位、线段的长度、实体面积和表面积等。

PPT 地形图应用　　视频 查询两点间距离和方位角　　视频 查询指定点坐标

8.1.2　相关配套知识

1. 查询指定点坐标

点击“工程应用”菜单下的“查询指定点坐标”命令，如图 8-1 所示，然后在图形上点击指定的点，命令行即可显示该点的坐标。

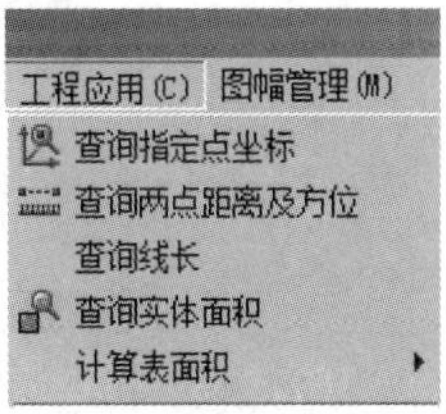

图 8-1　工程应用菜单

需要指出的是，CASS 软件左下角状态栏显示的坐标（553 600.786 9，3 836 500.270 9，0.000 0）是笛卡尔坐标系中的坐标，与测量坐标系中的 X 和 Y 坐标顺序相反，数值也不完全相同，因此，在提取指定点坐标时，系统命令行显示的坐标（X = 3 836 512.072 m，Y = 553 612.367 m，H = 454.982 m）是测量坐标（见图 8-2）。

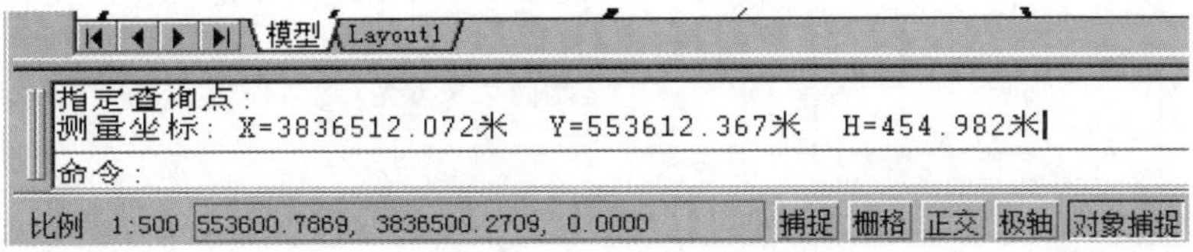

图 8-2　查询指定点坐标

也可以利用右侧屏幕菜单注记某一点的坐标。具体操作过程是：点击屏幕菜单“文字注记”下“坐标坪高”选项，如图 8-3（a）所示，在【坐标坪高】对话框中选择“注记坐标”，点击确定按钮，如图 8-3（b）所示，指定要注记的点，捕捉到要注记的点后，鼠标移动到坐标要标记的合适位置单击鼠标左键，如图 8-3（c）所示，即可以确定和注记该点的坐标。

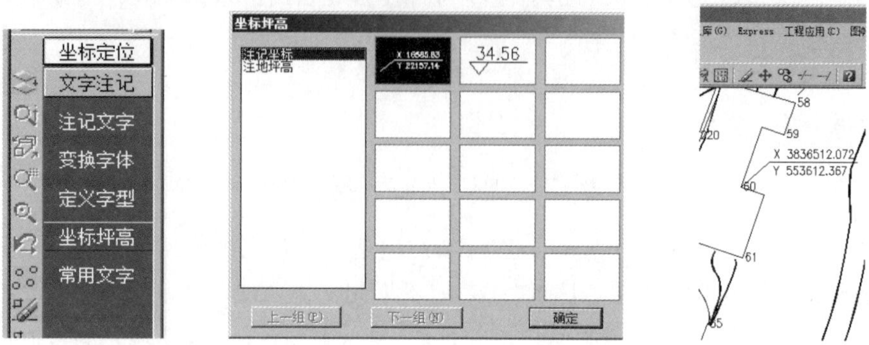

（a）　　（b）　　（c）

图 8-3　注记指定点的坐标

以上两种方法都可以查询出指定点的坐标值，如需在图形上显示坐标值，则使用第 2 种方法。通常使用第 1 种方法，方便快捷。

视频
查询两点间距离和方位角操作

2. 查询两点距离及方位

点击“工程应用”菜单下的“查询两点距离及方位”命令，此时，命令区提示：第一点：输入（或者点击）第一点后，命令区会提示：第二点：输入（或者点击）第二点后，命令区即显示出两点间的距离和方位角，如图 8-4 所示，通过显示的实地距离和图上距离还可以反算出地形图的比例尺。

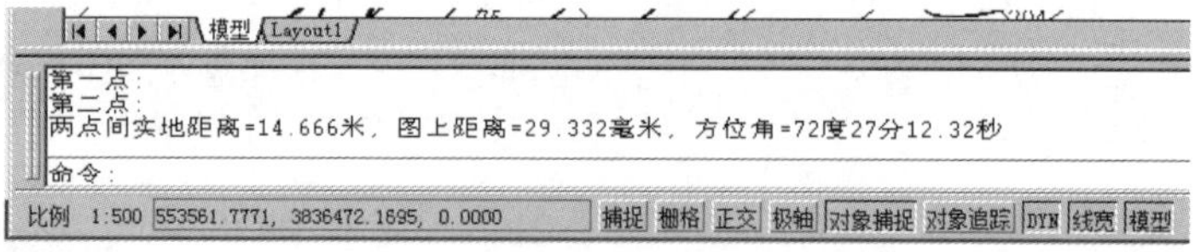

图 8-4　查询两点间距离及方位

3. 查询线长

点击“工程应用”菜单下的“查询线长”命令，在图上选取要查询的线，点击鼠标右键或按回车键，命令区和消息框会同时显示所查询线的长度，如图 8-5（a）、（b）所示。

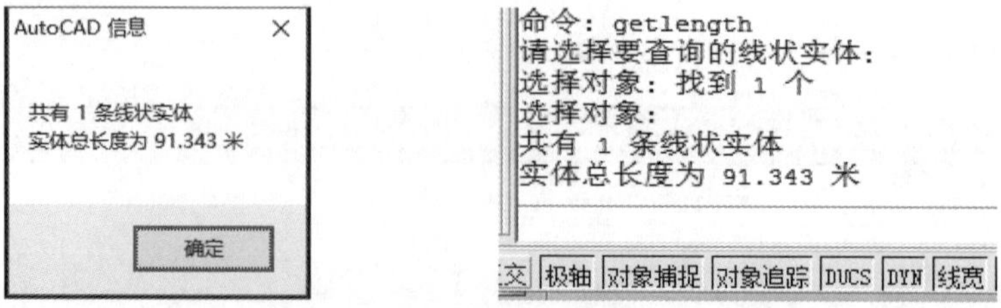

（a）　　（b）

图 8-5　查询线长

4. 求面积

点击“工程应用”菜单下的“查询实体面积”选命令，再点击闭合的边界线，命令区即可显示该区域的面积。需要注意的是，实体应该是闭合的，边界线一定要是复合线。

5. 计算表面积

视频
计算表面积操作

在工程施工时，有时需计算不规则地形的表面积，而不是投影面积，因地形复杂，表面积很难通过常规的方法来计算。实际工作中，可以利用全站仪或 GNSS 接收机采集原地面上的特征点坐标，在 CASS 软件可以利用测量点的坐标，建立 DTM 模型，在三维空间内，带坡度的三角形互相连接，形成的立体形状近似表示真实地貌，累加计算每个三角形的面积即可表示整个范围内不规则地貌的面积，采集点越密集，计算的表面积越准确。图 8-6 所示为计算矩形范围内地貌表面积的实例。其操作过程如下：

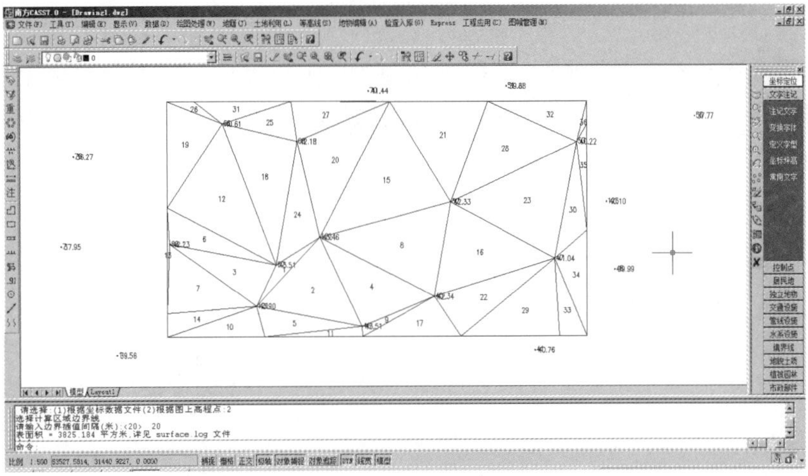

图 8-6　计算表面积

在 CASS 软件显示区展出测量高程点，用复合线闭合框选计算表面积的区域，然后点击“工程应用-计算表面积-根据图上高程点”。命令区提示：

（1）请选择：① 根据坐标数据文件。② 根据图上高程点：因图上显示的高程点展点时过滤后的，所以两种方法计算所用的高程点不同。选 1 使用的是坐标文件中的全部高程点，选 2 只使用图上显示的高程点。

（2）选择计算区域边界线。用拾取框选择图上的复合线边界。

（3）请输入边界插值间隔（m）：<20> 输入在边界上插点的密度，默认 20 m。

（4）表面积 = 3 825.184 m^2，详见 surface.log 文件，前面显示的是表面积的计算结果。每个三角形的详细成果自动保存在 SYSTEM 目录下的 surface.log 文件里。

复习思考题

（1）如何在数字地形图上确定点的坐标、两点间的距离、方位角和坡度？

（2）计算面积与计算表面积的区别是什么？

任务 8.2　断面图绘制

8.2.1　工作任务

工程建设过程中，测量横断面常用于评估施工进度或计算土石方量。南方 CASS 软件，提供 4 种绘制横断面的方法，即根据已知坐标生成、里程文件生成、等高线生成和图上高程点生成断面图。可根据施工实际情况，选择适合的方法。

视频
CASS 应用-纵横断面绘制

PPT
地形图的一般应用（根据已知坐标绘制纵断面图）

8.2.2　相关配套知识

1. 根据已知坐标绘制纵断面图

根据已知坐标绘制纵断面图有根据坐标文件和根据图上高程点两种方法，两种方法的步骤基本一致，区别在于采用根据图上高程点绘制断面图的方法时，需先在显示区展出测量高程点。现以根据坐标文件为例说明绘制纵断面的方法。

先用复合线或多线段在图上绘制连续的纵断面线，这条线段就是纵断面的投影位置，如图 8-7 所示。

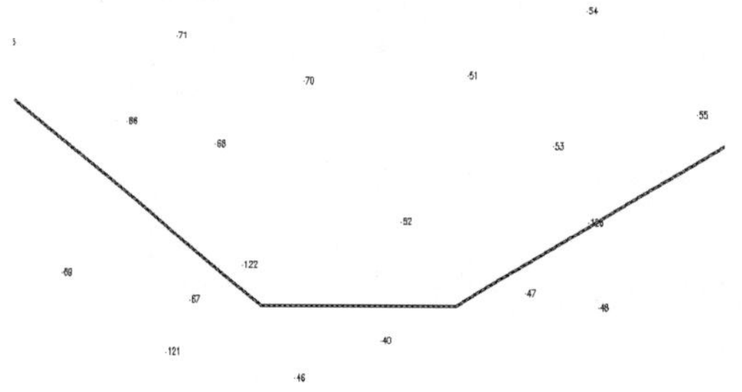

图 8-7　用复合线或多线段在图上绘制纵断面线

视频
（根据图上高程点）

视频
（根据已经坐标）

纵断面绘制

点击“工程应用”→“绘断面图”→“根据已知坐标”选命令，命令行提示：选择断面线，用拾取框选择图上的断面线，屏幕弹出”断面线上拾取”对话框，选择高程点数据文件（本例使用 CASS 软件安装后提供的样例数据：Dgx.dat），如图 8-8 所示。

输入采样点间距：如 20（m），如果复合线两端点间距大于设置的采样点间距，则每隔此间距内插一个点，系统的默认值是 20 m，可根据实际情况进行调整。设置起始里程：0（m），系统默认为 0 m，可依据实际情况进行调整。

点击确定按钮，屏幕弹出“绘制纵断面图”对话框，如图 8-9 所示。各项内容设置方法如下：

断面图比例：系统默认横向 1∶500，纵向 1∶100。如地势较平坦，可以适当增大纵向比例，以更直观显示地势起伏情况，反之可适当减小纵向比例。

图 8-8　断面上拾取对话框

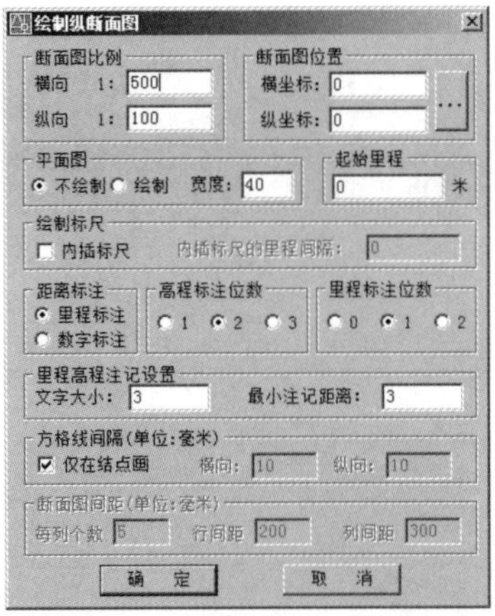

图 8-9　绘制纵断面图对话框

断面图位置：通常是点击右侧拾取按钮，利用鼠标在屏幕上适合绘制断面图的位置点击鼠标左键拾取坐标，也可在横坐标和纵坐标输入框中输入绘制断面图位置的坐标。

平面图：如选择绘制，则在断面图下方显示纵断面线转折角及相应宽度带状地形图信息，默认不绘制。

起始里程：与“断面线上拾取”对话框设置的里程一致。

绘制标尺：在断面较长时，可以在设置间隔里程内插一个标尺，默认不内插，只在两端绘制标尺。

距离注记、高程标注位数、里程标注位数、里程高程注记设置：根据情况设置，一般保持默认值即可。

设置完成后，点击确定按钮，屏幕上就会出现所选断面线的断面图，如图 8-10 所示。

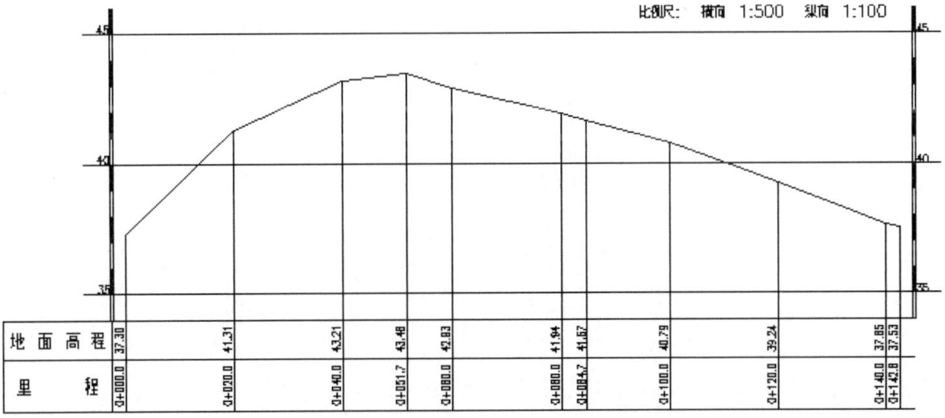

图 8-10　绘制完成的断面图

2. 根据里程文件生成横断面

根据里程文件绘制断面图主要应用于线路、河道、沟渠等线形工程多个连续断面的绘制。一个里程文件可以包含多个断面，信息包括断面编号、里程、偏距、高程等，此时绘制断面图就可以一次绘制出多个断面。里程文件的一个断面信息内可以有该断面不同时期的断面数据，这样绘制这个断面时就可以同时绘出实际断面线和设计断面线。具体方法如下：

1）绘制纵断面和生成里程文件

（1）绘制横断面线。点击“工程应用”→“生成里程文件”→“由断面线生成”→“新建”命令，命令行提示：选择纵断面线。用拾取框选择图上的纵断面线，屏幕弹出”由纵断面生成里程文件”对话框，如图8-11所示。中桩获取方式中，“结点”为断面线转折点，“等分”为固定间距内插，“等分且处理结点”为同时包含转折点和内插点。

点击确定后，系统自动在纵断面线上按20 m间距，左右各15 m长绘制出所有横断面线，如图8-12所示。

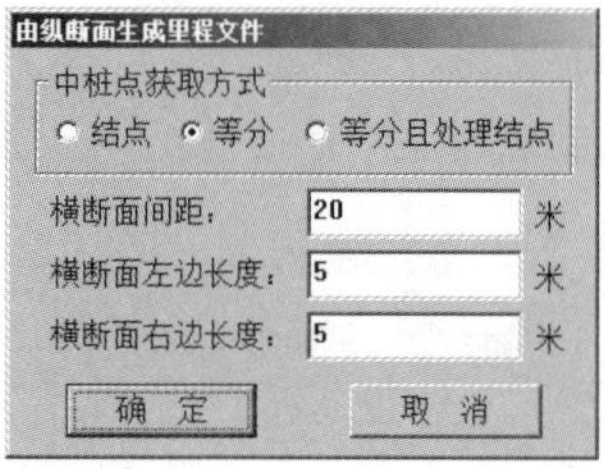

图8-11 设置横断面参数

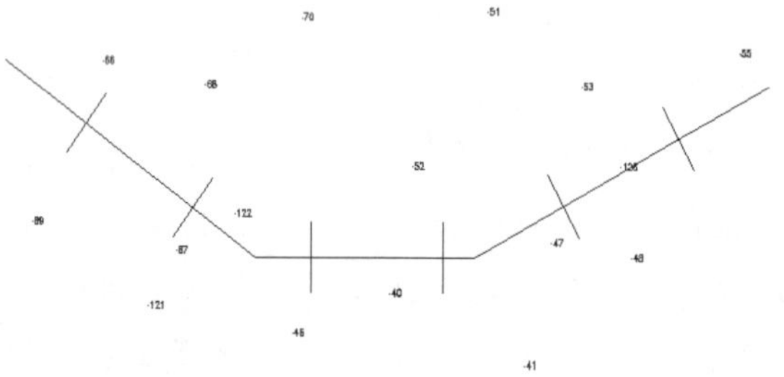

图8-12 自动在纵断面图上绘制出横断面线

横断面线绘制完成后，还可以根据情况对其调整，依据不同命令进行添加断面、加长某个断面的边长、剪切掉个别断面及设计标准断面等。

（2）生成里程文件。点击“工程应用”→“生成里程文件”→“由断面线生成”→“生成”命令，命令行提示：选择纵断面线。鼠标选取纵断面线，弹出如图8-13所示的“生成里程文件”对话框。

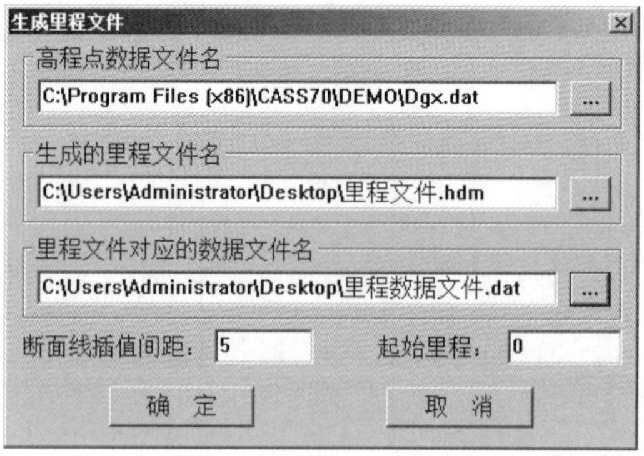

图8-13 “生成里程文件”对话框

设置高程点数据文件名、里程文件名、里程文件对应的高程数据文件名、断面线插值间距及起始里程，其中高程点数据文件选择测量点数据文件，生成的里程文件及对应的数据文件可保存在测量点数据文件同一文件夹中，里程数据文件为横断面上内插出的点坐标。完成后点击确定按钮，系统自动在横断面线上标注该断面的里程和中桩高程，如图8-14所示。

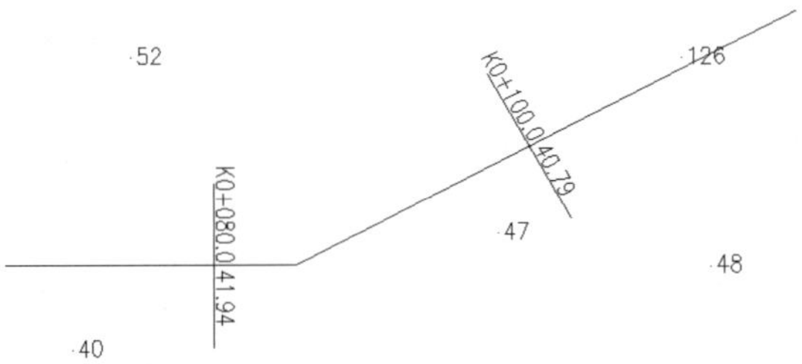

图 8-14　系统自动在横断面线上标注该断面的里程和中桩高程

2）绘制横断面图

生成里程文件以后，点击“工程应用”→“绘断面图”→“根据里程文件”选命令，在弹出的“输入断面里程数据文件名”对话框中选择上步骤生成的里程文件“里程文件.hdm”，点击打开按钮，弹出如图 8-9 所示的对话框，根据情况设置好相应的参数，得到如图 8-15 所示的横断面图，图 8-16 为 K0+000 桩号的断面图。

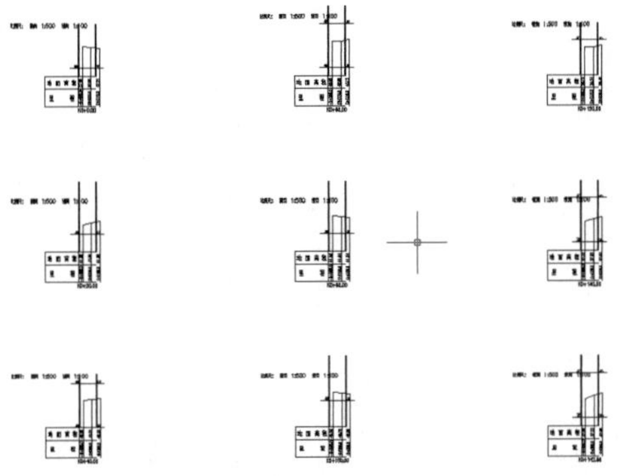

图 8-15　系统自动生成的横断面图

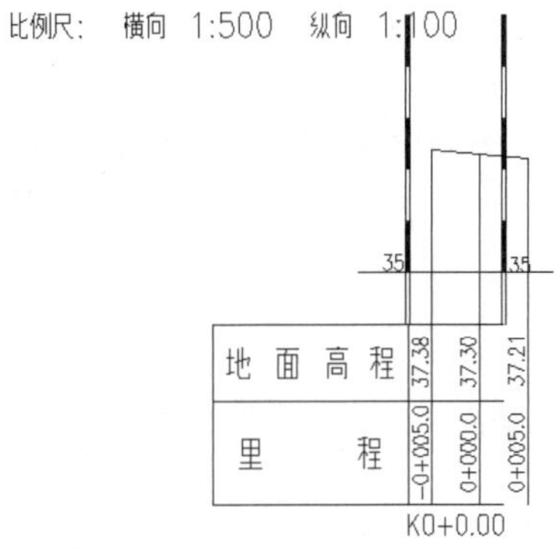

图 8-16　K0+000 桩号的横断面图

复习思考题

（1）什么是线路纵断面？什么是线路横断面？纵横断面有什么作用？

（2）如何应用数字地形图绘制断面图？

任务 8.3　土石量计算

8.3.1　工作任务

依据数字地形图，利用南方 CASS 软件中的 DTM 法、方格网法等计算土石方量，为施工进度控制、成本评估等工作提供依据。

8.3.2 相关配套知识

视频（道路断面法土方计算）

视频（两断面线间土方计算）

CASS 应用

1. DTM 法土方计算

DTM 法计算土方量是根据实地测定的地面点坐标（X、Y、H）和设计高程，通过生成三角网来计算每一个三棱锥的填挖方量，最后累计得到指定范围内填方和挖方的土方量，并绘出填挖方分界线。

采用 DTM 法计算土方量可分为“根据坐标文件”“根据图上高程点”和“根据图上三角网”3 种计算方法。这几种方法的操作步骤基本相同，下面以“根据坐标文件”为例进行说明，具体操作步骤如下：

用复合线将所要计算土方的区域闭合圈起来。

点击“工程应用”→“DTM 法土方计算”→“根据坐标文件”命令，命令行提示：选择计算区域边界线。

点取所画复合线，弹出“输入高程点数据文件”对话框，如图 8-17 所示，选择 Dgx.dat。弹出如图 8-18 所示的“DTM 土方计算参数设置”对话框。

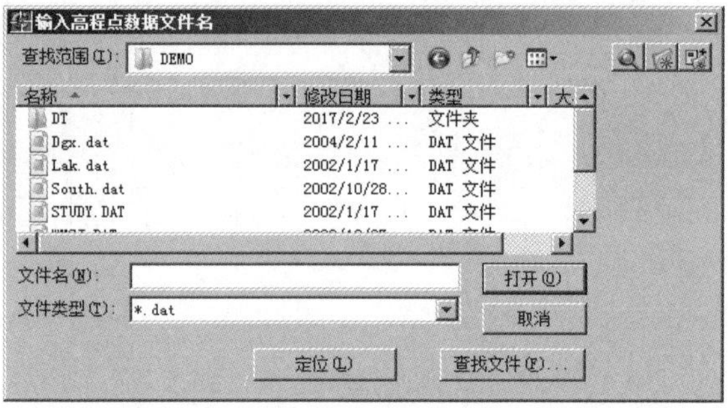

图 8-17 输入高程点数据文件

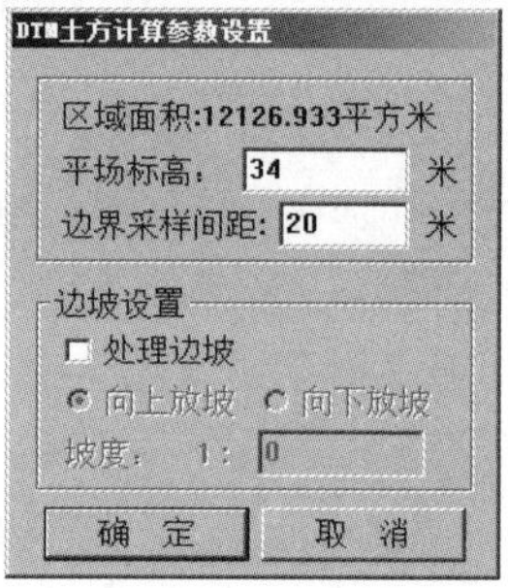

图 8-18 DTM 土方计算参数设置

根据情况设置平场标高（默认为 0）、边界采样间隔（默认为 20）和边坡设置，本例设置为 34 m、20 m 和不设置边坡。

点击“确定”按钮，屏幕弹出图 8-19 所示的填挖方信息，命令行显示相同的内容。

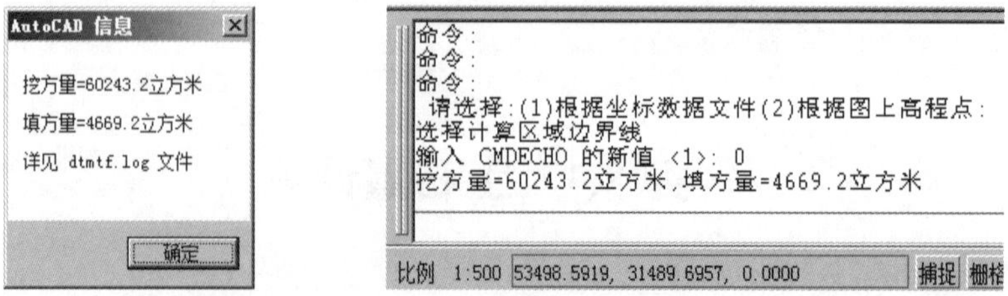

图 8-19 消息提示框和命令行填挖方信息

点击“确定”按钮后命令行提示：请指定表格左下角位置：<直接回车不绘表格>。

用鼠标在图上适当位置点击，CASS 软件会在该处绘出一个表格，包含平场面积、最小高程、最大高程、平场标高、填方量、挖方量、计算时间、计算人和图形，如图 8-20 所示。其中黑色线条为填挖方分界线。DTM 法适用于地形变化比较大的区域计算方量。

2. 方格网法土方计算

由方格网来计算土方量是根据实地测定的地面点坐标（X，Y，Z）和设计高程，通过生成方格网来计算每一个方格内的填挖方量，最后累计得到指定范围内填方和挖方的土方量，并绘出填挖方分界线。系统首先将方格的 4 个角上的高程相加（如果角上没有高程点，通过周围高程点内插得出其高程），取平均值与设计高程相减。然后通过指定的方格边长得到每个方格的面积，再用长方体的体积计算公式得到填挖方量。方格网法适用于地形变化不大的区域进行方量计算。

用复合线将所要计算土方的区域闭合圈起来，然后进行如下操作。

点击“工程应用”→“方格网法土方计算”命令，命令行提示：选择计算区域边界线。

点取所画复合线，弹出“方格网土方计算”对话框，如图 8-21 所示，高程点数据文件选择 Dgx.dat。

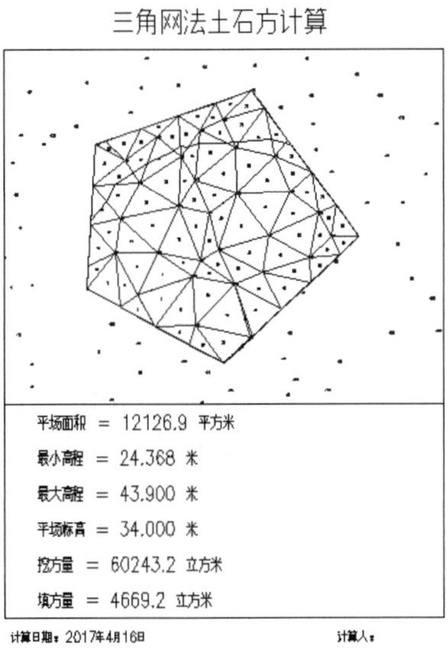

图 8-20　计算结果

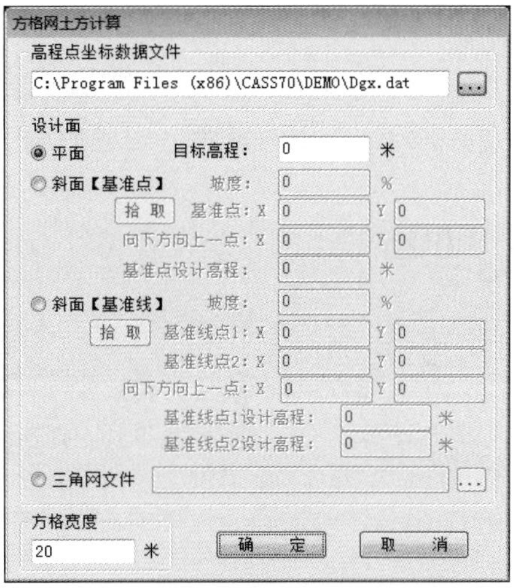

图 8-21　方格网土方计算设置

3. 设计面的设置

1）平　面

在目标高程处输入设计高程值，在方格宽度输入方格宽度值。由原理可知，方格的宽度越小，计算精度越高。但如果给的值太小，超过了野外采集的点的密度也是没有实际意义的。

2）斜　面

设计面是斜面时，操作步骤与平面的时候基本相同，区别在于在方格网土方计算对话框中“设计面”栏中，选择“斜面【基准点】”或“斜面【基准线】”。

（1）如果设计的面是斜面【基准点】，需要确定坡度、基准点和向下方向上一点的坐标，以及基准点的设计高程。点击“拾取”，命令行提示：

点取设计面基准点：确定设计面的基准点；

指定斜坡设计面向下的方向：点取斜坡设计面向下的方向。

（2）如果设计的面是斜面【基准线】，需要输入坡度并点取基准线上的两个点以及基准线向下方向上的一点，最后输入基准线上两个点的设计高程即可进行计算。

点击“拾取”，命令行提示：

点取基准线第一点：点取基准线的一点；

点取基准线第二点：点取基准线的另一点；

指定设计高程低于基准线方向上的一点：指定基准线方向两侧低的一边。

计算结果显示在命令栏，如图 8-22 所示。

图 8-22　方格网法计算结果

复习思考题

（1）举例说明身边数字地图的应用。

（2）不同计算土方量的方法各适用于何种地形?

小结

随着测绘仪器设备的逐步升级，传统平板测图已经被数字测图取代，利用数字化地形图成果可以方便地提取对象的坐标、方位角、面积等信息，也可以利用相关软件进行土方量计算、坡度计算等工作，数字地形图的应用是测量从业人员应该掌握的基本技能。

09

项目 9

测绘新技术简介

>>>>>>>>>>>

项目描述

近几年，测绘技术随着电子技术、通信技术、计算机技术、网络技术等发展，获得了迅猛发展，我国的卫星定位技术、无人机测绘技术、三维激光扫描技术在工程中的应用越来越广泛。

北斗卫星导航定位系统：又称北斗卫星导航系统或北斗导航系统，是我国自主研发建设的卫星导航定位系统。由一系列运行在地球轨道和地球同步轨道上的卫星组成。这些卫星以精确的轨道和时间信号向全球用户提供定位、导航和授时服务。

无人机遥感测绘技术：是一种新兴的测绘技术，它采用无人机进行巡航、航拍和遥感测绘，实现对地面环境、地貌、地形等的监测和数据采集。该技术具有数据准确、成本低等优势，在城市规划、灾害监测等方面得到广泛应用。

三维激光扫描技术：是一种通过使用激光器扫描物体的表面，获取该物体三维坐标点云数据，再将数据进行处理得出三维模型的测绘技术。该技术可以用于城市规划、建筑结构、地质勘探等领域的测量和建模。

对标“1+X” 测绘地理信息数据获取与处理证书技能要求
【工程测量方向】 3.1 卫星定位系统认识 ☑3.1.3 能掌握中国北斗卫星定位系统的相关知识点； 3.2 GNSS 接收机的认识及使用 ☑3.2.1 能识别指定 GNSS 接收机的基本结构与性能及各操作部件的名称和作用； ☑3.2.2 能识别指定 GNSS 接收机的按键功能和指示灯的含义并熟悉使用； ☑3.2.3 能进行指定 GNSS 接收机手簿的使用； ☑3.2.4 能应用已知 CORS 网，用指定 GNSS（RTK）测量坐标点。 【摄影测量方向】 1.1 航测无人机的认识 ☑1.1.1 熟悉指定固定翼航测无人机的基本结构；

☑1.1.2 熟悉指定多旋翼航测无人机的基本结构；
☑1.1.3 熟悉指定航测无人机飞行控制系统。
1.2 航测无人机的相关挂载
☑1.2.1 熟悉航测无人机任务载荷系统；
☑1.2.2 熟悉航测无人机航测相机（单镜头、多镜头）。
【点云测量方向】
1.1 地面站三维激光扫描设备认识及使用
☑1.1.1 熟悉三维激光扫描仪结构与功能；
☑1.1.2 掌握三维激光扫描仪的安置、组装流程；
☑1.1.3 掌握激光扫描仪的硬件性能及使用场景。

学习目标

岗位能力目标：

1. 能够识别 GNSS 接收机的基本结构与性能；
2. 能够利用 GNSS（RTK）测量坐标点；
3. 能够利用 GNSS（RTK）将已知坐标点在实地标定；
4. 能够区分多旋翼、固定翼无人机；
5. 能够识别无人机平台的不同荷载；
6. 能够区分不同三维激光扫描仪的工作原理。

知识目标：

1. 理解我国北斗卫星定位系统的原理；
2. 了解 GNSS 接收机的基本结构与性能及各操作部件的名称和作用；
3. 了解 CORS 网的定义及应用原理；
4. 理解固定翼无人机的结构；
5. 理解多旋翼无人机的结构；
6. 了解三维激光扫描仪工作原理。

思政点拨

国产设备近些年取得了长足进步，从原理、制造工艺、应用技术等方面都需要发挥出中国创新精神，在珠峰测量、港珠澳特大桥等测绘大项目发挥了重要作用。我们应能理解祖国科学技术的发展历程和未来发展，感受到自己身为一名中国公民的自豪感和责任感。作为测绘从业人员，应该从民族工业发展、资料保密等方面支持国产设备。

相关案例

某遗址群保护测绘服务

某管理区内有一处新石器时代村落废墟的遗址，该遗址是一处以黑为主的文化遗存，具有许多独有的特征，距今约 4600—5000 年，是长江中游的大溪文化的继承者。为配合文物考古研究所对遗址群的考古研究，需采用测绘新技术对该区进行综合测绘。

一、工作内容

（1）基本控制测量：使用 CORS 网络模式，测区内布设 GNSS 控制点。

（2）对遗址群进行航空摄影与三位扫描，获取区域航片与激光点云数据，生成以下成果：

① GNSS 控制点成果表；

② 航测原始航片、空三文件；

③ 点云原始文件；

④ 10 cm 高清遥感正射影像（DOM）；

⑤ 1 m 格网数字高程模型（DEM）；

⑥ 1 m 格网数字地表模型（DSM）；

⑦ 1：1000 数字线划图（DLG）。

二、设计方案

1. 技术依据

（1）《工程测量标准》GB 50026—2020。

（2）《全球定位系统测量规范》GB/T 18314—2009。

（3）《国家基本比例尺地形图图式 第 1 部分 1：500 1：1000 1：2000 地形图图式》GB/T 20257.1—2017。

（4）《低空数字航空摄影测量外业规范》CH/T 3004—2021。

（5）《低空数字航空摄影测量内业规范》CH/T 3003—2021。

（6）项目技术设计书。

2. 平高系统

（1）平面坐标系统：2000 国家大地坐标系，高斯克吕格 3° 带投影，中央子午线为 115°；

（2）高程系统：1985 国家高程基准（85 Ⅱ期）。

3. 测量流程

（1）现场踏勘：制订外业数据采集方案，包括控制设计方案、像控点布设方案、标靶布设方案和测站点设置方案等。

（2）测量基准建立：以全站仪、GNSS 接收机等传统测量设备建立测区基础控制网，为后续像控点测量、碎部点采集等提供基准。

（3）无人机测绘：根据成图比例尺精度要求，匹配地面分辨率，计算航高、影像重叠度（航向及旁向），对测区进行航飞作业，航飞完成后，对航片进行质量检查（包括：成图区域完整性、重叠度、曝光度、像片旋角及弯曲度等）。

（4）三维激光扫描：受视角限制，采用三维激光扫描仪在不同位置获取古建筑点云数据。因此，需要对多站点云数据进行拼接。由于各站点云数据坐标系不同，相邻测站之间以同名标靶为标志进行拼接。为保证不同测站点云数据有效拼接，需保证相邻测站重叠区域至少有 3 个标靶点。

任务 9.1　北斗卫星导航定位系统

9.1.1　工作任务

北斗卫星导航定位系统是四大全球卫星导航定位系统之一，在工程实践中经常利用北斗系统进行定位测量应用，通过学习以下内容，掌握北斗卫星导航定位系统的定义，并了解北斗卫星导航定位系统的定位原理及特点。

9.1.2 相关配套知识

1. 北斗卫星导航定位系统概述

北斗卫星导航定位系统（BeiDou Navigation Satellite System），又称北斗卫星导航系统或北斗导航系统，是中国自主研发建设的卫星导航定位系统。它是中国的全球卫星导航系统，类似于美国的全球定位系统（GPS）、俄罗斯的格洛纳斯系统和欧洲的伽利略系统。

北斗系统由一系列运行在中地球轨道和地球同步轨道上的卫星组成。这些卫星以精确的轨道和时间信号向全球用户提供定位、导航和授时服务。北斗系统包括3个主要的组成部分：

（1）空间段：北斗系统通过将一系列卫星部署在空间中的不同轨道上，实现了全球覆盖。目前，北斗系统由组成网络的多颗卫星组成，包括地球同步轨道上的通信卫星和中地球轨道上的导航卫星。

（2）控制段：北斗系统的控制段由一系列地面监测站和控制中心组成。地面监测站用于追踪和监测卫星的运行状态，接收和传输导航信号。控制中心负责卫星轨道的精确计算、导航系统的参数设置和故障处理等任务。

（3）用户段：用户段是指使用北斗系统的终端设备，例如导航接收器。这些设备可以接收卫星发送的导航信号，通过计算和处理这些信号来确定用户的位置、速度和时间等信息。用户段广泛应用于航海、航空、汽车导航、测绘、精准农业、物流和个人导航等领域。北斗卫星导航定位系统如图9-1所示。

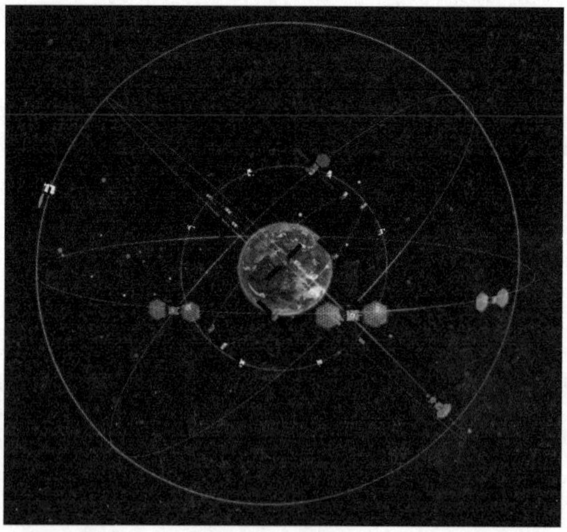

图9-1 北斗卫星导航定位系统

北斗系统具有以下特点和优势：

（1）全球覆盖：北斗系统通过全球部署的卫星，可以提供全球范围内的定位和导航服务。

（2）高精度：北斗系统可以提供高精度的定位和导航服务，满足不同领域的精准需求。

（3）多系统兼容：北斗系统兼容其他卫星导航系统，例如GPS和格洛纳斯系统，可以实现多系统的融合导航，提高定位的准确性和可靠性。

（4）多种服务：北斗系统提供多种服务，包括定位、导航、授时和短报文通信等功能，满足不同用户的需求。

北斗系统由一系列卫星组成，包括地球同步轨道卫星（GEO）和中圆地球轨道卫星（IGSO）以及倾斜地球轨道卫星（MEO）。这些卫星以不同的轨道高度和倾角分布在不同的轨道上，以提供更好的全球覆盖和导航性能。北斗系统提供的服务包括：

（1）导航定位服务：用户可以通过北斗系统准确确定其在全球范围内的位置和速度。

（2）时钟同步服务：北斗系统提供高精度的时间服务，可以满足各种应用的时钟同步需求。

（3）精密定位服务：北斗系统可以提供亚米级的精密定位服务，满足高精度测绘、精密农业、智能交通等领域的需求。

（4）短消息通信服务：北斗系统支持短消息通信，用户可以通过北斗终端设备进行信息的发送和接收。

（5）SAR 应急搜救服务：北斗系统具备搜索与救援功能，可以提供灾害应急和遇险人员搜救的支持。

北斗系统提供服务以来，已在交通运输、农林渔业、水文监测、气象测报、通信授时、电力调度、救灾减灾、公共安全等领域得到广泛应用，服务国家重要基础设施，产生了显著的经济效益和社会效益。基于北斗系统的导航服务已被电子商务、移动智能终端制造、位置服务等厂商采用，广泛进入中国大众消费、共享经济和民生领域，应用的新模式、新业态、新经济不断涌现，深刻改变着人们的生产生活方式。中国将持续推进北斗应用与产业化发展，服务国家现代化建设和百姓日常生活，为全球科技、经济和社会发展做出贡献。

党的二十大报告中指出："基础研究和原始创新不断加强，一些关键核心技术实现突破，战略性新兴产业发展壮大，载人航天、探月探火、深海深地探测、超级计算机、卫星导航、量子信息、核电技术、新能源技术、大飞机制造、生物医药等取得重大成果，进入创新型国家行列。"

中国的卫星导航：北斗系统秉承"中国的北斗、世界的北斗、一流的北斗"发展理念，愿与世界各国共享北斗系统建设发展成果，促进全球卫星导航事业蓬勃发展，为服务全球、造福人类贡献中国智慧和力量。北斗系统为经济社会发展提供重要时空信息保障，是中国实施改革开放 40 余年来取得的重要成就之一，是新中国成立 70 年来重大科技成就之一，是中国贡献给世界的全球公共服务产品。中国将一如既往地积极推动国际交流与合作，实现与世界其他卫星导航系统的兼容与互操作，为全球用户提供更高性能、更加可靠和更加丰富的服务。北斗标识如图 9-2 所示。

图 9-2　北斗标识

北斗卫星导航系统标志由正圆形、写意的太极阴阳鱼、北斗星、网格化地球和中英文文字等要素组成。圆形构型象征中国传统文化中的"圆满"，深蓝色的太空和浅蓝色的地球代表航天事业。太极阴阳鱼蕴含了中国传统文化。北斗星是自远古时起人们用来辨识方位的依据。司南是中国古代发明的世界上最早的导航装置，两者结合既彰显了我国古代科学技术成就，又象征着卫星导航系统星地一体，为人们提供定位、导航、授时服务的行业特点，同时还寓意着中国自主卫星导航系统的名字—北斗。网格化地球和中英文文字代表了北斗卫星导航系统开放兼容、服务全球。

2. 北斗接收机及北斗 CORS

司南 N5 是一款惯导型接收机，采用先进的一体化板卡设计理念，数据更可靠，产品更优越。全星座全频点接收，全面支持北斗三号卫星信号。具备恶劣环境融合算法，大幅度提升遮挡环境下的固定率。N5 接收机如图 9-3 所示。

视频（RTK 测量）　视频（静态测量）

司南 N5 接收机

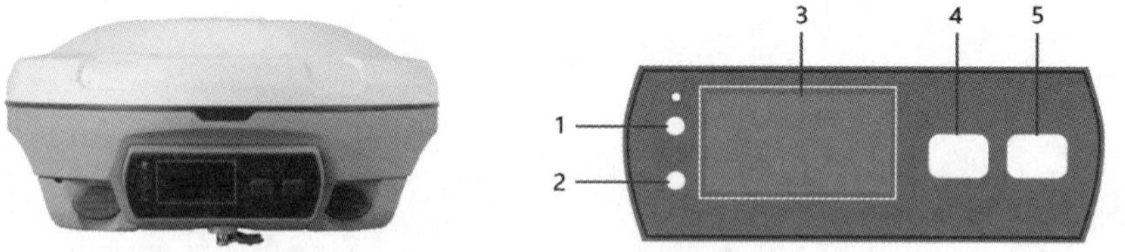

图 9-3　N5 接收机示意图

N 系列接收机（N5 接收机）指示灯和按键说明见表 9-1。

表 9-1　N 系列接收机（N5 接收机）指示灯和按键说明

功能	提示信息
1 差分灯	RTK 模式下收发差分数据，橙色差分信号灯一秒闪烁一次。
2 卫星灯	正在搜星快速闪烁；搜到 N 颗卫星，每间隔 5 秒绿色 LED 灯闪烁 N 下；
3 显示屏	第一页： 第一行左侧显示接收机状态,通过面板配置接收机或手簿配置接收机,接收机显示状态；第一行右侧显示 WIFI 和 4G 状态；WIFI 关闭/打开，4G 信号强度； 第二行显示卫星颗数，左侧为参与解算卫星数量，右侧为跟踪卫星数量； 第三行左侧显示 PDOP 卫星位置精度值，右侧显示直流电源供电图标，没有直流源供电图标不显示； 第四行显示 A、B 电池电量状态； 第二页： 通过面板配置接收机或手簿配置接收机不同模式时，数据链、通信协议、模式、频率显示状态； 第三页： 清理内存、静态切换、WIFI 控制、上电自启配置，恢复出厂设置于以及退出设置功能。
4 功能键	按 FN 键可执行 LED 显示屏翻页操作。
5 电源键	开关机或确认某一功能时可按此键； 关机状态下按下此键开机，全部灯亮，自检完成后熄灭； 开机状态下长按此键 4 秒关机，显示屏指示“正在关机”，蜂鸣器持续鸣响。

连续运行参考站（Continuous Operational Reference Station，CORS）系统、也称为多基准站 RTK 技术、网络 RTK 技术，是对普通 RTK 方法的改进，是重大地理空间基础设施。CORS 系统是在一定区域（县级以上行政区）布设若干个 GNSS 连续运行基站，对区域 GNSS 定位误差进行整体建模，通过无线数据通信网络向用户播发定位增强信息，将用户终端的定位精度从 3 ~ 10 m 提高到 2 ~ 3 cm，且定位精度分布均匀、实时性好、可靠性高；同时，CORS

系统是区域高精度、动态、三维坐标参考框架网建立和维护的一种新手段，为区域内的用户提供统一的定位基准。目前最成熟的 CORS 系统数据处理方法是虚拟参考站法（Virtual Reference Station，VRS）。VRS 虚拟参考站法工作原理如图 9-4 所示。

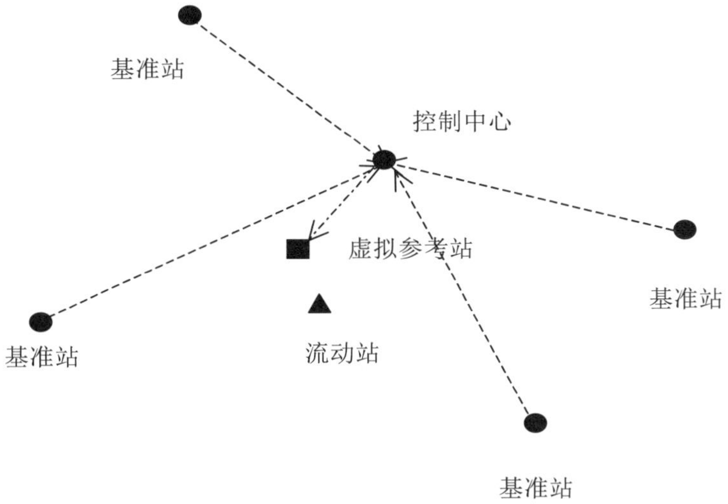

图 9-4　VRS 虚拟参考站法工作原理

VRS RTK 的工作原理：在一个区域内建立若干个连续运行的 GNSS 基准站，根据这些基准站的观测值，建立区域内的 GNSS 主要误差模型（电离层、对流层、卫星轨道等误差）。系统运行时，将这些误差从基准站的观测值中减去，形成“无误差”的观测值，然后利用这些无误差的观测值和用户站的观测值，经有效的组合，在移动站附近（几米到几十米）建立起一个虚拟参考站，移动站与虚拟参考站进行载波相位差分改正，实现实时高精度定位。由于其差分改正是经过多个基准站观测资料有效组合求出的，可以有效地消除电离层、对流层和卫星轨道等误差，哪怕用户站远离基准站，也能很快的确定自己的整周模糊度，实现厘米级的实时快速定位。北斗卫星连续运行参考站如图 9-5 所示。

图 9-5　北斗卫星连续运行参考站

CORS 系统由基准站网、数据处理中心、数据传输系统、定位导航数据播发系统、用户应用系统 5 个部分组成，各基准站与监控分析中心间通过数据传输系统连接成一体，形成专用网络。RTK 仅是由卫星信号接收系统、数据传输系统和软件处理系统 3 部分组成的。CORS 系统中连续运行的 GNSS 基准站进行 GNSS 观测，并实时将观测值传输至数据处理中心，处理中心根据这些观测值计算区域电离层、对流层、卫星轨道误差改正模型，并实时地将各基准站的观测值减去其误差改正，得到无误差观测值，再结合移动站的观测值，计算出在移动站附近的虚拟参考站的相位差分改正，并实时地传给数据传输系统，数据传输系统实时接收处理中心的相位差分改正信息，并实时播发，用户站接收到数据播发中心发布的相位差分改正信息，结合自身GNSS观测值，组成双差相位观测值，快速确定整周模糊度参数和位置信息，完成实时定位。因此，CORS系统是集互联网技术、无线电通信技术、计算机网络管理和GNSS定位技术于一身的系统。

千寻位置：千寻位置以“互联网+位置（北斗）”的理念，通过北斗地基一张网的整合与建设，基于云计算和数据技术，构建位置服务云平台，以满足国家、行业、大众市场对精准位置服务的需求。千寻位置定位为一家面向企业和开发者、提供精准位置服务运营的平台型公司；致力于让位置创造价值，将公司打造成为提供精准位置服务、数据积累与挖掘、数据融合增值服务、具有全球竞争力的新兴产业集团。千寻位置计划以卫星定位为基础，融合各类定位技术，针对特定的应用场景，不同的应用终端，推出与实际场景相结合的解决方案，向各类终端和应用系统提供高精准位置服务；千寻位置分享对位置相关的海量数据接入、存储、融合和开放的能力，为企业和开发者的集成开发、应用推广提供一站式的服务支撑；让精准位置服务成为连接、激活和驱动位置（北斗）生态发展的新的互联网基础设施。

3. 北斗卫星导航定位系统的应用及产业化

习近平主席在首届北斗规模应用国际峰会贺信中指出，“北斗规模应用进入市场化、产业化、国际化发展关键阶段”，为我们加强北斗规模应用指明了方向。

1）北斗基础产品供应链

近年来，北斗芯片、模块、天线等系列基础产品持续迭代升级，性价比持续提升，已经实现亿级量产规模，有力支撑了产业链和供应链安全稳健。正在推进研发北斗导航与惯性导航、移动通信、视觉导航等多种手段融合的基础产品，增强应用弹性，提升应用体验。

2）行业领域规模应用

北斗深度融入新型基础设施建设，广泛进入交通、能源、农业、通信、气象、自然资源、生态环保、应急减灾等行业领域，实现降本增效，推动提质升级。

交通运输行业，北斗广泛应用于重点运输过程监控、公路基础设施安全监控、港口高精度调度监控等业务。2022年度，超790万辆道路营运车辆，超4万多辆邮政快递干线车辆、超4.7万艘船舶、超1.3万座水上辅助导航设备、近500架通用飞行器应用北斗系统，全面提升交通信息化水平，显著降低重大交通事故发生率。

农林牧渔行业，基于北斗系统的农机自动驾驶系统超过10万台，北斗林业综合应用服务平台管理超10万台终端，北斗智慧放牧定位项圈超2万套，安装北斗船载终端的渔船超10万条，极大提高作业管理效率，提升农林渔业安全管理水平。

数字施工领域，北斗系统结合多传感器及互联网等技术，广泛应用于成昆铁路、甘肃S28高速公路、深圳妈湾跨海通道、新疆沙漠公路等工程，显著提升工程施工质量和效率，降低人工和材料成本投入。

快递物流领域，基于北斗的手机终端应用融合Wi-Fi、基站“三合一”定位技术，可在客户下单、智能调度、中转分拣、规划运输、末端配送等方面进行自主决策，将包裹派送路径精确到楼栋、单元，准确率接近99%，快递更快，效率更高。

3）大众消费领域规模应用

北斗大众应用成效同样十分突出。系统开通以来，包括华为、小米、苹果等国内外主流智能手机厂商均支持北斗。北斗正在成为智能手机、手表等可穿戴设备等大众消费产品定位功能标准配置。去年国内新入网的智能手机支持北斗出货量共计 2.6 亿部，占比达到 98.5%。

2022 年 7 月 30 日，北斗三号短报文通信服务成果发布，实现了北斗短报文通信以“不换卡、不换号、不加外部设备”方式融入大众智能手机，全球首次实现大众智能手机卫星通信能力，在亚太区域大众用户可享受到北斗三号短报文通信服务。

基于北斗高精度的车道级导航功能，已在国内 8 个城市成功试点，未来计划向全国普及。此外，“定位查询”“绿灯导航”“共享位置报平安”等特色服务功能已应用于大众出行。截至今年 1 月，国内知名地图调用的北斗卫星日定位量超 3 000 亿次。

4）国际规模应用

北斗应用模式更加丰富，应用领域不断拓展，北斗产品、技术和服务，得到了更多国际用户的认可。

在莫桑比克、黎巴嫩、布基纳法索、沙特阿拉伯，北斗广泛应用与各行各业，在亚洲，萨雷兹湖大坝变形监测、中吉乌公路贯通、中哈原油管道输送、中欧班列的日常运行，北斗高精度定位都发挥了重要作用。

5）产业化发展

北斗产业化纳入国家“十四五”重大工程。预计到“十四五”末期，我国卫星导航位置与服务产业总体产值翻一番，突破万亿元大关，全球市场份额翻两番，北斗产业化向更宽范围、更高水平、更高层次迈进。

6）法治化、标准化、知识产权

中国全方位构建卫星导航法治体系，《中华人民共和国卫星导航条例》即将出台，进一步规范卫星导航活动。

发布《北斗卫星导航标准体系（2.0 版）》已制定北斗专项标准 153 项，国家标准立项 52 项，发布 32 项。

我国卫星导航专利申请总数持续提升，2022 年我国申请并已经公开 7000 多件卫星导航有关发明专利，为实现产业自主创新和高质量发展提供了重要保证。

7）基础产品认证

建立实施北斗基础产品认证制度，成立认证技术委员会，构建检测认证公共服务网络平台，发布北斗基础产品认证目录等，为构建完善北斗产业高质量发展体系提供有力支撑。

复习思考题

（1）北斗卫星导航定位系统是什么？

（2）北斗卫星导航定位系统的应用场景有哪些？

任务 9.2　无人机测绘技术

9.2.1　工作任务

随着无人机技术的不断发展，无人机技术在测绘领域的应用，给工程测量带来了新的变革。通过学习以下内容，掌握无人机测绘技术的定义、系统组成、技术工艺流程及其发展历程，进而了解无人机测绘技术在工程测量中的优势及应用方向。

视频

无人机定义和分类

9.2.2　相关配套知识

1. 定义

无人机测绘技术是以无人机为操作平台，通过搭载高分辨数码相机（见图 9-6）、激光雷达（见图 9-7）等不同载荷设备采集影像、点云等信息，并通过相应的软件对所获取的图像、点云信息进行处理，从而获得地物、地貌等地理信息数据的一门新型技术，是无人机技术的一个重要应用方向。

图 9-6　无人机倾斜影像采集

图 9-7　无人机点云数据采集

无人机测绘技术在使用的过程中融合了多种技术，例如无人操控技术、拍摄技术、测量技术、遥测遥控技术及计算机应用技术等。在工程测量中，无人机逐渐被广泛使用，无人机测绘技术可以实现对地表物质与地貌空间的实际情况作出动态的实时监测，大量减少了工作人员的工作量，提高测绘工作的工作效率与质量，确保测绘数据的真实、准确、可靠。

2. 发展历程

测绘是无人机发展较为成熟平稳的应用领域，从最初的固定翼到如今多旋翼、复合翼，从油动到电动、油电混合，无人机经历了一次又一次技术和应用革命。因为免像控技术的出现，无人机航测从高门槛的“贵族”向平民化转变，也将技术和操作门槛不断降低。无人机测绘技术的发展主要经历了以下几次变革：

第一次革命：民用飞控的崛起，2010 年是测绘无人机发展的一个重要节点。

第二次革命：垂直起降无人机的应用，虽然无人机飞控的自动化程度不断提高，但这并不能解决所有问题，起降方式一直是无人机使用过程中，普遍遇到的瓶颈。多旋翼起降方便，可是航时较短，固定翼航时长，可是弹射或者滑跑起降对场地的要求太高，没办法随时随地起飞。

第三次革命：大比例尺免像控系统的发布。2017 年 5 月，纵横在北京国家测绘地理信息局发布了 CW-10C 1∶500 免像控系统。这是纵横的第三颗“子弹”，也由此坐实了纵横在航测领域领跑者的角色。

随着无人机在测绘领域的大规模应用，现有的无人机产品已经达到了功能的最大化，亟须下一次技术和应用革命，以适应更多的市场需求。党的二十大报告中指出：必须坚持守正创新。我们从事的是前无古人的伟大事业，守正才能不迷失方向、不犯颠覆性错误，创新才能把握时代、引领时代。不过，突破点在哪里，能不能在基础性技术层面进行颠覆性革命，能否在一定时期内满足不断增长的市场需求，成为无人机行业内一直在探讨却无明确答案的问题。所以我们要以科学的态度对待科学、以真理的精神追求真理，坚持马克思主义基本原理不动摇，坚持党的全面领导不动摇，坚持中国特色社会主义不动摇，紧跟时代步伐，顺应实践发展，以满腔热忱对待一切新生事物，不断拓展认识的广度和深度，敢于说前人没有说过的新话，敢于干前人没有干过的事情，以新的理论指导新的实践。

不过，突破点在哪里，能不能在基础性技术层面进行颠覆性革命，能否在一定时期内满足不断增长的市场需求，成为行业内一直在探讨却无明确答案的问题。

视频
无人机系统组成

3．系统组成

1）飞行平台

飞行平台由 3 部分组成：机身对整个系统起保护作用，动力装置提供飞行动力，飞行控制系统控制飞行轨迹。常用于测绘生产的无人机飞行平台有固定翼无人机多旋翼以及垂直起降固定翼，如图 9-8～图 9-10 所示。

图 9-8　固定翼无人机

图 9-9　多旋翼无人机

图 9-10　垂直起降固定翼无人机

（1）无人机的机身。固定翼无人机机身的材质一般是由 epp、epo、玻璃钢、木材等高强度、低质量的材质构成，多旋翼无人机机身的主要材质是碳纤维材料。

（2）无人机的动力装置。无人机的动力装置是由锂电池、汽油、油电混合等能源提供，目前比较常见的动力能源是由锂电池提供的。

（3）无人机的飞行控制系统。飞行控制系统是整个飞行平台最重要的部分，主要由飞控电板、IMU、气压和空速传感器、GNSS 接收机等几个部分组成。

2）任务装置

任务装置主要包括通信中继设备、红外遥感避障设备、航线规划设备，以及数据采集设备等。任务载荷是无人机测绘的核心部分，常见的机载设备有正射相机、倾斜相机、激光雷达及遥感相机等，如图 9-11 ~ 图 9-14 所示。

图 9-11　正射相机

图 9-12　倾斜相机

图 9-13　激光雷达

图 9-14　遥感相机

3）地面控制站

无人机地控制站是整个无人机系统非常重要的组成部分，是地面操作人员直接与无人机交互的渠道。它包任务规划、任务回放、实时监测、数字地图，通信数据链在内的集控制、通信、数据处理于一体的综合能力，是整个无人机系统的指连控制中心，如图 9-15 所示。地面站系统应具有下面几个典型的功能：

（1）飞行监控功能：无人机通过无线数据传输链路，下传飞机当前各状态信息，地面站将所有的飞行数据保存，并将主要的信用虚拟仪表或其他控件显示，供地面操控人员参考。同时根据飞机的状态，实时的发送控制命令，操控无人机飞行。

图 9-15　地面控制软件平台

（2）地图导航功能：根据无人机下传的经纬度信息，将无人机的飞行轨迹标注在电子地图上，同时可以规划航点航线，观察无人机任务执行情况。

（3）任务回放功能：根据保存在数据库中的飞行数据，在任务结束后，使用回放功能可以详细的观察飞行过程的每一个细节，检查任务执行效果。

（4）天线控制功能：地面控制站实时监控天线的轴角，根据天线返回的信息，对天线校零，使之能始终对准飞机，跟综无人机飞行。

4）数据后处理

视频
空中三角测量

（1）空中三角测量。无人机测绘技术属于航空摄影测量的一个分支，在摄影测量中，可根据少量的野外控制点，在室内进行连接点加密，求得加密点的高程和平面位置的测量方法，如图9-16所示。以加密的连接点，经过内定向、相对定向、绝对定向，平差计算出像片中每个像点的三维空间信息。

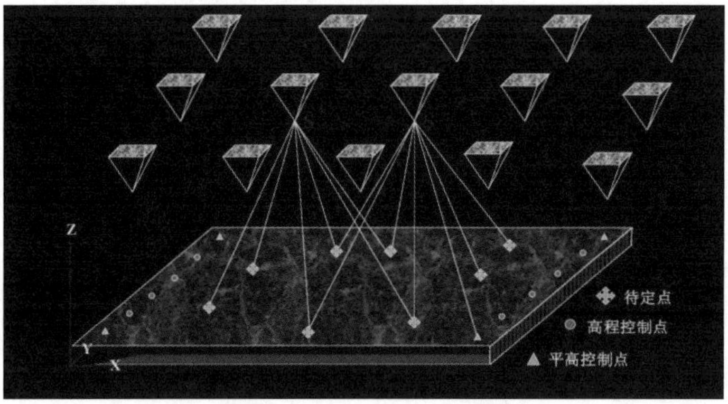

图9-16　空中三角测量

（2）成果产品生成。基于原始影像及空三成果，即可使用专业处理软件生成三维模型及派生数据，包括DOM（数字正射影像）、DEM（数字高程模型）、DLG（数字线划图）、DRG（数字栅格地图）、DSM（数字表面模型）、密集点云及实景三维模型等数据。成果数据如图9-17所示。

图9-17　成果数据

4. 技术路线及工艺流程

1）技术路线

以全球导航卫星系统（GNSS）测量、GNSS 辅助空中三角测量、低空摄影测量、数字化测图等先进科学技术为手段，采用国家标准、测绘行业标准，以及有关规定，充分利用已有测绘成果资料。通过 GNSS 辅助空中三角测量，以确定待求地面点的位置，采用全数字摄影测量系统及外业数字测图对地物、地貌信息数据进行采集、编绘成图，确定成图区范围内地表的地理要素的位置，通过外业确定地表的地理要素性质。

2）工艺流程图（见图 9-18）

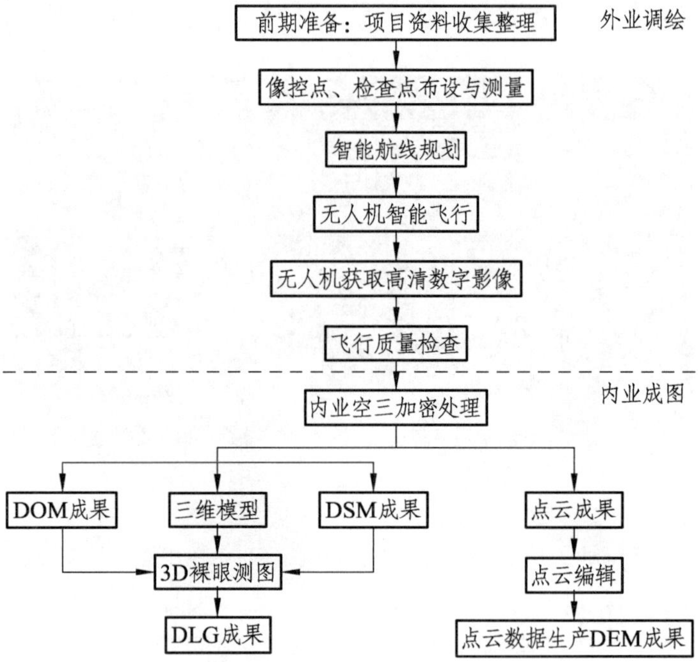

图 9-18 工艺流程图

5. 优势及特点

无人机测绘技术是传统工程测量及航空摄影测量手段的有力补充，具有机动灵活、高效快速、精细准确、作业成本低、适用范围广、生产周期短等特点，在小区域和飞行困难地区具有明显优势。

1）提高数据的准确性

在无人机测绘技术中，使用了非常多的新科技，其中包活卫星定位、数码传感器，以及无人机技术，这些新技术的使用能够减小测绘的误差，进而提高数据的准确性，无人机的体积小、灵活性高，所以操作起来比较简单，而且对测绘区域能够进行详细的勘查，再加上计算机技术的应用，这样就能收集到更多的信息，最大程度上避免失误。

2）扩大测量范围

在以往开展工程测量工作时，工作人员必须到达测量现场，同时利用专业的测量仪器来开展测绘工作。通过这种方式开展测量工作，会造成实际测量范围比较小，并且不利于提高测量数据的准确性，进而影响到整个测量工作的品质。

将无人机技术应用到测绘工程中，改变了传统工程测量的方式，有效扩大了工程测量的范围，同时还可以改善工程测量的品质，提高工程则量的速度。将无人机技术应用到测绘工程中，可以测量到工作人员难以到达的区域，同时通过无人机获得的测量数据还具有较高的精准性，因此，依托无人机开展工程测绘工作，一方面可以有效地改善测绘工程的品质与速度，另一方面也可以提高测绘数据的精准性与可靠性。

3）测量成本下降

在无人机技术应用之前，人们每一次完成测绘工作都需要做大量的准备工作，其中大量技术人员的招募，精密仪器的购买、租用和保养是无法绕过的历史性问题。若是遇到大型工程如水电站工程、城市改造工程、所需要测量的范围大，精度高，内容多，这样的工程在开始测量测绘前就需要大量的投资，一旦开工若是预算不足，项目便会容易出现停滞，影响工期，为了保障测量人员的安全，项目开工后不但需要复杂的测量设备还需要保护装备，同样也会造成成本不同程度的增加。

通过在项目中引入无人机技术后。很多之前需要工作人员完成的工作便可以由无人机取代，工作人员可以通过查看无人机传递回来的影像来获得所需要的数据，无须带着大量的高精度装备在测区进行测量。也降低了人力成本，工作人员只需对无人机进行定期的保养，而无须租借或购买大量的高精度设备。无人机与之前传统的设备相比较无论是维护次数还是维护难度都有很大的降低。因此从分析当中可知，相比较于传统工作方式无人机的购买费用低，易于保养，人们可以花费更少的资金来换取更大的价值，从而使项目的成本大大降低。

6. 应用方向

随着无人机与数码相机技术的发展，基于无人机平台的数字航摄技术已显示出其独特的优势，无人机与航空摄影测量相结合使得“无人机数字低空遥感”成为航空遥感领域的一个崭新发展方向，无人机航拍可广泛应用于国家重大工程建设、灾害应急与处理、国土监察、资源开发、新农村和小城镇建设等方面，尤其在基础测绘、土地资源调查监测、土地利用动态监测、数字城市建设和应急救灾测绘数据获取等方面具有广阔前景。

1）国土测绘

无人机测绘因其机动灵活等特点，在国土测绘领域发挥重要作用。通过获取无人机航测数据，能够准确掌握被测区域的详细情况，目前主要应用于国土资源动态监测与调查、土地利用和覆盖图更新、土地利用动态变化监测、特征信息分析等，高分辨率的航空影像还可应用于区域规划等。

2）选线设计

无人机测绘技术可应用于电力选线、公路选线、铁路选线，能够根据项目需求，获取线状航空影像，为选线提供设计依据。此外，还可以针对石油、天然气管道进行选线设计的监测，厘米级别的航空影像和高清视频能够协助进行安全监测与管理，同时利用管道压力数据及影像监测管道渗漏等现象。

3）环境监测

准确获取高分辨率航空影像能够及时地对环境污染进行监测，尤其是污染方面。此外，海洋监测、溢油监测、水质监测、湿地监测、固体污染物监测、海岸带监测、植被生态等方面都可以借助遥感无人机拍摄的航空影像或视频数据实施。其中，水质调查监测、污染物监测、大气环境监测、固态废物检测、秸秆禁烧监测是主要的应用方向。

4）农林

高分辨率航空影像能够提供准确的土地纹理和作物分类信息，并可应用于土壤湿度测定、农业环境调查、水产养殖区监测、森林火灾监测、森林覆盖率分析、森林植被健康监测、森林储积量评估等。

5）应急救灾

无人机在测绘领域受到重视，是从应急救灾开始的。在汶川地震、玉树地震、舟曲泥石流和安康水灾中，测绘无人机都及时到达现场，并充分发挥其机动灵活的特点，获取灾区的影像数据。无论是在救灾部署还是灾后重建工作中，无人机测绘都发挥了重要作用。

6）堆体测量

目前，堆体测量工作主要是通过全站仪、盘煤仪和GNSS等测量仪器进行，与传统的人工测量方式相比，这些测量方式已经有了很大的突破，但无人机测绘能够实现更高效、高精度的测绘和建模。此外，无人机还可以预设航线，在目标区域上空自动采集数据并导入系统生成点云、三维模型数据，并进行空间距离、体积以及斜面等不规则堆体面积的测量，为工程建设规划和作业提供准确的数据支持。

7）城市管理规划

城市基本地形图是进行城市建设、规划管理、国土资源管理等的基础地理信息资料，在城市规划建设、交通、管理和公共服务等众多领域也发挥着重要的作用。

无人机测绘技术是城市管理规划测绘行业新的发展方向，目前已普遍应用于城市大比例尺地形图航空测量。凭借自身的技术优势，无人机测绘能够高效获取高精度、高分辨率的影像数据，成为传统人工测量的有效补充手段。

复习思考题

（1）简述无人机测绘技术的基本概念?

（2）简述无人机测绘技术融合了哪些技术?

（3）在无人机测绘技术发展的历程中，分别有哪些关键技术进行了变革?

（4）简述无人机测绘技术流程?

（5）简述无人机测绘技术的特点及优势?

任务 9.3　三维激光扫描技术

9.3.1　工作任务

三维激光扫描技术是 20 世纪 90 年代中期开始出现的一项高新技术，可以认为它是继 GPS 之后的又一项测绘新技术。三维激光扫描技术又称“实景复制技术”，它可以深入到各种复杂的现场环境及空间中进行扫描操作，并直接将多种大型的、复杂的、不规则的、标准或非标准等实体或实景的三维数据完整地采集到电脑中，进而快速重构出目标的三维模型及线、面、体空间的制图数据，并且，它所采集的数字化的三维激光点云数据还可进行各种后处理工作及其他方面的应用。

9.3.2　相关配套知识

1. 三维激光扫描技术工作原理

三维激光扫描系统主要由 3 部分组成：激光扫描仪（见图 9-19）、控制器（计算机）和电源供应系统。激光扫描仪主要包括激光测距系统和激光扫描系统，利用摄像机捕获坐标和图像信息。基本测量原理是通过两个同步反射镜快速而有序地旋转，将激光脉冲发射体发出的激光脉冲依次扫过被测区域，测量每个激光脉冲从发出到经被测物表面再返回仪器所经过的时间（或相位差）来计算距离，同时测量每个脉冲激光的角度，最后计算出激光点在被测物体上的三维坐标，如图 9-20 所示。

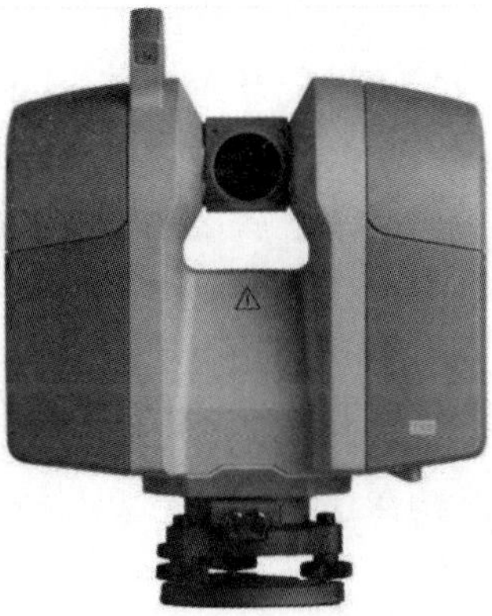

图 9-19　三维激光扫描仪

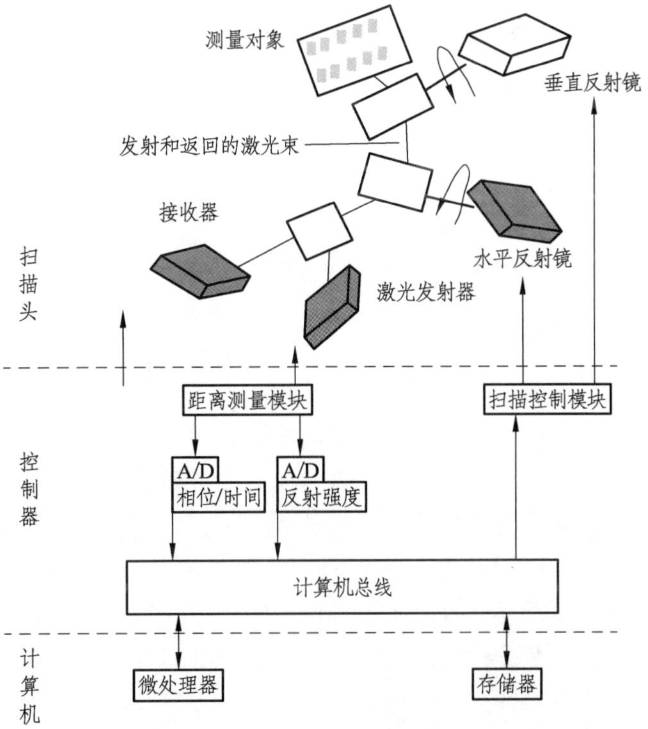

图 9-20　激光扫描仪测量的基本原理

激光扫描系统的原始观测数据主要有：两个连续转动的用来反射脉冲激光的反射镜角度值，即水平方向值 α 和天顶距值 θ，如图 9-21 所示。通过脉冲激光传播的时间（或相位差）计算得到仪器到扫描点的距离值 S 和扫描点的反射强度 I。前三种数据 α、θ、S 用来计算扫描点的三维坐标值；I 则用来给反射点匹配颜色。一般使用仪器内部坐标系统：X 轴在横向扫描面内，Y 轴在横向扫描面内与 X 轴垂直，Z 轴与横向扫描平面垂直。由式（9-1）即可计算出激光点的三维坐标。在拼接不同站点的扫描数据时，需要用公共点进行变换，以统一到同一个坐标系统中。

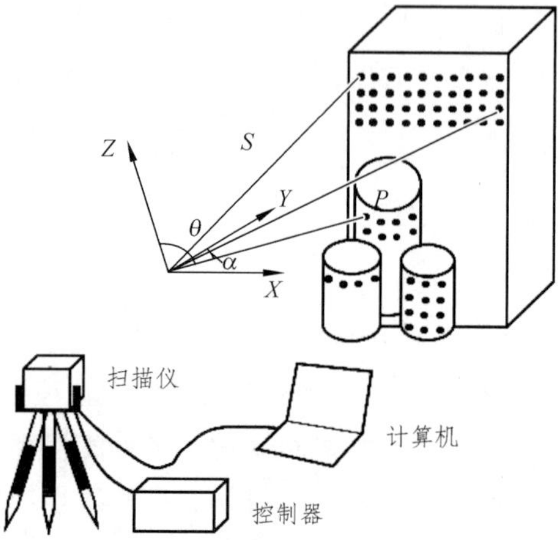

图 9-21　激光扫描仪系统组成与坐标系

$$\begin{cases} X_P = S \cdot \sin\theta \cdot \cos\alpha \\ Y_P = S \cdot \sin\theta \cdot \sin\alpha \\ Z_P = S \cdot \cos\theta \end{cases} \tag{9-1}$$

三维激光扫描系统从操作的空间位置可以划分为 3 类：机载型激光扫描系统、地面型激光扫描系统（根据测量方式还可细分为移动式激光扫描系统和固定式激光扫描系统）、手持型激光扫描系统。

对于地面型激光扫描仪，还可以按扫描速度、空间分辨率、测程等不同的指标进行分类。如有些扫描仪适合在室内和短程距离测量（通常 <100m），有些适合室外长距离测量。

2. 数据处理过程

三维激光扫描系统采集的数据为点云数据，点云数据处理一般包含下面几个步骤：噪声去除、多视对齐、数据精简、曲面重构。

（1）噪声去除。指除去点云数据中错误的数据。在扫描过程中，由于某些环境因素的影响，比如移动的车辆、行人及树木等，也会被扫描仪采集。这些数据在后处理时需要删除。

（2）多视对齐。指由于被测对象过大或形状复杂，扫描时往往不能一次测出所有数据，而需要从不同位置、多视角进行多次扫描，这些点云就需要对齐、拼接。

（3）数据精简。指由于点云数据是海量数据，在不影响曲面重构和保持一定精度的情况下，需要对数据进行精简。

（4）曲面重构。指将扫描数据用准确的曲面表示出来，真实地还原扫描目标的原貌。

3. 技术特点

作为一种新的测量手段，三维激光扫描系统与传统的测量方法比较，有如下技术特点：

（1）测量信息丰富、完整，包括空间信息和颜色等属性信息。

（2）不需要接触物体，昏暗和夜间都不影响外业测量，特别是岩洞、采空区及管道内部等难以到达的地方。

（3）适合测量表面复杂的物体及其细节的测量，例如露天矿山、危岩及塌方地带等。

（4）能快速、准确及高效地确定表面、体积、断面、截面、等值线等。

（5）测量数据适合于进行后期处理，得到多种数字化测绘产品，例如电子地图、三维景观等。

4. 应用领域

三维激光扫描技术的测量结果不仅包含特征点的几何特性，而且连同现场对象的细节特征,甚至对象的颜色信息以及完整的三维空间结构都将保存下来。该技术可以实现全面、可视化、精准的测量。并将现场测量的高精度数据应用于精细化测绘、设计规划、研究计算、场景仿真等。三维激光扫描技术已经开始被应用于公路、铁路、桥梁、隧道、水利等项目的新建、改建及规划中,为这些基础设施建设领域提供了快捷的测绘手段。

1）在公路建设中的应用

在公路建设领域，从公路初建的地形测绘到公路改、扩建，三维激光扫描系统都能提供极大的帮助。尤其是在繁忙的道路上，利用三维激光扫描仪进行测绘，可以不进行或少进行交通管制。三维激光扫描技术测量设站更自由，测量场景全面，一次测量可以得到大量全面的相关信息，如图 9-22 所示。

图 9-22 三维激光扫描技术在公路建设中的应用

2）在铁路建设中的应用

由于三维激光扫描仪可完成全景测量,因此对于铁路站场或某特定路段,可以进行线路设施、相关建筑物及周边场景的真实三维空间信息的测量。这些完整的信息可用于后续设计及计算、评估或虚拟设计，如图 9-23 所示。

图 9-23 三维激光扫描技术在铁路建设中的应用

3）在桥梁改建中的应用

三维激光扫描技术可以获取桥梁现状的扫描数据，并可以利用点云数据生成桥梁的三维模型，设计者可以在真三维的环境中设计桥梁的改造方案，也可以直接利用点云数据快速绘制桥梁的二维结构图，按照传统方式制定桥梁的改造方案，如图 9-24 所示。

图 9-24 三维激光扫描技术在桥梁改建中的应用

4）在隧道工程中的应用

由于隧道中操作空间狭小，施工干扰大，用常规测量仪器进行隧道的测量和监测信息的获取，存在很多的问题。三维激光扫描仪可以代替全站仪等测量手段，进行隧道基础信息采集，并可以对施工中或完工隧道进行扫描，获取高精度的隧道三维点云模型（见图 9-25）。基于隧道点云模型,可以抽取断面数据来对隧道工程的质量、状态进行评价、验收。

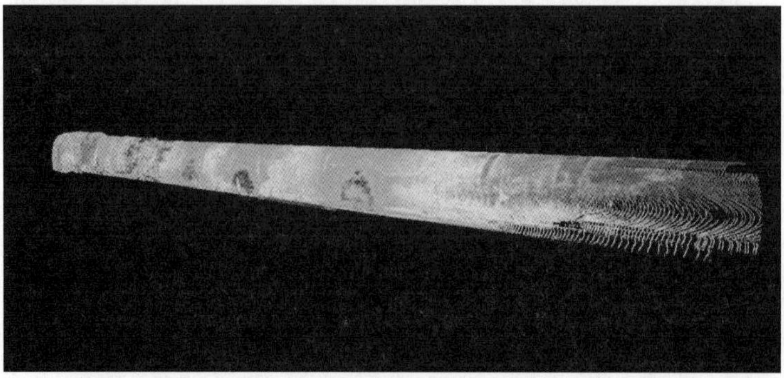

图 9-25 三维激光扫描技术在隧道测量中的应用

5）在水利工程中的应用

在水利工程调研阶段，设计人员可利用三维激光扫描仪器扫描测量精确、翔实的基础数据,前期的论证和规划提供参考；在工程设计阶段，可以在三维激光扫描仪采集的点云数据上直接获取实地信息，并可利用相关软件直接、快速地完成基于三维模型的土石方量计算；在设计完成阶段，可利用扫描的三维模型完成设计的验证，如图 9-26 所示。

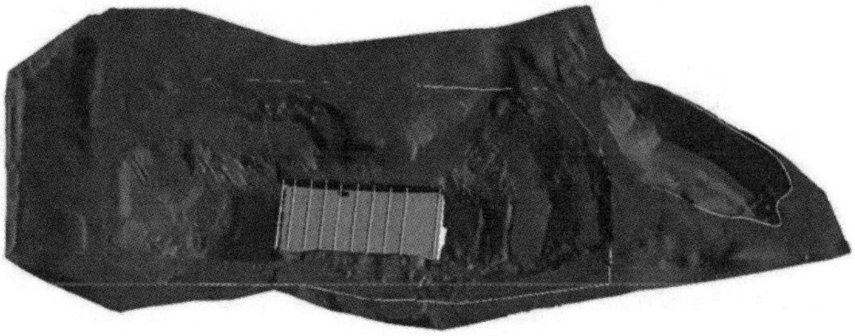

图 9-26　三维激光扫描技术在水利工程中的应

6）在文物保护中的应用

文物保护是指对各种文化遗产现场的测量、记录与恢复、雕塑、古建筑物、考古现场都属于该应用范畴。在国内,已经完成了秦始皇兵马俑、乐山大佛、北京故宫等重要古文物的扫描测绘,形成了可靠、高效的成果。图 9-27 所示为文物保护的成果。

图 9-27　三维激光扫描技术在文物保护中的应用

综上所述，三维激光扫描技术由于具有数据获取速度快、精度高、密度大等优势。在许多的行业都已经得到了广泛的应用，并取得了很多成果。可以预见，随着硬件技术的不断完善和点云数据处理软件的不断更新，该技术在工程建设领域的应用会更加深入。

复习思考题

（1）三维激光扫描技术原理是什么？

（2）三维激光扫描的点云数据处理流程有哪些？

小结

北斗系统以精确的轨道和时间信号向全球用户提供定位、导航和授时服务。

（1）北斗系统包括 3 个主要的组成部分：空间段、控制段、用户段。

（2）CORS 系统，也称为多基准站 RTK 技术、网络 RTK 技术，是对普通 RTK 方法的改进。

（3）无人机测绘技术是以无人机为操作平台，通过搭载高分辨数码相机、激光雷达等不同载荷设备采集影像、点云等信息，并通过相应的软件对所获取的图像、点云信息进行处理。

（4）无人机测绘的成果数据有 DOM（数字正射影像）、DEM（数字高程模型）、DLG（数字线划图）、DRG（数字栅格地图）、密集点云及实景三维模型等。

（5）飞行平台由 3 部分组成：机身对整个系统起保护作用，动力装置提供飞行动力，飞行控制系统控制飞行轨迹。

（6）三维激光扫描系统主要由 3 部分组成：激光扫描仪、控制器（计算机）和电源供应系统。

（7）三维激光扫描系统采集的点云数据处理一般包含下面几个步骤：噪声去除、多视对齐、数据精简、曲面重构。

（8）三维激光扫描技术的测量结果不仅包含特征点的几何特性，而且连同现场对象的细节特征，甚至对象的颜色信息以及完整的三维空间结构都将保存下来。

参考文献

[1] 林玉祥等. 控制测量技术[M]. 北京：测绘出版社，2023.

[2] 弓永利，齐秀峰. 建筑工程测量[M]. 北京：中国建筑工业出版社，2023.

[3] 杨正丽，卢修元. 工程测量实践教程[M]. 北京：水利水电出版社，2023.

[4] 谢波. 建筑工程测量[M]. 北京：中国建材工业出版社，2023.

[5] 孙以义. 计算机地图制图[M]. 北京：科学出版社，2023.

[6] 张敬伟，马华宇. 建筑工程测量[M]. 4 版. 北京：北京大学出版社，2023.

[7] 速云中. 无人机测绘技术[M]. 武汉：武汉理工大学出版社，2022.

[8] 胡伍生. 土木工程测量[M]. 南京：东南大学出版社，2022.

[9] 李天和等. 工程测量[M]. 武汉：武汉大学出版社，2022.

[10] 陈兰兰等. 数字测图[M]. 成都：西南交通大学出版社，2022.

[11] 范录宏等. 北斗卫星导航原理与系统[M]. 北京：电子工业出版社，2021.

[12] 中华人民共和国测绘行业标准. 低空数字航空摄影测量内业规范（CH/T 3003—2021）[S]. 北京：测绘出版社，2021.

[13] 中华人民共和国测绘行业标准. 低空数字航空摄影测量外业规范（CH/T 3004—2021）[S]. 北京：测绘出版社，2021.

[14] 中华人民共和国测绘行业标准. 低空数字航空摄影规范（CH/T 3005—2021）[S]. 北京：测绘出版社，2021.

[15] 中华人民共和国国家标准 卫星导航定位基准站网络实时动态测量（RTK）规范（GB/T 39616—2020）[S]. 北京：中国标准出版社，2020.

[16] 中华人民共和国国家标准 卫星导航定位基准站术语（GB/T 39611—2020）[S]. 北京：中国标准出版社，2020.

[17] 中华人民共和国国家标准. 数字航空摄影测量 空中三角测量规范（GB/T 23236—2020）[S]. 北京：测绘出版社，2020.

[18] 中华人民共和国国家标准. 工程测量标准（GB 50026—2020）[S]. 北京：中国计划出版社，2020.

[19] 张正禄. 工程测量学[M]. 3 版. 武汉：武汉大学出版社，2020.

[20] 何荣. 数字测图原理与方法[M]. 北京：应急管理出版社，2020.

[21] 刘岩等. 控制测量[M]. 武汉：武汉大学出版社，2020.

[22] 吴青华等. 三维激光扫描数据处理技术及其工程应用[M]. 济南：山东大学出版社，2020.

[23] 罗显圣，范玉俊. 建筑工程测量[M]. 武汉：武汉理工大学出版社，2019.

[24] 吴献文. 无人机测绘技术基础[M]. 北京：北京交通大学出版社，2019.

[25] 王正荣等. 数字测图[M]. 郑州：黄河水利出版社，2019.

[26] 李玉宝. 大比例尺数字化测图技术[M]. 成都：西南交通大学出版社，2019.

[27] 李章树等. 工程测量学[M]. 北京：化学工业出版社，2019.
[28] 刘蒙蒙等. 工程测量实验与实训[M]. 北京：化学工业出版社，2019.
[29] 赵志祥等. 地面三维激光扫描技术应用理论与实践[M]. 北京：中国水利水电出版社，2018.
[30] 中华人民共和国国家标准. 国家基本比例尺地图图式 第 1 部分：1∶500 1∶1000 1∶2000 地形图图式（GB/T 20257.1—2017）[S]. 北京：中国标准出版社，2017.
[31] 刘仁钊. 工程测量技术[M]. 郑州：黄河水利出版社，2016.
[32] 中华人民共和国国家标准. 国家一、二等水准测量规范（GB/T 12897—2016）[S]. 北京：中国标准出版社，2016.
[33] 谢宏全等. 地面三维激光扫描技术与应用[M]. 武汉：武汉大学出版社，2016.
[34] 夏林元等. 北斗在高精度定位领域中的应用[M]. 北京：电子工业出版社，2016.
[35] 中华人民共和国测绘行业标准化指导性技术文件. 地面三维激光扫描作业技术规程（CH/Z 3017—2015）[S]. 北京：测绘出版社，2015.
[36] 潘正风等. 数字地形测量学[M]. 武汉：武汉大学出版社，2015.
[37] 肖绮霞等. 市政工程测量[M]. 上海：上海交通大学出版社，2015.
[38] 李井永. 建筑工程测量[M]. 北京：机械工业出版社，2014.
[39] 周小莉. 测绘基础[M]. 成都：西南交通大学出版社，2014.
[40] 赵俊玲. 工程测量技术[M]. 北京：机械工业出版社，2013.
[41] 张志刚. 工程测量技术与应用[M]. 成都：西南交通大学出版社，2013.
[42] 李兴顺，马金伟. 建筑工程测量[M]. 武汉：武汉理工大学出版社，2012.
[43] 李天和. 地形测量[M]. 郑州：黄河水利出版社，2012.
[44] 高见，王晓春. 地形测量技术[M]. 武汉：武汉理工大学出版社，2012.
[45] 谢跃进等. 测量学基础[M]. 郑州：黄河水利出版社，2012.
[46] 吴贵才等. 矿山测量[M]. 郑州：黄河水利出版社，2012.
[47] 王政荣等. 数字测图[M]. 郑州：黄河水利出版社，2012.
[48] 中华人民共和国行业标准. 城市测量规范（CJJ/T 8—2011）[S]. 北京：中国建筑工业出版社，2011.
[49] 中华人民共和国测绘行业标准. 数字航空摄影测量 控制测量规范（CH/T 3006—2011）[S]. 北京：测绘出版社，2011.
[50] 王梅，徐洪峰. 工程测量技术[M]. 北京：冶金工业出版社，2011.
[51] 李映红. 建筑工程测量[M]. 武汉：武汉大学出版社，2011.
[52] 中华人民共和国测绘行业标准. 数字航空摄影测量 测图规范 第 1 部分：1∶500 1∶1000 1∶2000 数字高程模型 数字正射影像图 数字线划图（CH/T 3007.1—2011）[S]. 北京：测绘出版社，2011.
[53] 卢满堂. 数字测图[M]. 北京：中国电力出版社，2011.
[54] 中华人民共和国测绘行业标准化指导性技术文件. 无人机航摄安全作业基本要求（CH/Z 3001—2010）[S]. 北京：测绘出版社，2010.
[55] 中华人民共和国测绘行业标准化指导性技术文件. 无人机航摄系统技术要求（CH/Z

3002—2010）[S]. 北京：测绘出版社，2010.
[56] 冯大福. 数字测图[M]. 重庆：重庆大学出版社，2010.
[57] 李仕东. 工程测量[M]. 北京：人民交通出版社，2010.
[58] 周建郑. GPS 定位测量[M]. 郑州：黄河水利出版社，2010.
[59] 何保喜. 全站仪测量技术[M]. 郑州：黄河水利出版社，2010.
[60] 周建郑. 工程测量（测绘类）[M]. 2 版. 郑州：黄河水利出版社，2010.
[61] 靳祥升. 测量平差[M]. 郑州：黄河水利出版社，2010.
[62] 中华人民共和国国家标准. 国家三、四等水准测量规范（GB/T 12898—2009）[S]. 北京：中国标准出版社，2009.
[63] 中华人民共和国国家标准 全球定位系统（GPS）测量规范（GB/T 18314—2009）[S]. 北京：中国标准出版社，2009.
[64] 秦长利. 城市轨道交通工程测量[M]. 北京：中国建筑工业出版社，2008.
[65] 中华人民共和国国家标准. 测绘基本术语（GB/T 14911—2008）[S]. 北京：中国标准出版社，2008.
[66] 许能生，吴清海. 工程测量[M]. 北京：科学出版社，2004.
[67] 林文介等. 测绘工程学[M]. 广州：华南理工大学出版社，2003.
[68] 齐民友等. 概率论与数理统计[M]. 北京：高等教育出版社，2002.
[69] 李生平. 建筑工程测量[M]. 北京：高等教育出版社，2002.
[70] 李青岳，陈永奇. 工程测量学[M]. 北京：测绘出版社，1995.
[71] 於宗俦等. 测量平差原理[M]. 武汉：武汉测绘科技大学出版社，1990.